DADOU LINSU

大豆磷素
营养生理研究

YINGYANG SHENGLI YANJIU

敖 雪 谢甫绨 著

图书在版编目（CIP）数据

大豆磷素营养生理研究 / 敖雪，谢甫绨著. —北京：中国农业科学技术出版社，2020. 8

ISBN 978-7-5116-4987-4

Ⅰ. ①大… Ⅱ. ①敖… ②谢… Ⅲ. ①大豆—土壤磷素—研究 Ⅳ. ①S565.106

中国版本图书馆 CIP 数据核字（2020）第 165193 号

责任编辑 李　华　崔改泵
责任校对 马广洋

出 版 者 中国农业科学技术出版社
北京市中关村南大街12号　　邮编：100081
电　　话 （010）82109708（编辑室）（010）82109702（发行部）
（010）82109709（读者服务部）
传　　真 （010）82106650
网　　址 http: // www.castp.cn
经 销 者 各地新华书店
印 刷 者 北京建宏印刷有限公司
开　　本 787mm × 1 092mm　1/16
印　　张 13
字　　数 264千字
版　　次 2020年8月第1版　　2020年8月第1次印刷
定　　价 85.00元

前　言

大豆起源于我国。我国曾经是世界上最大的大豆生产国和出口国，东北地区生产的大豆更是以品质优良享誉世界。然而，随着我国人民生活水平的提高，大豆及大豆制品的消费量急剧增加，国产大豆已远远不能满足国民的需要，每年要花费大量外汇进口大豆。现在我国大豆进口量已占消费总量的3/4，为世界上最大的大豆进口国。国产大豆在国际市场上失去竞争优势的重要原因之一是单产水平偏低。大豆是需磷量较大、对磷肥较为敏感的喜磷作物。我国2/3土壤缺磷，全世界50%土地缺磷，施用磷肥虽然在一定程度上弥补了作物生长对磷的需求，但由于磷肥利用率低下（20%～30%）及过量施用磷肥造成生态环境的破坏等问题已引起普遍关注。土壤有效磷的缺乏已成为现代农业生产发展的主要限制因素之一。已有大量的研究结果表明，不同大豆基因型在磷的吸收、转运和利用效率等方面存在非常显著的差异，因此，研究大豆对贫磷的适应或耐性机制，提出磷高效筛选指标，创制耐低磷新材料，有助于大豆产量潜力的提高。为总结大豆的磷素营养研究现状，撰写了此书。本书为课题组近10年关于磷素营养方面的研究成果。特别感谢课题组李志刚博士为磷素营养研究作出的奠基性工作，在此深表谢意。本书开篇对磷素营养研究的历史进行了回顾，接下来用8章的内容，以试验记录的方式，分别叙述了大豆磷素的吸收、分配和利用，磷素研究方法，磷对大豆形态建成的影响，磷素对大豆干物质积累的影响及磷素含量的多少对大豆的影响，极具创新性和参考价值。以供大豆生产、管理工作者和高等农业院校师生及有关科技人员参考。

本书涉及课题组的相关研究和出版得到了国家自然科学基金委员会、农业农村部政府间国际科技创新合作重点专项，辽宁省科技厅和辽宁省教育厅的大力支持，在此深表谢意。

由于作者水平有限，书中难免存在错误和疏漏之处，敬请读者批评指正。

著　者

2020年7月

目　录

第一章　大豆磷素营养研究

磷是作物生长发育必需的营养元素之一，也是植物的重要组成成分，同时又以多种方式参与作物体内各种生理生化过程。缺磷是限制农业生产的主要因素（Nadira et al，2016）。大豆是喜磷作物，缺磷时产量有所下降。自1993年以来我国大豆单产一直在1 700kg·hm^{-2}左右，大豆总产量一直徘徊不前（盖钧镒，2003）。限制大豆生产的因素有很多，其中土壤缺磷是很多地区影响大豆产量的重要障碍因子之一（徐青萍等，2003）。因此，了解大豆磷素营养及改良大豆磷效率对发展我国的大豆生产具有重要的意义。

第一节　磷的生理功能

磷素作为植物生长发育的必需元素之一，不仅是植物体内许多化合物重要组成元素之一，而且还以多种途径参与植物体内的各种代谢过程（Mollier et al，1999；王艳等，2000），磷参与组成核酸、核蛋白、磷脂、植素和ATP等含磷的生物活性物质，它们在细胞组成和物质新陈代谢过程中起着重要的作用。

一、磷对光合作用有着重要的影响

磷是电子传递、光合磷酸化、卡尔文循环、同化物运输和淀粉合成中的结构组分，对光合作用有重要的调节作用（彭正萍等，2004）。磷能促进叶绿素的合成，并在ATP的反应中起关键作用，缺磷会影响ATP酶的磷酸化过程，进而影响光合作用（杨晴等，2006；邢倩等，2008）。磷素缺乏会导致植株生长缓慢，光合能力下降，植株光合产物积累减少，影响光合产物运输和分配。缺磷的作物通常分配到根系的光合同化产物比地上部分多（Cakmak et al，1994a，1994b；王淑敏等，1990）。陈屏昭等（2003）和Pieters等（2001）认为磷胁迫抑制植物叶片光合作用的主要机理是影响RUBP（1,5-二磷酸核酮糖）的再生；磷胁迫使叶肉细胞磷浓度降低，光合磷酸化水平下降，ATP合成减少，卡尔文循环效率下降，光合速率降低。

二、磷能促进碳水化合物在植物体内的运输

磷是糖类、脂肪及氮代谢过程中不可缺少的元素，此外碳水化合物的合成与运输也需要磷的参加。生产上施用磷肥，有利于干物质的积累，能使禾谷类作物种子饱满，使块根、块茎类作物淀粉积累更多，而且也有利于浆果、干果和甜菜中糖分的积累。试验证明，碳水化合物在作物体内以三碳糖、蔗糖、水苏糖和部分棉籽糖的形态在体内运输，其中三碳糖自叶绿体运输到细胞质的过程，需要有磷酸参与并受叶绿体的pH值所控制，磷酸不足就会影响三碳糖和蔗糖的运输，使糖在某些器官中积累，而在另一些器官中则缺少糖分。花青素属于糖苷化合物，糖的积累有利于花青素的形成。因此，作物缺磷时，叶部和茎部往往呈现红色或暗紫色，尤以油菜、玉米和番茄更为明显。

三、磷对呼吸作用的影响

磷素是陆地生态系统中植物生长所必需的元素之一，是构成遗传物质以及合成高能化合物ATP和ADP的重要原料，直接参与呼吸和光合代谢。生物呼吸作用的基质一般是己糖，在进行呼吸作用以前，己糖先要在磷酸的参与下进行磷酸化作用，然后才能被一系列的酶生理氧化，而参与生理氧化过程的酶（NAD、FAD）自身也含有磷。可见，磷也是呼吸作用所不可缺少的元素。

徐志超（2019）认为，土壤中添加磷素通过影响植物生产力以及生理活动对植物根系呼吸产生影响，磷添加对植物根系呼吸有促进作用。添加磷素一般会提高植物的生产力，促进植物根系的生长，Zeng等（2015）认为这种促进作用由于氮、磷之间有强耦合作用，而磷的增加会促进植物根系对氮素的吸收，进而提高植物根系呼吸。

黄鑫（2018）认为施磷对干旱胁迫下箭竹根系呼吸代谢也有影响，施磷显著提高了受旱箭竹根系*AOX*基因相对表达水平及显著减缓了对其表达有促进作用的丙酮酸含量的下降，结果提高了其线粒体交替呼吸速率，这些可显著减少受旱箭竹根系ROS产生及膜脂过氧化伤害，进而伴随着其COX活性和基因相对表达水平的增加，结果使其总呼吸速率及细胞色素呼吸速率有一定增加。施磷减缓了EMP和TCA这两条路径6个

关键酶的活性的降低，从而减轻了EMP和TCA这两条路径的受阻程度。施磷显著增加了受旱箭竹根系6-P-GDH和G-6-PDH的活性及基因相对表达水平，这可显著提高受旱箭竹根系中戊糖磷酸途径。因此，施磷能通过提高交替呼吸途径及戊糖磷酸途径来减轻干旱胁迫下箭竹根系的氧化伤害。

四、磷参与NO_3^-在作物体内的还原与同化

磷能促进氮吸收和代谢，参与NO_3^-还原和同化，是氨基转移酶和硝酸还原酶等重要组成成分。磷还能促进生物固氮，增加固氮酶、硝酸还原酶的活性，有利于籽粒中氨基酸、蛋白质的积累（黄亚群等，1994）。植物吸收的氮主要是铵态氮（NH_4^+-N）和硝态氮（NO_3^--N）。NO_3^-被作物吸收后必须还原成氨后才能参与含氮物质的代谢。而NO_3^-还原成氨是在硝酸还原酶及多种金属离子的作用下，先还原成亚硝酸，然后再还原为氨，而磷是上述酶的重要组成元素。磷供应不足时NO_3^-还原受阻，影响蛋白质的形成。严重缺磷时蛋白质还会分解，使可溶性含氮化合物增加，游离氨基酸和酰胺大量积累，影响体内氮素的正常代谢，对作物吸收，利用氮素不利。

增加NO_3^--N可促进K^+、Ca^{2+}和Mg^{2+}等阳离子的吸收，抑制磷和其他阴离子的吸收，NH_4^+-N则相反，抑制K^+、Ca^{2+}、Mg^{2+}和Zn^{2+}的吸收，尤其对K^+、Ca^{2+}的抑制作用更加明显，而增加磷的吸收。

五、磷的其他生理功能

磷是细胞质和细胞核的主要成分之一，直接参与作物体内糖、蛋白质和脂肪的代谢，供磷不足会影响到水稻植株体内的能量代谢过程，抑制作物的正常生长。磷能促进脂肪代谢，磷脂转变过程中起重要作用的辅酶A和合成脂肪的原料磷酸甘油都含有磷酸。油料作物增施磷肥会提高含油率。

磷能促进作物的生长发育与代谢过程，还能促进花芽分化，缩短花芽分化时间，从而使作物的整个生育时期缩短。因此，增施磷肥，能使作物提早开花，促进早熟。但过量施用磷肥会引起氮、磷比例失调，作物营养生长期过短，呼吸作用增强，对高产不利。

同时，磷还可以增强作物对干旱、低温等外界胁迫的抗逆性。植物细胞液中含有一定的磷酸盐，这可构成缓冲体系，并在细胞渗透势的维持中起一定作用，因此，磷可提高抗逆性，充足的磷营养能提高作物的抗旱、抗寒、抗病和抗倒伏等能力，增强作物对外界酸碱反应变化的适应性。

第二节　植物中磷素的含量和分布

一、含量和分布

植物中磷素的含量一般占植物干物重的0.2%～1.1%。磷在大豆体内多呈有机磷化物和无机磷酸盐两种形式存在，其中85%是以核酸、磷脂等形式存在的有机磷，其余15%多以钙、镁、钾等无机磷酸盐的形式存在（李志刚，2004）。

在植物细胞内，磷多贮藏于液泡中，当植株吸收的磷素多于代谢所需磷素时，多余的磷素被转移到液泡中；而当植株吸收的磷素不足以提供代谢所需时，液泡中的磷被运输到细胞质中参与各项细胞代谢活动（邱化蛟等，2004）。在植物营养生长阶段，磷多分布在大豆的营养生长旺盛部位，如植物的幼芽、根尖等部位。在生殖生长阶段，种子、果实中的磷素含量较为丰富。而在衰老的器官或组织中，磷素含量显著低于新生器官或组织。另外植物体内的含磷量还受植物种类、器官、生育时期以及环境等多方面因素影响。如喜磷作物油菜种子的含磷量可达1.1%，而磷敏感性较差的水稻种子含磷量仅有0.6%；棉花根中含磷量为0.26%，茎中为0.21%，叶中为1.4%；水稻植株中的含磷量在分蘖期、幼穗分化期、孕穗期、抽穗期分别为1.49%，1.29%，0.9%和0.75%。

总而言之，植物中的磷素含量多具有如下规律：有机磷>无机磷、喜磷作物>一般作物、生育前期>生育后期、繁殖器官和幼嫩器官>衰老器官、种子>叶片>根系>茎秆、正常环境>非正常环境、磷素丰富的植株>缺磷的植株。

二、缺磷或磷过量对作物的影响

1. 对作物的影响

缺磷会影响细胞分裂，使分枝减少，幼芽、幼叶生长停滞，茎、根纤细，植株矮小，花荚脱落，产量降低，成熟延迟。缺磷时，蛋白质合成下降，糖的运输受阻，从而使营养器官中糖的含量相对提高，这有利于花青素的形成，故缺磷时叶片呈现不正常的暗绿色或紫红色。缺磷会导致包括细胞分裂和扩展、呼吸作用和光合作用等代谢过程普遍降低（任海红，2008），进而导致作物生长缓慢，叶片变小，光合速率下降（Mollier et al，1999）。磷在叶片光合作用和碳水化合物代谢中的调节功能可看作是限制植物生长的主要因素之一，尤其是在生殖生长时期。磷在体内易移动，也能重复利用，缺磷时老叶中的磷能大部分转移到正在生长的幼嫩组织中去。因此，缺磷的症状首先在下部老叶出现，并逐渐向上发展。

磷肥过多时，在叶片部位会产生小焦斑，还会妨碍水稻等植物对硅的吸收，也易导致作物缺锌。磷能促进糖分和蛋白质的正常代谢，使小麦早分蘖，早生根，根系发育健壮，提高抗寒、抗旱能力，加快灌浆进程，提早成熟。在豌豆上也发现了类似的结果（黄亚群，1994）。磷素过多又会导致谷物无效分蘖和瘪粒增加，叶肥厚密集，穗发育提早，茎叶生长受抑，根系与茎叶之比变大（王淑敏，1990）。

在缺磷或高磷逆境中，抗坏血酸氧化酶活性降低，对防止大豆生物膜脂过氧化，抗御逆境极为不利。有研究发现，作物由于营养不良可能会诱发一些病害。有关磷对植物抗病性的影响报道很多，认为磷能提高作物对真菌病害的抵抗，在施用磷肥的情况下，霉菌感染率减轻（史端和，1989）。大量的研究结果表明，植物在衰老过程中以及多种逆境条件下，细胞内活性氧产生与清除之间的平衡遭到破坏，积累起来的活性氧就会对细胞产生伤害（潘晓华，2003）。矿质营养元素的缺乏及毒害元素的富集，也会引起植物体内活性氧代谢不平衡和相应的清除系统的改变（刘厚诚，2003）。有关植物在逆境条件下的膜脂过氧化反应和保护酶系统超氧化物歧化酶、过氧化物酶、过氧化氢酶活性的变化已广泛用于植物对逆境机理的研究（Bowler，1992）。大豆的抗病性以及在低温和干旱下与保护酶系统的变化关系也有报道，认为保护酶系统对大豆抗逆过程起重要调节作用（李志刚，2007），磷素能有效地增强超氧化物歧化酶、过氧化物酶与过氧化氢酶活性，减少丙二醛的积累（钟鹏等，2005）。

2. 作物磷效率差异的研究取得长足进步

人们很早就注意到了植物吸收利用磷素方面的遗传变异。现代植物营养遗传学研究表明，不同作物种类以及同一种作物的不同基因型的矿质营养特性存在显著差异（张福锁，1992）。而同一种植物不同基因型在磷吸收和利用效率方面的显著差异在玉米、水稻和拟南芥等作物上均有报道（Smith et al，1934；Heuer et al，2017）。不同大豆品种对低磷胁迫和磷肥效应也有显著的遗传差异，磷效率本身的遗传特性是不同大豆品种间耐低磷能力存在差异的主要原因，而耐低磷能力的强弱和磷吸收能力强弱是影响大豆磷效率及产量的关键因素（张丹等，2015）。一般认为作物磷高效基因型是指与标准或一般基因型相比，在磷营养供应不足时能从土壤中吸收更多的磷，并能高效地利用吸收磷产生更多生物量或产量的基因型（吴平等，1996）。植物磷营养高效基因型差异不仅表现在植物吸收磷，而且表现在植物体内磷的利用（Lópezarredondo et al，2014），明凤等（1999）对磷效率有关性状的研究表明，吸收效率与磷效率的相关程度较高。Wissuwa（2003）认为磷效率是一个复杂的现象，作物磷效率的巨大差异可能是由影响磷效率机理的几个微小变化造成的，而这些变化还有待进一步研究。

第三节　大豆磷素营养

一、大豆对磷的吸收、分配和利用

1. 大豆对磷素的吸收

植物吸收的磷主要是正磷酸形态（$H_2PO_4^-$、HPO_4^{2-}和PO_4^{3-}）（Ullrich-Eberius et al，1984），pH值<7时，$H_2PO_4^-$居多；pH值>7时，HPO_4^{2-}较多。植物也可吸收偏磷酸（PO_4^{3-}）、焦磷酸（$P_2O_7^{4-}$）以及一些有机磷化合物。在可利用磷源基本耗竭的土壤上种植作物，作物生长的潜在磷源主要是O-P（闭蓄态磷）和Al-P（磷酸铝盐），而大豆主要利用土壤中O-P（苗淑杰等，2009）。

植物在生长过程中，通过根系向根际土壤分泌多种无机物（如H^+、HCO_3^-等）和有机酸以酸化根际土壤，或螯合Al、Fe、Ca等金属元素，从而活化土壤中被吸附和固定的磷，根系还可分泌酸性磷酸（酯）酶，降解根际土壤的有机态磷，提高磷的吸收效率，土壤中还有许多种具有降解磷作用的细胞和真菌，可以提高土壤难溶态磷的有效性，促进植物吸收磷素（严小龙，2000；Vance et al，2003）。

2. 磷在大豆体内的分布与利用

大豆在整个生育进程中，通过根系从土壤中吸收磷素。当磷进入根系或经木质部运到枝叶后，大部分转变为有机物质如糖磷脂、核苷酸、核酸、磷脂等，有一部分仍以无机磷形式存在。植物体中磷的分布不均匀，根、茎的生长点较多，嫩叶比老叶多，果实、种子中也较丰富。在大豆生育早期，磷素主要分布于根尖、生长点、新芽等生长旺盛的部位。而随着生育时期的推进，磷素不断从营养生长器官向生殖生长器官转移，到成熟期，磷素最终大多储存到籽粒当中（陈国兴，2017）。正常条件下，成熟期籽粒中的磷素主要从叶片和荚皮中转运，而从根部和茎部转运到籽粒中的磷素则相对较少。董钻（1999）研究表明，成熟时期磷素含量依次分别为叶片0.46%、柄部0.25%、茎部0.37%、荚皮0.37%、籽粒1.40%。

在植物细胞内，细胞质是磷的代谢库，液泡是磷的贮存库，当细胞对磷的需求大于吸收时，磷从液泡运输到细胞质参加代谢；而当磷的供给大于需求时，多余的磷被运输到液泡，以维持细胞质中磷浓度的相对恒定（张福锁，1992；邱化蛟，2004）。

磷高效基因型单位时间内向地上部运输的磷的百分率较高（Loughman et al，1983），并且磷高效基因型磷的再运输能力强（Clark，1983）。有些磷高效基因型能很好地利用体内贮存的磷酸盐，而另外一些则能有效地利用某一组织中的磷或有效地在地上部器官间转移和再利用磷（Youngdabl，1990）。

3. 大豆植株内磷素与其他元素的关系

养分之间存在交互作用，如磷钾、氮磷、氮钾间表现正交互作用，从而提高植株对养分的吸收利用（徐国伟等，2008；沈玉芳等，2008），施用磷肥也可促进作物对土壤中氮素的吸收（袁新民等，2000）。磷能促进作物体内氨态氮和硝态氮的同化，有利于氮素的吸收和利用。磷素营养对大豆结瘤固氮也有明显影响，在适宜的磷素营养条件下可以促进大豆结瘤和固氮，但过多则对促进结瘤效果不大甚至减少结瘤，同时对固氮活性有较强的抑制作用。

磷与钾能防治生理性病害，增强作物抵抗病原微生物侵入的能力。磷与钾还能防止侵入作物体内的病原微生物发病。磷和钾对大豆的产量和品质皆有良好的作用，但也不是越多越好。施磷量对不同大豆品种植株及各器官钾素含量有较大影响。整个生育时期高磷或不施磷都会影响钾素含量，只有适宜的施磷才能促进钾素含量达到最高峰（蔡柏岩，2006）。

大豆在生长发育过程中，需要不断从土壤中吸收各种营养物质，氮、磷、钾是其中必不可少的三要素（郭志华和刘翠芳，2010）。氮和磷都是植物生长的必需元素，在植物的生长和发育过程中起着非常重要的作用。氮素是蛋白质的主要组成成分，在取得高产上有着重要的作用，且参与光合作用和养分的积累。同一磷肥条件下，不同基因型大豆品种的根系氮含量有所差异（蔡柏岩，2005），整个生育时期内，两类型大豆品种根系氮含量基本呈先升高后降低的趋势。0mmol · L^{-1}磷浓度处理下，除结荚期外，磷高效品种根系氮含量均高于磷低效品种，且在苗期、分枝期、开花期和鼓粒期达到显著或极显著差异水平；0.25mmol · L^{-1}磷浓度处理下，开花期和成熟期，磷高效品种根系氮含量显著高于磷低效品种；0.5mmol · L^{-1}磷浓度处理下，苗期、结荚期和成熟期，磷高效品种根系氮含量显著或极显著高于磷低效品种。磷高效品种在缺磷环境中，根系仍有较高的氮含量，这为蛋白质合成及代谢活动提供了保证。

豆科植物吸收利用氮的主要途径就是根瘤的固氮作用。磷是细胞膜磷脂的主要组成部分，而且参与豆科植物的光能磷酸化合成能量ATP的过程。豆科植物的生长发育以及新陈代谢过程，包括结瘤固氮，都需要细胞膜及能量ATP的参与。豆科植物是一类高磷需求的作物，不仅因为作物生长、种子蛋白和脂类的合成需要磷的参与，而且根瘤对磷的需求量也较大（Schulze et al，2006）。由于根瘤中的类菌体固定氮时需要消耗很高的能量，每个反应平均消耗20个ATP，生成2分子的NH_3（Schuize et al，1999），而磷是合成植物能源ATP的必需元素，所以磷素对根瘤活性尤其关键（Ribet & Drevon，1995；Al-Niemi et al，1997）。有大量的研究表明，固氮豆科植物需要的磷比非结瘤植物需要的磷多（Sulieman & Schulze，2010）。固氮能力和根瘤磷含量之间的显著关联性为此提供了额外的证据（Rotaru & Sinclair，2009）。根瘤中氮同化过程中发生的能量转换也需要大量磷（Hernandez et al，2009）。此外，根瘤的发育，特别是线粒体和共生体膜的合成进一步增加了固氮豆科植物对磷的需求。因此，缺磷影响固氮过程中酶促反应所需能源物质和根瘤固氮酶结构物质的合成，进而影响根瘤固氮酶活性。有研究发现，固氮酶活性降低是因为缺磷时根瘤细胞中的需能反应受到限制的缘故，缺磷根瘤中ATP含量为充足磷的70%~75%（Sa & Israel，1991）。

磷素对作物的生长发育至关重要，除氮素外，磷是限制植物营养生长的最重要元素（Vance et al，2000）。一般来讲，豆科植物—根瘤菌共生体系需要更多的磷，这导致共生固氮植株的磷素配置发生显著的变化。根瘤中磷素是其他器官中的3倍，并且受低磷影响较小（Vadez et al，1996）。在缺磷条件下，相当比例的磷被优先分配给根瘤器官以维持固氮效率，甚至以其他组织和植株的生长为代价（Thuynsma et al，2014）。一些生理研究表明，和供磷充足的植株相比，低磷时根瘤中的磷并非均匀分配（Chaudhary et al，2008）。

很多研究表明，磷素含量在根瘤内保持一个较高水平的稳态，有助于大豆在低磷条件下的固氮与生长发育（王树起，2009；苗淑杰等，2009；Sulieman et al，2015）。结瘤豆科植物根系通过调节磷在共生体系组织中的分配比例来保证固氮酶的活性（Sulieman et al，2010）。据估计，有高达20%的磷被分配到根瘤以维持共生体的功能，在低磷胁迫下这一数据会更高。试验证明，有效磷素的分配，对豆科植物—根瘤菌共生体的固氮效率具有巨大的影响（AI-Niemi et al，1998；Valentine et al，2011）。尽管可溶性磷含量在缺磷条件下的豆科植物各器官中远低于正常营养的豆科植物，但是根瘤中的磷含量远远高于其他器官，特别是在低磷条件下能高出3倍（Sulieman et al，2013）。

磷素主要参与代谢过程，对大豆生长发育的作用比氮素明显。磷在大豆分生组织中含量最多，是形成核蛋白和其他磷化合物的重要组成元素。相同磷浓度处理下，磷高效品种根系磷的百分含量多高于磷低效品种。缺磷环境中，磷高效品种受低磷胁迫影响较小，且根系仍能保持较高的磷含量，是植株正常生长和根瘤固氮等活动的基础（敖雪等，2013）。

钾在植株代谢方面起着重要作用，是多种酶的活化剂，能促进核蛋白质的合成，提高光合强度，促进氮吸收，生育前期与氮一起加速植株营养生长，中期和磷配合可加速碳水化合物的合成，促进脂肪蛋白质的合成，并加速物质转化，使其可成为储藏的形态，后期钾能促进可塑性物质的合成。

二、磷素对大豆生理的影响

大豆在整个生育时期对磷素水平都有较高要求，尤其是在苗期，虽然大豆植株在苗期对磷素吸收较少，这却是大豆的需磷敏感期。苗期磷素过少，对植株各营养器官的生长发育形成有较大的影响，对花芽的分化也不利，即使在生育后期给予补充充足的磷素，也难以消除苗期缺磷带来的的影响。大豆地上各器官、根系和根瘤含磷量和磷累积量几乎都随施磷量增加而增加，高磷条件下增加更显著，根系中的磷素积累量增幅最大（丁洪，1998）。低磷处理植株由于其干物质量和含磷量较低，所以植株磷吸收量也明显低于正常供磷处理，其差异达到了极显著水平，不同大豆品种对磷的吸收也表现出较大的差异（丁玉川，2006）。

磷素可以从不同角度对光合作用产生影响，对光反应和暗反应都有不同程度的影响。磷素通过调节植物叶绿体的光化学反应活性，进而对光合产物的合成产生影响（单守明，2008）。磷可以增强植物的光合作用以及碳水化合物合成与运转过程，也可以促进氮素的吸收同化能力和生物固氮能力，同时对脂肪的代谢活动有重要的调节作用。植物的光合速率会严重受到低磷的影响，这是因为在低磷胁迫的条件下，植物同化力的形成及光合作用相关酶的活性会受到严重影响，从而使同化物的转运受到抑制。有相关研究发现，植物在低磷条件下，基因表达能力下降，对植物的光合作用会产生显著的影响（Müller，2007）。由于缺磷导致的包括细胞分裂和扩展、呼吸作用和光合作用等代谢过程降低，进一步导致作物生长缓慢，叶片变小，光合速率下降（Mollier，1999）。

酸性磷酸酶普遍存在于大豆植株中，这类酶可以催化磷酸单脂分解成Pi和相应的脂肪酸。Lee等（1988）认为根尖外层细胞的酸性磷酸酶以及分泌到土壤根际的酶参与了土壤有机磷的分解，与磷效率关系密切。许多研究表明在缺磷条件下，植物体内的以及根系分泌的酸性磷酸酶酶量及酶活性明显增强。

三、磷对大豆根系的影响

根系在作物生长发育过程中有着重要的作用，是吸收营养和水分的主要器官，是实现肥水地上地下运输的重要保证，作物的正常发育过程就是地上部光合作用和地下部根系吸收水分、养分的统一过程（顾慰连等，1964）。土壤中的磷大部分以“闭蓄态磷”存在，以致大部分磷素不能被植物直接吸收。植物主要吸收根际土壤中的有效磷，而植物根系是最先感知低磷胁迫的部位，因此探索植物根系对低磷胁迫的响应机制对植物耐低磷研究至关重要。植物营养遗传的先驱Epstein曾经指出，正是由于根系生长环境的复杂性及根系研究方法和手段的局限性，使作物根系性状的研究成为重点和难点。

磷与根系生长发育（Mackay et al，1984）和根系形态特性密切相关（Chasot et al，2002；严小龙等，2001）。作物吸收的磷素主要来自根际土壤，磷在土壤中难以移动且易被固定，因此很容易造成根际磷素亏缺和环境的污染。在长期的有效磷亏缺情况下，植物可以通过改变根系形态来提高对土壤中难溶态磷的吸收能力，如根系形态及其长度、密度、总量、根毛的数量、根系的主轴数量与长度、根系的吸收面积及活跃吸收面积等（Randall，1994）。

土壤中的磷通常以磷酸盐形式被根系吸收，虽然土壤中含磷总量较高，但多以固态磷形式存在，根系难以吸收利用。植物组织中有效磷浓度为5～20mmol·L^{-1}，而土壤溶液中的有效磷浓度约为2μmol·L^{-1}，低其几个数量级（Schachtman et al，1998）。在世界各地，农田中施入磷肥已经是普遍的农业措施，但是施入的磷肥，不仅费用昂贵，而且污染环境。根据调查，世界上超过30%的耕地需要施用磷肥来满足作物生长需求（Wang et al，2009）。磷素是一种不可再生资源，当前的估算显示易开采的磷酸盐将在2060年耗尽（Vance et al，2003）。提高作物对低磷环境的适应性，对作物生长发育以及环境资源的可持续发展至关重要。因此，阐明作物对磷素的响应迫在眉睫。

根系是作物吸收营养元素和水分的主要器官，特别是对于磷这种在土壤中易被固定难以吸收利用的元素，植物根系接触到的土壤面积越大，活化能力越强，就越有利于磷素的吸收（廖红等，2004），所以根系的许多性状，如根长、根质量、根系吸收面积、根构型（廖红等，2000）等与磷吸收有着密切的关系（严小龙等，1999；2000）。土壤中的磷主要借助扩散的方式移动到根系表面，且扩散速度较慢，扩散距离只有1～2mm，只有到达根表后才能被作物吸收利用，因此，根系的形态学特征及其生理吸收特性对植物吸收利用土壤中固态磷有决定性的作用（张福锁等，1992）。

磷能促进根系生长点细胞的分裂和增殖，当苗期有效磷充足时，次生根条数则会增多。在植物生长过程中，根系吸收磷素后经木质部向上运输至叶片，而老叶中的磷一部分运往新生器官和生长活跃中心，另一部分运往根部，再由根运向分生组织和生长活跃中心。磷素营养缺乏时，磷的转移发生的更早，量更大，并且磷在植株体内的转移和分配也将发生变化。

1. 低磷胁迫对植物根系形态特性的影响

根系是植物吸收养分和水分的三大重要器官之一，同时也是最先感受营养胁迫的器官。目前，很多植物种为了在缺磷土壤中吸收更多的磷素而形成了适应机制，如增加根系表面积，降低根系周围土壤pH值，增强根系羧化物的分泌（Raghothama，1999；Hinsinger et al，2003）。有研究表明，植物体在受到低磷胁迫时，会通过改变自身根系形态特性来适应胁迫环境。植物根构型及其可塑性对植物吸收土壤中有效磷有重要的作用。大豆磷吸收效率主要决定于根构型，根构型与磷效率密切相关（Peng et al，2002；Li et al，2002），如在低磷胁迫条件下，白羽扇豆通过产生较多的排根来吸收更多的磷（Bates et al，2001）；适应低磷性较强基因型的菜豆根系的向地性减弱，根构型变浅，基根生长角度变小（严小龙等，2000）。Ma等（2008）研究表明，低磷胁迫下，大豆根长、根表面积和根体积均比正常磷营养时增加，初生根的延伸降低，根毛密度和侧根数量均有增加，缩短了磷素扩散到大豆根的距离并扩大根系的吸收面积。Yan等（2008）研究表明，低磷能显著促进大豆主根伸长，特别是延长大豆主根的根尖至最新侧根之间的距离，主根伸长的原因是低磷迫使主根伸长区的分化发生延迟。韩晓增等（2010）试验中，大豆根长、根表面积和根体积均表现为随着营养液中磷浓度的增加而降低，无磷（0μmol·L^{-1}）胁迫条件下，大豆根长、根表面积和根体积均为最高，供磷（50μmol·L^{-1}）条件下则表现为最低。研究表明缺磷胁迫促进大豆根系的伸长，增加根系的接触面积，有利于大豆根系对养分和水分的吸收，尤其对磷这种在土壤中可利用含量低、移动性小的营养元素，大豆根系伸长有利于对土壤中有效磷的吸收，但50μmol·L^{-1}磷处理下大豆的根系直径反而最大，这说明了根系直径越小其接触面积越大，越有利于对养分和水分的吸收。这些研究都表明了，低磷胁迫对大豆根长、根表面积、体积和根直径等有显著影响。

李志刚等（2004）对226个大豆品系（种）进行磷胁迫鉴定试验，筛选出了不同磷效率基因型大豆品种。不同磷效率基因型大豆，在低磷胁迫时表现有很大差异。磷高效品种无论在根系对磷的吸收还是利用上远远超过磷低效品种。磷高效品种在低磷胁迫下，根系适应性强，通过增加总根长、根表面积、根体积、根直径、根毛总数来增大对土壤中有效磷的吸收，通常低磷处理下根长、根总表面积、根体积、根直径都显著高于高磷处理，根构型的改变也增强了其耐低磷能力。磷低效基因型大豆在低磷处理下，根系适应性较差。低磷处理与高磷处理相比，其根长、根表面积、根体积、根毛总数的数值相差很大，多数呈显著差异或极显著差异，各项数值远低于高磷处理（马凤鸣等，2009），但也有研究表明，低磷胁迫下大豆根系直径减小，单位根重的比表面积增加，从而提高根系对磷的吸收。张彦丽（2010）研究表明，在低磷处理下，磷高效和磷低效基因型大豆的根系长度、根系表面积变化均有显著差异，根长呈降低趋势，但磷高效基因型大豆的降幅较小，磷高效基因型大豆的根系表面积则有增加趋势，两种基因型大豆的根长、根表面积与磷效率呈极显著正相关（根长 r=0.912**，根表面积r=0.930**），根直径与磷效率呈正相关（r=0.500），但差异不显著。廖红等（2008）试验研究表明，低磷能促进磷高效基因型大豆主根增长，且显著大于高磷处理。这些研究表明，大豆根构型对低磷胁迫具有适应性变化，磷高效基因型大豆在低磷条件下保持一定的根长、根表面积和根体积等，且根系向地性减弱而形成浅根式的根构型，从而能够利用更多的土壤磷。

其他植物在低磷胁迫下，根构型也表现出相应的适应性。张淼等（2013）研究表明，短期缺磷条件下，水稻、小麦、玉米根系长度分别增加了11%、11%、20%。潘晓华等（2004）研究表明，耐低磷水稻品种的总根数、总根长、总根表面积、侧根长、侧根数及侧根密度在低磷胁迫下均明显增加，低磷敏感品种除侧根密度变化不大外，其他参数均明显减小。丁艳等（2011）研究表明，缺磷处理下，玉米根长、根表面积及根体积均大于加磷处理。

韩晓日等（2005）研究表明，低磷胁迫时耐低磷番茄品种较低磷敏感型番茄品种，更能促进光合物质向根系运输，使根系优先利用光合产物，保证根系有较大的磷吸收面积。低磷胁迫时，两种基因型番茄品种的磷吸收率和运转率都有所下降，磷利用率提高，但只有磷素吸收率达到显著差异，可能是耐低磷番茄品种的主根和侧根受抑制较小的原因。奚红光（2006）对无机磷抗性不同的甜菜品系进行研究，结果表明，低磷胁迫处理下，不同磷胁迫抗性甜菜的皮层细胞密度和组织分化度均有增加，且与磷胁迫抗性相一致。根系形态学指标中，只有根毛总长度与磷胁迫抗性完全一致，根毛是植物吸收养分的主要区域，低磷胁迫下，根毛增长有利于营养物质的吸收。张俊莲等（2009）研究表明，低磷胁迫下马铃薯试管苗根的发生数量和根长明显增加，在含磷30%的低磷培养基中，试管苗根系多呈分支状，能较好地吸收营养物质，且根长极显著高于含磷量60%的培养基。

过去几十年中，在模式植物拟南芥中对于维持体内磷素平衡的基因调控网络已有了广泛研究。但是在农业生产中，作物比拟南芥面临着更大的磷素波动水平，这些波动可能会引起更复杂的生理、生化和分子响应，其中作物改善磷素捕获的响应包括根系形态构型的改变、根系分泌物的增加以及对磷高亲和性转运蛋白的感应能力（Cuiyue et al，2014）。捕获后的磷可通过改变代谢途径以及磷在不同器官、组织和亚细胞区室的再分配提高利用效率。另外，与根际微生物的共生，例如菌根真菌和根瘤菌，也在维持作物体内磷素平衡中起到重要作用（王保明等，2015）。

在低磷环境下，高等植物已经进化形成了一系列耐受低磷胁迫环境的适应机制，包括植物根系形态结构改变、淀粉合成、糖类代谢以及根系有机物分泌合成等一系列生理生化反应的改变、同时在转录和翻译水平也发生一系列适应性变化，以提高植物在缺磷环境中对磷素的吸收和利用，维持植物的生长发育（Fang et al，2009；Svistoonoff et al，2007）。缺磷条件下，植物根系形态变化较大，根系相对增殖较好（Nadira，2016），同时植物形成的这些提高磷素捕获的机制中，最明显的也是根系形态和根构型的重塑，为捕获磷提供了理想的根系结构。作为根构型的优化补充，根系分泌物的增加能够促进根际不可利用形式的磷素的释放。对磷高亲和性转运蛋白的感应又能直接提高根际磷素的吸收。

作物根系抵抗缺磷胁迫是一个整体复杂的过程，Raghothama（1999）提出至少有100个基因参与到作物对磷胁迫的反应当中。在低磷胁迫条件下，植物叶片光合作用同化的营养物质优先向根系特别是根尖分配，致使植株根系干物质分配比例变大（Péret et al，2014；董薇等，2012），且促进根系分泌物增多（Tawaraya et al，2014）。低磷能诱导磷高效菜豆品种（Lei et al，2011）和大麦（Brown et al，2012）形成大量根毛。许多蛋白，如RNase、酸性磷酸酶、磷转运子、植素酶和PEPCase基因均受低磷胁迫的诱导表达，根部细胞周期蛋白基因表达受根系IAA浓度的提高诱导，促进了根系细胞分裂，从而加速了根的延伸（董薇等，2012）。此外，许多学者的研究证实，作物通过根半径减小、根冠比及根系比表面积增加等来实现对低磷胁迫的适应，这是作物对逆境的一种主动适应反应机制（王保明等，2015）。植物对磷饥饿的适应正在进行非常详细的研究，但主要是在拟南芥和水稻等模式物种中，揭示了一个调控基因表达、蛋白质活性和蛋白质翻转的多层网络，以及根系形态等相关分子机制的研究（Heuer et al，2017）。

作物磷饥饿反应涉及植物体内多种代谢途径改变，比如磷从衰老的组织迁移到年轻的组织，用半乳糖、替代ATP依赖的途径和磷脂替代途径等，都是作物用自适应响应缺磷并和增加内部磷利用效率相关（Plaxton & Tran，2011）。然而，关于这些性状的相关基因和表型变异是否能被用于作物改良的报道仍然很少。

2. 大豆根系磷胁迫响应机制

在低磷溶液培养下，不同大豆基因型吸收溶液中可溶性磷的能力存在差异，吸收的磷量可达到自身固有磷量的5%～80%（童学军等，2001）。磷高效大豆品种适应低磷胁迫的生理机制之一是促进子叶有机磷的水解和转运（梁翠月等，2015）。低磷胁迫下，大豆总根长、根表面积和根体积均比正常磷浓度时增加，初生根延伸下降，侧根数和根毛密度增加，缩短了磷离子扩散到根系距离并扩大根系的吸收面积，大豆受到低磷胁迫时，根系酶活性升高、代谢改变最终致磷吸收能力增强（董薇等，

2012）。此外受到低磷胁迫时大豆质膜H^+-ATPase的表达量上升、酶活性升高，低磷胁迫引起体内激素的变化进而导致基因水平的响应（Qing et al，2016）。

大豆根系在低磷条件下主要向外界分泌苹果酸、柠檬酸等有机酸，乙酸分泌减少，低分子量的有机酸可以促进大豆植株内磷的吸收和积累。Hernandez等（2007）通过研究认为，豆科植物根系氨基酸、多元醇和糖类含量在感知低磷胁迫时均有所增长。大豆根系磷胁迫响应的研究主要从大豆的根系形态、根构型、菌根、根系分泌有机酸的生理分子机制和基因表达等方面进行了研究，但对大豆低磷响应网络研究还有欠缺，并且缺少便捷、统一的磷效率评价指标和筛选时期。

四、磷对大豆低磷胁迫响应基因的研究

1. 植物中低磷胁迫响应基因的研究

在低磷胁迫时，参与低磷调控作物根系生长的转录因子有很多，例如*MYB*家族，*OsMYB2P-1*参与水稻磷饥饿应答和根部结构的调节（Feng et al，2012），*OsMYB4P*过量表达导致水稻根系结构改变较大（Yang et al，2014）；参与对低磷响应的*MYB*家族的转录子编码基因*PHR2*，在水稻研究中，超量表达*OsPHR2*能够促进水稻根系生长（刘芳，2010）；*bHLH*家族的*OsPTF1*显著促进了水稻根系的生长（Yi et al，2005）；*WRKY*家族的*WRKY75*对根毛的数量起负调控的作用等（Liang et al，2014）。*ERF*（乙烯反应因子）家族参与乙烯信号对根毛的调控，*AtERF070*与根系结构重建相关的基因（Nagarajan et al，2016），其表达抑制显著增加了靠近主根根尖的根毛密度（Ramaiah et al，2014）。

除一些转录因子对低磷胁迫的响应，低磷胁迫还会影响一些编码含磷蛋白的相关基因。*OsSNDP1*基因在水稻中编码一个磷脂酰肌醇转运蛋白。在*OsSNDP1*突变体的研究中发现突变体根毛变短，只有对照植株长度的16%，但是其主根根长和对照植株相比未达显著差异，*OsSNDP1*在水稻根毛伸长过程中起到至关重要的作用（Huang et al，2013）。*OsABIL2*基因在水稻中编码一种蛋白磷酸酶，是ABA信号的负调控因子，在调控水稻根系发育和抗旱性中发挥重要作用。过表达*OsABIL2*基因导致植株对脱落酸（ABA）不敏感，根系结构发生改变，主根和冠根变短，冠根部位上的根毛也减少，导致水稻对干旱胁迫反应为超敏感（Li et al，2015）。

酸性磷酸酶是植物和土壤中调控磷酸代谢的一种十分重要的水解酶之一，有研究表明，其活性与植物本身磷含量和土壤中的磷的浓度关系紧密，即植物为响应低磷胁迫会使植物体内和根系释放的酸性磷酸酶活性显著提高，酸性磷酸酶会使有机态的磷水解，因此酸性磷酸酶活性的增加能够使植物获得更多的有效磷。虽然其是否能作为

评价磷效率的指标还饱受争议，但酸性磷酸酶确实能提高磷的利用效率（Mudge et al，2010）。*OsPAP10c*基因调控酸性磷酸酶的分泌和活性，是水稻提高对土壤中有机磷利用率的途径之一（Lu et al，2016）。*AtPAP15*转基因大豆株在叶片和根系分泌物中也表现出明显的APase和植酸酶活性。此外，在酸性土壤中，转基因植株的产量提高，每株豆荚数增加35.9%、41.0%和59.0%，每株种子数增加，分别为46.0%、48.3%和66.7%（Wang et al，2009）。

植物对磷的吸收和转运都是通过磷酸盐转运体，根据转运体对磷浓度响应，可分为高亲和性和低亲和性磷酸盐转运体。到目前为止，已发现4个*PHT*基因，即*PHT1*、*PHT2*、*PHT3*和*PHT4*。*PHT1*基因编码高亲和质子/磷共转运体，介导磷的跨膜吸收。在拟南芥中，9个磷转运体基因中有8个在根部表达。将这些基因的启动子区与*GUS*报告基因融合，表明其中4个基因在根表皮高度表达，磷缺乏可增强表达。此外，一些成员在茎组织（如花粉粒）中表达，因此在磷吸收和再活化中具有更广泛的作用（Johnson et al，1994）。在水稻中，13个*PHT1*转运体基因中有9个在缺乏磷的根和叶中表达。根系磷缺乏显著提高了*OSPT2*、*OSPT3*、*OSPT6*和*OSPT7*的转录水平。*OsPT1*和*OsPT8*的表达在根和叶两个磷水平上都很丰富。对于豆科植物来说，截形苜蓿的*PHT1*家族中的磷酸盐转运体已经得到了很好的研究。其中，*MtPT1*、*MtPT2*、*MtPT3*和*MtPT5*在缺乏磷的根中高度表达，但在添加高磷的情况下表达较少（Liu et al，2008）。

磷缺乏时，植物通过提高酸性磷酸酶（Li et al，2002；Pozo et al，1999）、RNAases（Bariola et al，1994）、磷酸盐转运子（Smith et al，2003；Hong et al，2014）等基因的表达量，从而促进磷的吸收和转移。*OsPHR4*是一个磷饥饿诱导基因，整个生长发育阶段主要在维管组织表达。*OsPHR4*表达受到*OsPHR1*、*OsPHR2*和*OsPHR3*正向调控（Ruan et al，2016）。*AtZAT6*细胞核内参与磷信号转导（Valdes et al，2008）。*AtIPS2*、*AtIPS3*和*AtPT2*细胞核内参与磷信号转导（Peate et al，2002）。

2. 大豆低磷胁迫分子研究进展

磷素作为植物生长发育必需营养元素之一，既是植物体内许多重要有机化合物的组分，同时又以多种方式参与各种代谢过程，在农业生产中起着极其重要的作用。但世界范围内的绝大部分土壤严重缺磷，因而人们普遍采用增施磷肥的方法保证作物产量。随着磷矿资源日益匮乏，加之目前还未发现任何一种可取代磷的元素，使得人类正面临着比能源危机更加严峻的磷资源枯竭的挑战。因此，通过发掘和利用植物磷高效相关基因，进而创制磷高效利用作物新品种就成为解决上述问题的最新途径。

有研究表明，在拟南芥中转入大豆*GmPHR1*基因，过表达植株的根干重、根冠比和最大根长均优于野生型与RNAi植株，并且野生型的根干重优于RNAi，*GmPTF1*能促进低磷条件下转基因拟南芥根系生长和耐低磷能力（吴冰，2013）。缺磷和缺铁上调了WRKY家族的*GmWKRY7*、*GmWRKY8*、*GmWRKY13*和*GmWRKY15*在叶片和根系的表达水平（彭俊楚，2016）。*GmACP1*基因过量表达的转基因植株叶片中的酸性磷酸酶活性显著提高。在低磷胁迫下，突变体的总干重、总磷含量和有效磷含量都显著高于对照植株。*GmACP1*基因过表达的转基因大豆根毛复合体株系在可溶性有机磷的营养液中生长，根系的酸性磷酸酶活性、干重、磷含量和根系磷的吸收效率均显著提高（宋海娜，2013）。*GmPT1*和*GmPT2*属于*PHT1*家族，其具有家族典型特征，亚细胞定位结果表明*GmPT1*和*GmPT2*定位在细胞膜上这与*PHT1*家族亚细胞定位结果一致。*GmPT1*和*GmPT2*定位在细胞膜上表明它们将细胞外的磷运输至细胞内。吸收和动力学研究结果表明*GmPT1*和*GmPT2*是低亲和磷酸盐转运体，*GmPT1*和*GmPT2*这两个基因是轻微诱导表达，可能参与植物体内磷的运输（武兆云等，2012）。大部分*PHT1*家族基因属于高亲和磷转运蛋白，低磷条件下*GmPT1*、*GmPT4*、*GmPT7*、*GmPT12*、*GmPT13*主要在侧根表达，而*GmPT2*、*GmPT3*、*GmPT6*在主根和侧根处都有表达，*GmPT5*则主要在低磷条件下的主根表达，而*GmPT14*则是在高磷条件下的侧根表达量相对较高，改变磷浓度后*GmPT8*、*GmPT9*、*GmPT10*在根系中各个部位的表达差异不显著（林志豪，2016）。Qin等（2012）克隆了大豆根瘤中的一个磷酸盐转运蛋白基因*GmPT5*，该基因在低磷胁迫下上调表达，*GmPT5*过量表达的根GUS染色显示该基因主要在根和幼根瘤的结合区、幼根瘤和成熟根瘤的维管束中表达，*GmPT5*可能在从根的维管束往根瘤中运输磷的过程中起着重要作用（Qin et al，2012）。

大豆磷效率相关性状和大多数农艺性状一样，具有连续的表型变异，表明性状是受微效多基因控制的数量性状。基于家系的连锁分析是研究复杂数量性状遗传基础的经典方法。近年来，国内外通过连锁分析对大豆磷效率相关性状进行了广泛的QTL定位研究。Li等（2005）首先利用科丰1号与南农1138-2杂交衍生的116个重组自交系在F连锁群上检测到7个与耐低磷相关QTL；同样，耿雷跃等（2007）利用该群体的184个家系在高磷和低磷水平下分别检测到3个和12个加性的QTL，可解释4.0%～13.8%的表型变异；另外，在两种磷水平下还检测到19对互作QTL，可解释3.3%～19.9%的表型变异。崔世友等（2007）利用耐低磷品种南农94-156和低磷敏感品种波高衍生152个重组自交系，通过盆栽试验对大豆耐低磷相关性状进行QTL分析，结果检测到7个QTL，对表型变异的解释率为4.8%～17.0%。Zhang等（2009）利用同一群体进一步在低磷和正常供磷条件下调查大豆苗期5个磷效率相关性状，定位到34个加性QTL与耐低磷性状相关。这些结果有助于人们初步认识大豆耐低磷的遗传基础，为分子标记辅助育种提供依据。

五、磷对大豆产量和品质的影响

1. 磷对大豆产量的影响

大豆整个生育时期对磷的反应敏感。磷素可以影响大豆植株的生长发育和共生固氮，适宜的磷处理能有效地促进大豆干物质积累，可以大大提高大豆籽粒产量（董钻，2001；胡根海，2002）。适宜的施磷能显著地提高大豆各器官的干物质积累，并且分配到豆荚中的干物质量较高，有利于产量的形成，因此在大豆生长发育期间，植株干物质生产量及其向各器官的分配率是制约大豆产量的关键因素，磷素营养对作物干物质积累与分配起着非常重要的作用（何天祥，2001；蔡柏岩，2004）。王建国等（2006）利用大豆海2000-395品系，对磷肥与大豆产量及品质的关系进行研究，结果表明在有效磷含量很低的土壤中，施磷能够显著增加大豆产量。土壤有效磷低于20mg · kg^{-1}的田块，大豆施用磷肥增产显著。土壤有效磷大于20mg · kg^{-1}时，大豆增产效果不明显。蔡柏岩等（2008）研究也表明适宜的施磷有利于大豆获得高产。吴明才等（1999）研究表明，磷对大豆经济产量有积极作用。

2. 磷对大豆品质的影响

施磷对大豆品质方面的研究较少，而且研究结果也不尽一致。缺磷情况下可能会阻止大豆植株吸收其他营养成分，进而降低大豆植株鲜重和干物质量，影响氮、磷、钾和其他营养元素的吸收效果，势必会影响大豆产量和大豆本身的生理过程，进而影响到大豆的籽粒产量和蛋白质含量或者含油量。磷素的缺少，造成植株体内代谢紊乱，糖类积累量增加，蛋白质的合成量减少，可溶性氮比例增加，蛋白氮含量降低。

3. 磷对大豆蛋白质和氨基酸的影响

磷是蛋白质和氨基酸的重要组成成分。大豆籽粒蛋白质含量除与品种遗传特性有关外，施磷肥对蛋白质含量也有较大影响，适宜的施磷量有利于蛋白质的积累，不施磷肥或高施磷都不利于大豆植株蛋白质的代谢，导致大豆籽粒蛋白质含量下降（史占文等，1989；魏丹等，2017）。而丁洪等（1998）试验结果却与之相反，认为施磷降低大豆籽粒中的蛋白质含量。磷素主要增加了固氮酶、硝酸还原酶的活性，有利于种子氨基酸、蛋白质的积累（黄亚群等，1994）。

4. 磷对大豆脂肪和脂肪酸的影响

磷同时也是脂肪的重要组分。施磷肥有利于增加脂肪含量，磷素与脂肪代谢密切相关，脂肪的合成必将受到土壤供磷水平的影响，磷肥对提高大豆籽粒的含油量具有显著的效果。施磷处理后，大豆品种的产量极显著增加，同时品种间增产效果的差异也达到显著水平，明显地增加了脂肪含量，同时影响组成脂肪酸的油酸和亚油酸含量（丁洪等，1998）。

六、大豆的磷素营养临界期和施肥效果

关于磷素营养临界期的问题，学者的相关研究不尽相同，有人认为在磷素供应充足的情况下，大豆吸磷高峰出现在结荚、鼓粒期（吴明才等，1999）。磷在大豆植株体内是能够移动和再利用的，只要前期吸收了较多的磷，即使盛花期停止供应，也不会严重影响产量。开花期前吸收的磷已足够维持到大豆成熟（Maderski，1950）。但是，Hammond（1950）则认为，大豆开花盛期到成熟期仍需要吸收占总量70%的磷。大豆的磷素营养似乎并没有十分明显的临界期，目前多数研究者认为，在各个生育时期中，以开花期吸收磷对籽粒的产量影响最大。

大豆整个生育时期对磷的反应敏感。磷素营养对大豆干物质积累与分配起着非常重要的作用。磷素可以影响大豆植株的生长发育和共生固氮，适宜的磷处理能有效地促进大豆干物质积累，提高大豆籽粒产量（胡根海，2002）。适宜的施磷能显著地提高大豆各器官的干物质积累，并且分配到豆荚中的干物质量较高，有利于产量的形成，因此在大豆生长发育期间，植株干物质生产量及其向各器官的分配率是制约大豆产量的关键因素，磷素营养对作物干物质积累与分配起着非常重要的作用（蔡柏岩，2004）。在有效磷含量很低的土壤中，施磷能够显著增加大豆产量（王建国等，2006）。土壤有效磷低于20mg·kg^{-1}的田块，大豆施用磷肥增产显著。土壤有效磷大于20mg·kg^{-1}时，大豆增产效果不明显。适宜的施磷有利于大豆获得高产（蔡柏岩等，2008）。

大豆施磷的效果常常与品种有关。高浓度磷会引起一些大豆品种中毒。对磷敏感的大豆品种在磷肥达到195.75kg·hm^{-2}时表现出中毒症状，而耐磷品种则没有。不同大豆品种的磷积累量存在极显著差异，磷积累量较高的品种其籽粒产量也较高。磷利用效率高的品种能以较少的磷营养生产较多的干物质，是磷素营养的经济利用型，反之为奢侈消耗型（丁洪等，1998）。在成熟收获期，单株籽粒中磷的绝对含量与籽粒产量呈极显著直线相关，相关系数r=0.998**，回归方程为y=1.343+90.324x，经过回归显著性测验，t=35.3**。籽粒中磷的实际含量每株增加0.01g，单株籽粒量约增1g（董钻，1989）。

黑龙江省农业科学院（1974）的试验结果表明，过磷酸钙施用量300kg·hm^{-2}，能增产9.8%；郭洋（2012）的研究也表明，施磷处理比对照增产33.1%。有研究表

明，施过磷酸钙225kg · hm^{-2}，大豆增产1.6%，而施用450kg · hm^{-2}，增产19.9%。大豆品种、土壤肥力状况等均会影响施磷的增产效果。关于施磷对大豆品质的影响，国外有报道指出，在开花末期叶面喷施磷肥，则脂肪含量增加16.6%，蛋白质含量也有增加。丁洪等（1998）指出，尽管籽粒粗蛋白质和粗脂肪含量随施磷量增加而降低，但施磷使大豆籽粒产量和生物量都增加，导致籽粒蛋白质和脂肪积累量随施磷量增加而增加。

第四节　大豆磷效率差异及高效利用

作物磷高效基因型是指与标准或一般基因型相比，在磷营养供应不足时能从土壤中吸收更多的磷，并能高效地利用吸收磷产生更多生物量或产量的基因型（吴平等，1996；Graham，1984）。植物磷营养高效基因型差异不仅表现在植物吸收磷，而且表现在植物体内磷的利用（Betten，1992；Gourley，1993）。由于磷素营养的普遍“遗传学缺乏”，植物活化及吸收土壤磷的能力显然是磷高效基因型的最重要的特征，明凤等（1999）对磷效率有关性状的研究表明，吸收效率与磷效率的相关程度较高。植物从土壤中吸收磷的能力（定义为磷吸收量）受多种因素影响，包括根的表面积和根的形态学特征、菌根的影响、根际pH值、根分泌物等（印莉萍，2006）。磷高效基因型干物质、产量和磷吸收总量均明显高于磷低效基因型（Clark，1982）。

豆科作物磷效率遗传改良的可能性主要取决于豆科作物是否存在耐低磷土壤的遗传潜力，许多豆科作物对缺磷土壤的适应性表现出明显的基因型差异（严小龙等，1999）。若利用遗传育种的方法解决缺磷对豆科作物生长的限制问题，就必须确定不同豆科作物基因型对缺磷土壤适应性的形态和生理生化指标，再利用这些指标作为标记，找出控制这些性状的基因，最终利用基因重组技术选育出磷效率较高的豆科作物基因型（严小龙，1995；张福锁，1996）。可见，利用遗传育种的途径改良豆科作物的磷效率，形态和生理生化指标的确定是关键。有关研究结果表明，不同大豆品种对低磷胁迫和磷肥效应有显著的遗传差异（丁洪等，1997，1998；陈怀珠等，2008）。大豆具有适应低磷土壤的遗传潜力（刘灵等，2008）。植株对磷的吸收、运输、活化和再利用的差异与植株磷营养基因型有关（张可炜等，2007）。

大豆的低磷适应性在品种间有显著的差异（吴俊江等，2008）。不同基因型大豆不同生育时期对磷的耐性极限存在较大差异（陈怀珠等，2008）。大豆的磷高效主要表现在磷吸收效率方面（王应祥等，2003）。不同大豆基因型吸收溶液中可溶性磷的能力存在差异，吸收的磷量可达到自身固有磷量的5%～80%（童学军等，2001）。不同大豆基因型，具有不同磷效率特性，磷效率特性的形成与土壤有效磷含量有关。大豆基因型较佳的磷效率特性是在低有效磷土壤环境下进化形成的（童学军等，1999）。丁玉川等（2006）的研究表明，不同的磷素营养水平对不同大豆品种植株生长发育和磷的吸收利用具有较大的影响。在低磷和高磷条件下，不同大豆品种在株高、主根长度、根体积、叶面积和植株干重以及它们的相对值等指标都表现出显著或极显著的差异（李志刚，2004；敖雪，2009）。

第五节　土壤中磷素研究进展

一、我国土壤中磷素的基本情况

我国2/3土壤缺磷，全世界50%土地缺磷（Heuer et al，2017），施用磷肥虽然在一定程度上弥补作物生长对磷的需求，但由于磷肥利用率低下（20%～30%）及过量施用磷肥造成生态环境的破坏等问题已引起普遍关注（苏军等，2014）。土壤中磷素多数为难以利用的固定态磷，按Olsen方法对土壤有效磷分类：土壤有效磷水平大于20mg · kg^{-1}的为有效磷较丰富的土壤，少于10mg · kg^{-1}的土壤被称之为缺磷土壤。全世界13.9亿hm^2的耕地中约有43%缺磷（刘建中等，1994），我国1.07亿hm^2农田中大约就有2/3严重缺磷（李继云等，1995）。因此土壤缺磷是全世界普遍存在的问题，也是制约作物生产的主要因素之一（付国占，2008；卢坤等，2009）。如何解决土壤中磷素不足的问题，提高缺磷土壤的作物生产能力，一直是各学科研究工作者普遍关注的问题。尽管通过施用磷肥可在一定程度上缓解作物缺磷的问题，但并不是长期有效解决土壤磷素缺乏的理想途径。首先我国磷矿资源严重不足，且品质较差，我国农业中的用磷很大程度依赖进口。而世界上磷矿资源已探明的储量按现行速度开采，也只能维持50～400年（Hocking，2001）。其次施入土壤的磷很容易被吸附固定，因此作物对施入土壤中的磷肥利用率低，至少70%～90%的磷进入土壤而成为难以被作物吸收利用的固定形式（赵小蓉，2001；林德喜等，2006）。固定态磷由于溶解度很低，无法满足一般作物的生长需求，在遗传学上称作土壤磷素的“遗传学缺乏”而不是“土壤学缺乏”（Epstein，1983）。而这种“遗传学缺乏”性缺磷不仅造成磷肥资源的巨大浪费，而且还会造成严重的环境污染（丁玉川，2006）。多年来，人们从土壤改良、磷肥种类、施肥方法、管理措施和轮作制度等方面作了不少研究，但至今仍未能取得根本性突破。现代植物营养遗传学研究表明，不同作物种类以及同一种作物的不同基因型的矿质营养特性存在显著差异（张福锁，1993）。而同一种植物不同基因型在磷吸收和利用效率方面的显著差异，在大豆、玉米、高粱、蚕豆、紫云英、油菜、小麦、水稻、大麦等作物上均有报道（Smith，1934；李志刚等，2004；张文明等，2008）。

二、土壤中磷素的形态和转化

土壤中的磷大多以无机磷形式存在，少部分以有机磷形式存在。而无机磷又包括水溶态磷、吸附态磷和矿物态磷3类；其中植物主要以水溶态磷形式从土壤中吸收磷素，而吸附态磷和矿物态磷又被称为难溶态磷，不能直接被植物吸收利用，必须通过解吸或溶解为水溶态磷，才能被植物进一步吸收利用。土壤有机磷的化学形态和性质十分复杂，目前能够分离鉴定出的只有1/2左右，主要为磷酸肌醇、磷脂和核酸；土壤有机磷的含量与土壤有机质含量密切相关，且随着有机质的矿化而释放出少量速效磷，但是其对植物磷素吸收的作用十分有限（解锋，2011）。

三、土壤中磷的有效性及其影响因素

在土壤磷素的固定中，土壤pH值被认为最重要的因子。在土壤pH值较低时，土壤中的磷与铁、铝等金属离子结合，形成难溶的磷酸铁、磷酸铝等磷酸盐。因此在酸性土壤中施用石灰可以调节土壤pH值，降低土壤对磷的固定作用，进而提高土壤有效磷含量（张晶，2012）。与此相反，石灰性土壤中磷多呈磷酸钙盐形式存在，降低土壤pH值，特异活化磷酸钙，提高土壤有效磷含量。磷的有效性随土壤pH值而变化，当pH值在6～7时，磷的有效性最大（解锋，2011）。

土壤中有机质的含量越高，土壤对磷素的固定作用越低。一方面因为土壤有机质腐化后在土壤矿物成分表面形成一层氧化膜，隔离了矿物成分与磷酸根的接触，降低了土壤磷素的固定；另一方面，有机质降解过程中释放的部分中间产物，既能与磷酸根离子竞争吸附土壤中矿物成分，又能溶解部分难溶态磷（杨杰，2010）。

土壤水分是土壤间隙各种元素的溶剂，含水量的高低能够影响土壤溶液中磷的浓度和磷在土壤水界面的迁移速率。一般情况下，土壤含水量越高，土壤中水溶态磷的含量越高；反之，土壤含水量下降，将会改变土壤溶液中离子的种类、含量以及土壤氧化还原电位，导致土壤中磷在土壤—水界面的扩散速率变慢，改变了土壤中水溶态磷的含量和比例（张晶，2012）。

环境温度升高能够增加分子扩散速率，导致活性磷在土壤颗粒表面的吸附能力下降。同时，加速了有机质的矿化作用，促进了有机磷向无机磷的转化，加快了难溶态磷向水溶态磷的转化（熊汉峰，2005）。同时，适宜的温度下，土壤微生物和细菌活动旺盛，促进了难溶态磷的活化，进而改变土壤磷素的形态。与此同时，温度还会影响土壤有机态磷的矿化过程，进而对土壤磷的形态、含量产生显著影响（Rui et al，2012）。

土壤微生物对磷的作用表现在固持和矿化两个方面（Lueders et al，2006；Emmanuel et al，2011）。一方面，微生物直接吸收无机磷酸盐，转化为土壤微生物生物量磷，进一步在微生物和酶的作用下，转化成组成和结构更复杂的有机磷化物；另一方面，在微生物的作用下，有机磷也可以被转化成简单的无机磷酸盐。关于微生物对磷的活化机制，既可通过溶解难溶性无机磷，又可以通过降解有机磷的方式进行。但是由于微生物群体庞大，种类繁多，具体哪些群落具有何种功能仍有待继续研究（沈浦，2014）。

同时，不同的作物种类、种植制度、施肥方式和施肥量等外界因素，也会对土壤磷素的有效性产生较大的影响。

第二章　磷素研究法

第一节　磷素研究方法

一、土壤速效磷含量分级

1. 土壤有效磷含量

土壤有效磷含量可以反映作物的缺磷水平，但是不同的测定方法，测定的有效磷含量差异较大，按照赵春江（2004）土壤有效磷含量分级代码，可根据不同测定方法下测定的土壤有效磷含量的肥力水平分级编码（表2-1）。

表2-1　不同测定方法土壤有效磷含量分级代码（赵春江，2004）

代码		有效磷含量（$mg \cdot kg^{-1}$）	级别
1	$0.03mol \cdot L^{-1}$ NH_4F-$0.025mol \cdot L^{-1}$ HCl法	0～15	低
2		15～30	中
3		>30	高
4	$0.5mol \cdot L^{-1}$ $NaHCO_3$法	0～5	低
5		5～10	中
6		>10	高

2. 土壤速效磷含量与作物缺磷情况分级

土壤有效磷含量可以反映作物的缺磷状况，按照赵春江（2004）土壤速效磷含量与作物缺磷情况分级，可以把作物缺磷情况分为4个级别，分别用一位大写字母表示（表2-2）。

表2-2 土壤速效磷含量与作物缺磷情况分级代码

代码	速效磷含量（$mg \cdot kg^{-1}$）	级别
A	<16	很缺
B	16～30	缺乏
C	30～46	不太缺
D	>46	不缺

3. 土壤全磷含量测定

国家标准，见附录1。

4. 土壤有效磷含量测定

国家标准，见附录2。

5. 植物养分划分

东北地区土壤有效磷分级及春大豆磷肥用量见表2-3。

表2-3 东北地区土壤有效磷分级及春大豆磷肥用量

产量水平（$kg \cdot 亩^{-1}$）	肥力等级	有效磷（P，$mg \cdot kg^{-1}$）	磷肥用量（P_2O_5，$mg \cdot kg^{-1}$）
150	极低	<10	3.67
	低	10～20	3.00
	中	20～35	2.33
	高	35～45	1.67
	极高	>46	1.00
200	极低	<10	4.33
	低	10～20	3.67
	中	20～35	3.00
	高	35～45	2.33
	极高	>46	1.53
250	中	20～35	3.67
	高	35～45	3.00
	极高	>46	2.33

注：张福锁，陈新平，陈清. 中国主要作物施肥指南[M]. 北京：中国农业大学出版社，2009

6. 植物磷含量测定

依照NY/T 2421—2013植株全磷含量测定钼锑抗比色法，见附录3。

第二节　不同磷效率品种的筛选方法

土壤缺磷是世界范围内普遍存在的问题，也是作物生产的重要限制因素之一。筛选和利用磷高效品种是解决这一问题的有效途径。早在1900年就有人提出选育适应缺磷土壤品种的可能性（Gahoonia & Nielsen，1998）。然而，由于研究者对磷效率的理解不同，因此在种质筛选中所用的指标也多种多样。有人将缺磷条件下的作物产量定义为磷效率（Batten et al，1984），有人用低磷产量与高磷产量的比值来表示磷效率（邢宏燕等，1999），还有人简单地用与磷吸收利用有关的生理生化性状来确定磷效率（Jones et al，1992；Gahoonia et al，1999；黄亚群等，2000）。事实上，磷高效品种之所以重要，是因为它能够在磷肥投入不足或不投入的条件下获得较高的产量（李志刚，2004）。因此在磷效率材料的筛选中，种质在缺磷条件下的绝对产量应被优先考虑，又由于品种对低磷的敏感度（缺磷造成的减产程度）也存在基因型差异，而且可能用来改良大豆的磷效率，因而在种质筛选中也应对此性状进行鉴定。

丁洪（1999）在研究中指出作物产量是评价作物耐低磷能力的决定性指标，并认为在大豆磷效率评价中，其利用效率较吸收效率更为重要。曹敏建（2001）通过产量和耐低磷系数，将58份不同基因型大豆品种划分为4类，分别为高产敏感型、高产不敏感型、低产敏感型和低产不敏感型。李志刚（2004）对226个大豆品种（系）进行磷效率鉴定，通过初筛试验，将常磷处理产量较低的品种（系）予以剔除。Pan（2008）通过对出苗后45d的不同大豆品种（系）的茎干重、根长、茎磷浓度和茎磷积累量进行主成分分析和聚类分析，从96个大豆品种（系）筛选出5个磷高效大豆品种（系）和5个磷低效大豆品种（系），并认为缺磷处理时的茎干重和相对茎干重可以作为大豆苗期磷效率筛选的指标。武兆云（2011）通过水培试验，在处理21d后，对不同大豆品种的株高、根鲜重、根冠比等12个指标进行测定，并利用其中11个指标进行主成分分析和隶属函数值计算，根据其结果对20个大豆品种（系）的耐低磷能力进行了排序。

前人研究多以产量及其相关性状作为鉴定指标，并且已经筛选到多个磷高效种质资源，如柏栋阴（2007）在缺磷土壤上通过施磷与不施磷处理，通过测定计算58份小麦品种在不施磷条件下的籽粒产量占该品种施磷条件下籽粒产量的百分比，和不施磷条件下，品种的籽粒产量较所有品种的平均产量增减的百分比，筛选出4个磷高效小麦品种。李莉（2014）通过盆栽试验，设置低磷和常磷两个磷水平，以产量和磷籽粒生产效率为筛选指标，对27份中稻品种进行初筛，并根据结果将这些中稻品种划分为高产高效型、低产低效型、高产低效型和低产高效型4类，并通过复筛得到磷高效基因型水稻GR77和磷低效基因型水稻08B-9643。夏龙飞（2015）等以苗期地上部生物量、磷素利用效率、磷累积量等为指标进行聚类分析，并与成熟期产量结合分析，对120个不同来源的甘蔗品种进行筛选，最后得到5个磷高效基因型甘蔗品种和5个磷低效基因型甘蔗品种。邱双（2017）通过苗期和成熟期不同谷子的磷吸收利用效率、农艺性状等指标，从30份谷子品种中得到3个耐低磷谷子品种和3个低磷敏感型谷子品种。

虽然通过成熟期产量对植株磷效率基因型进行评价较为准确，但是其存在试验周期较长，田间工作量较大的问题，在大批量品种（系）筛选中不易实施。近年来，不断有科研工作者开始探究在植株生长发育早期对其进行磷效率评估和鉴定的方法。如Aluwihare（2016）通过营养生长早期、营养生长后期和开花期的地上部干重，地上部磷含量、磷利用效率等指标进行主成分分析和聚类分析，最终从30个基因型水稻中筛选出13个低磷耐受型水稻品种和4个低磷敏感型水稻品种。杨春婷（2018）在苗期对14个苦荞品种的22个独立指标进行主成分降维，提取出4个综合指标，并通过加权计算得到综合得分值，对不同苦荞品种的综合得分值进行系统聚类将其分为3类，得到耐低磷型苦荞4个、中间型苦荞6个、不耐低磷型苦荞4个。

为了筛选出磷高效基因型大豆品种（系），并建立一套可以简便、快速的苗期筛选体系。王辉（2020）以90个现代大豆品种（系）为材料，在砂培（基质为石英砂）条件下，设置常磷处理（0.5mmol·L^{-1}）和低磷处理（0.05mmol·L^{-1}）两个磷浓度处理。通过成熟期产量对不同大豆品种（系）的磷效率进行筛选鉴定，并分析苗期与磷效率相关的不同的指标，进行聚类分析，其结果与产量筛选结果对比，从而建立起一套苗期初筛体系，简化大豆磷效率筛选途径，明确大豆磷效率苗期初筛指标，为大豆磷效率筛选工作提供了一条新的途径。因此本书根据产量筛选和苗期鉴定分别进行介绍。

一、根据产量进行大豆磷营养效率型的鉴定

大田栽培常认为是矿质营养基因型筛选最理想、最可靠的方法（严小龙和张福锁，1997；Gerloff，1987）。人们通常采用相对生物量或产量作为作物的耐性指标，但由于供试样本大，各品种（组合）生育时期不一致，不稳定因素多，某些指标值会有一定程度上的波动，系统聚类采用了多指标分析，能较好地克服个别指标值变动对分类结果的影响（李向华和常汝镇，1998）。下面试验是以产量变化为主要指标，进行品种初步分类，节数、株高、分枝数、百粒重为附加指标，进行聚类分析，与产量分析一起进行双重筛选，筛选出不同磷效率基因型。

李志刚（2004）设磷胁迫和对照2个处理，选用辽豆11号、辽豆13号等226个大豆品种（系）根据产量结果进行不同大豆品种磷效的评价工作。第二年用上一年度筛选出的表现良好的43个品种进行了再次筛选评价。最后得到经过2年筛选的不同磷效率大豆品种。鉴定出的2个磷高效大豆品种铁7555和辽豆13号，2个磷中效品种45-15和锦7307，2个磷低效品种凤5915和辽豆11号为材料，进行了不同磷效率大豆基因型大田生理化特性的研究。

1. 对226个品种的初步筛选

将226个品种在常磷地和缺磷地的产量进行比较（图2-1），从图2-1可以看出，不同磷水平之间大豆的产量差异明显，低磷条件下的平均产量为97.42kg · hm^{-2}，高磷条件下平均产量为148.98kg · hm^{-2}，低磷产量为高磷产量的65.4%左右。低磷条件下产量变异系数为36.7%，表明在这种缺磷条件下大豆的磷效率在不同基因型间存在较大差异，可进行大豆磷效率的筛选。

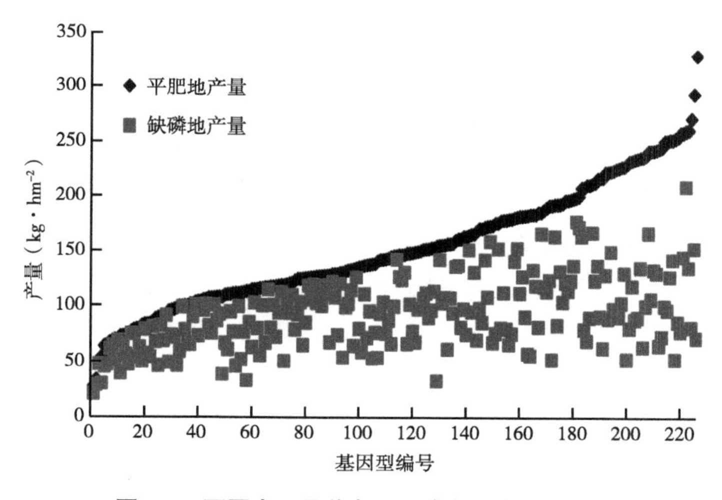

图2-1　不同大豆品种在不同磷水平的产量表现

根据不同磷处理对产量的影响，对大豆品种进行分组，组距产量变化率为10%，共分为8组（频次分布见图2-2）。从分组结果可以看出，分布在第一、第二组的是减产幅度为0%～20%的品种，初步定为磷高效品种，共63个品种。第三、第四、第五、第六组的是减产幅度在20%～60%的品种，约占所有品种的46.1%，共134个品种，暂定这些品种为磷中效品种，第七、第八组为磷低效品种（减产幅度为60%～80%，共29个品种，在进行聚类分析前，暂定为磷低效品种）（李向华，1998）。理想品种不仅要耐低磷，而且在正常供磷条件下也应有良好的产量表现，因此在鉴定大豆磷效率的同时对它们的产量潜力进行鉴定是必要的。

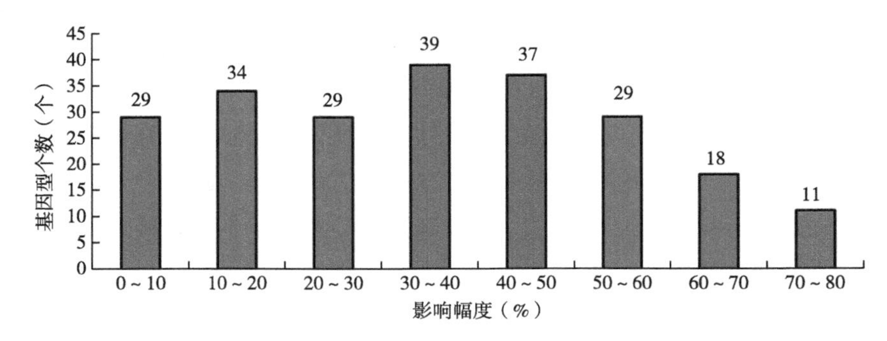

图2-2　缺磷胁迫下以产量划分的基因型频次分布

由于植物对磷素的利用能力具有模糊性，敏感基因型和高效基因型的表现特征是连续的，没有明显界线，磷素的影响不仅表现在相对产量变化上，与植株的高矮、百粒重、分枝数、节数等有关。因而，根据在两块磷素不同土地上种植的226大豆品种（系）的株高、分枝数、百粒重、产量等数据，采用系统聚类分析方法对2000年的研究结果作了进一步分析，分析结果如图2-3所示。不同大豆基因型在磷素营养不同供给条件下，可分为四大类型：第一类是以编号1、48等为代表的67个基因型，它的特点是在低磷与常磷的比较试验中4种指标综合表现变化率最小，定为低磷耐性强基因型；第二类是以编号3、140等为代表的59个基因型，它的特点是在低磷与常磷的比较试验中4种指标综合表现变化率较小，定为低磷耐性较强基因型；第三类是以编号27、32等为代表的38个基因型，它的特点是在低磷与常磷的比较试验中4种指标综合表现变化率较大，定为低磷较敏感基因型；第四类是以编号6、149等为代表的62个基因型，它的特点是在低磷与常磷的比较试验中4种指标综合表现变化率最大，定为低磷敏感基因型。规定高磷产量高于所有品种平均产量20%的品种为高产品种，低于此标准为低产品种。另外在试验中发现有些品种的高磷条件下的产量虽然低于平均产量，属于首先淘汰的品种，但在低磷条件下却表现较好。这些材料也可用于高产低效品种的磷效率改造，是有用的育种材料。

将聚类分析中第一类和第四类与图2-2以产量相对变化筛选出的共82个基因型进行双重筛选，筛选出43个磷高效和磷低效基因型，在2001年进行进一步比较研究。据前人研究，作物对低磷的敏感度在不同品种之间存在差异，而且此性状为可遗传性状，因此可通过遗传手段对此性状进行改良。如果能够获得对低磷敏感度小的品种（系），那就有可能将此性状转移到其他高产品种中，提高该品种的磷效率，将其改造为高产高效的优良品种。另外，考虑到供试材料来源较杂，有不少来自其他生态区的品种，因此淘汰掉在高磷条件下低于平均产量的品种，对其余品种进行进一步的分析。综合考虑大豆品种的磷效率和充分供磷时的产量表现，将大豆分为高产高效、高产中效、高产低效、低产高效、低产中效、低产低效6类。

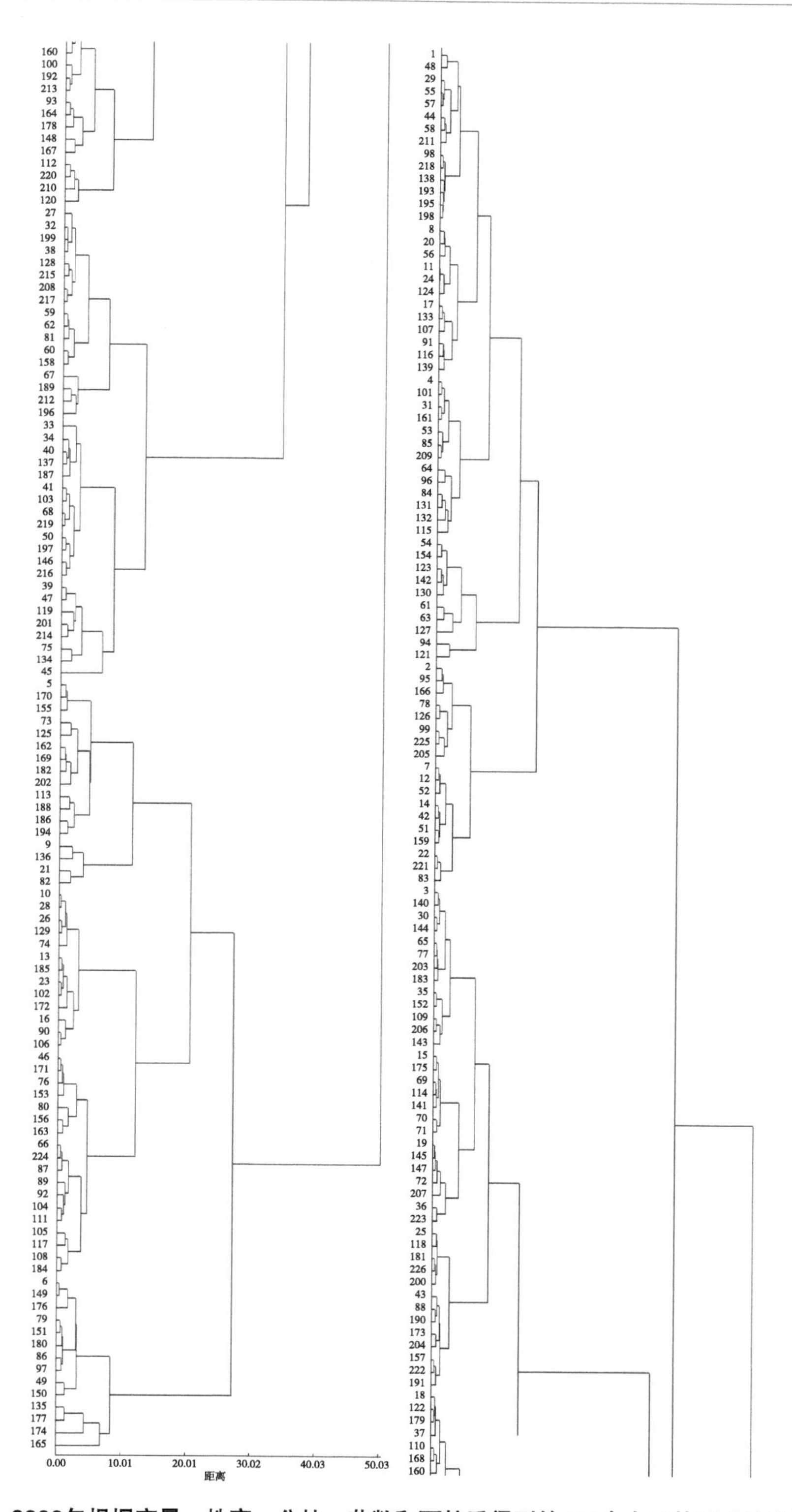

图2-3　2000年根据产量、株高、分枝、节数和百粒重得到的226个大豆基因型的遗传聚类

2. 大豆磷营养效率型的二级鉴定

将通过筛选出来的43个基因型大豆进行比较试验，产量变化结果见图2-4。低磷胁迫条件下，以相对产量变化率为指标，以10%为组分段，共可分为7个组，产量变化率最大的为60%～70%，共有7个基因型，产量变化相对较大的50%～60%，共有6个基因型，暂认定为磷低效基因型；产量变化在0～10%的6个基因型和产量变化在10%～20%的5个基因型暂认定为磷高效基因型，共计24个基因型（其中包括2000年筛选中变化不稳定的品种）。另外，图2-4也说明低磷胁迫下不同基因型的产量变化是不稳定的，2001年种植的是2000年筛选出的产量变化幅度在0～20%和60～80%品种，但同样肥力条件下却又出现了产量降低幅度在20%～50%的19个基因型。

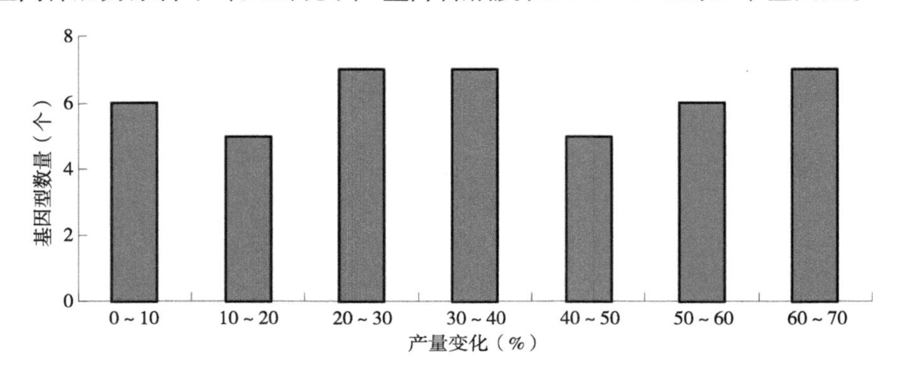

图2-4 磷胁迫下按产量划分的基因型频次

将43个基因型大豆的株高、百粒重、产量、分枝数和节数栽培性状进行系统聚类分析，结果如图2-5所示，最后将正常磷水平下产量相对较高，磷胁迫下产量也相对较高、即产量变化率较小且年度间筛选稳定的锦豆33号、铁7555、大黄豆和辽豆13号4个基因型为大豆磷高效基因型；同理，将正常磷水平下产量相对较高、胁迫下产量相对较低，即产量变化率较大且年度间筛选稳定的锦8-14、凤交5915、铁丰3号、辽豆11号和辽9111 5个基因型为磷低效基因型。

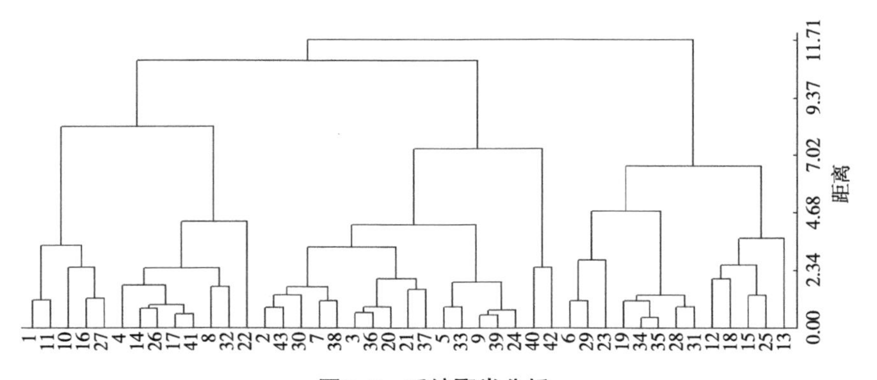

图2-5 系统聚类分析

二、苗期鉴定方法

王辉（2020）为了减少工作量，在砂培条件下利用产量筛选结果的基础上探索在大豆生长早期快速评价和鉴定磷效率的指标和方法，提高磷高效种质资源筛选效率。首先利用产量结果对辽宁沈阳、铁岭和吉林的90个大豆品种（系）进行初步筛选，聚类分析结果表明，90个大豆品种（系）划分为7组（表2-4），参照李志刚（2004）的方法，把常磷处理下产量较低的品种直接予以剔除。因此剔除了第六组和第七组一共43个品种（系），还剩47个品种（系）。

表2-4 常磷处理下90个品种（系）的产量分组

分组	品种数量	产量（g·株$^{-1}$）	平均产量（g·株$^{-1}$）	变异系数（%）
Ⅰ	2	8.2 ~ 8.7	8.5 ± 0.33	3.85
Ⅱ	3	7.7 ~ 7.8	7.7 ± 0.06	0.80
Ⅲ	10	6.4 ~ 7.3	6.8 ± 0.28	4.20
Ⅳ	7	5.6 ~ 6.1	5.9 ± 0.18	3.13
Ⅴ	25	4.6 ~ 5.4	5.0 ± 0.24	4.81
Ⅵ	14	3.3 ~ 4.4	3.8 ± 0.32	8.30
Ⅶ	29	1.9 ~ 3.1	2.5 ± 0.32	12.79
平均		1.9 ~ 8.7	4.5 ± 1.70	

2018年，对2017年产量达标的47个品种（系）再次进行品种筛选试验。根据表2-5，2018年盆栽试验的47个大豆品种（系）在不同磷浓度水平下的产量和相对产量，进行聚类分析（图2-6），47个大豆品种（系）被划分为三大类（表2-6）。

为了能在苗期筛出评价和鉴定磷效率的相关指标，测定了苗期47个供试大豆品种（系）的根系形态特性及磷利用率。根据不同指标组合分析和隶属函数分析，最终建立苗期磷效率初筛指标。最终得到“低磷条件下根系磷利用率+根系磷利用率相对值+低磷条件下根体积”3个指标相组合，可作为砂培条件下大豆苗期磷效率筛选和鉴定的最优指标组合。并建立回归方程：$D=1.218X_1+0.320X_2+0.007X_3-0.664$（$P=0.000$，$R^2=1.000$），其中$X_1$为低磷处理下根系磷利用率；$X_2$为根系磷利用率相对值；$X_3$为低磷条件下根体积。通过对得出的$D$值进行聚类分析，可得到不同磷效率大豆品种（系）的划分结果。当回归$D>0.704$时，可初步认为该品种（系）为磷高效基因型大豆品种（系）；当回归$D<0.363$时，可初步认为该品种（系）为磷低效基因型大豆品种（系）。

表2-5　不同磷浓度处理下47个大豆品种（系）的产量和相对产量

品种编号	常磷处理下产量（g·株$^{-1}$）		低磷处理下产量（g·株$^{-1}$）		相对产量	品种编号	常磷处理下产量（g·株$^{-1}$）		低磷处理下产量（g·株$^{-1}$）		相对产量
1	5.7	c–h	1.4	ab	0.25	27	7.4	a–e	1.5	ab	0.21
2	4.6	d–h	1.8	a	0.39	28	4.6	d–h	1.5	ab	0.34
3	6.1	b–h	1.8	a	0.30	29	4.8	c–h	1.8	a	0.37
4	5.3	c–h	1.7	ab	0.32	30	8.7	ab	1.3	ab	0.15
5	7.6	abcd	1.7	a	0.22	31	4.5	d–h	1.3	ab	0.29
6	6.3	b–h	1.8	a	0.29	32	5.3	c–h	1.5	ab	0.28
7	4.2	efgh	1.8	a	0.43	33	4.3	efgh	1.8	a	0.42
8	5.4	c–h	1.7	a	0.32	34	4.3	efgh	1.8	a	0.41
9	4.3	efgh	1.4	ab	0.33	35	6.2	b–h	1.6	ab	0.27
10	5.1	c–h	0.8	b	0.15	36	5.3	c–h	1.6	ab	0.30
11	5.7	c–h	1.6	ab	0.28	37	7.0	a–f	1.4	ab	0.19
12	6.3	b–h	2.2	a	0.36	38	7.9	abc	1.5	ab	0.19
13	5.2	c–h	1.4	ab	0.27	39	4.9	c–h	1.5	ab	0.31
14	4.3	efgh	1.9	a	0.44	40	7.0	a–f	1.3	ab	0.18
15	5.4	c–h	1.6	ab	0.29	41	7.5	abcd	1.8	a	0.24
16	3.9	fgh	1.4	ab	0.37	42	6.4	b–h	1.8	a	0.28
17	9.0	a	1.4	ab	0.15	43	5.4	c–h	1.7	a	0.32
18	6.2	b–h	1.5	ab	0.25	44	5.2	c–h	1.9	a	0.36
20	7.2	a–e	1.6	ab	0.22	45	6.9	a–g	1.7	a	0.25
21	5.4	c–h	1.9	a	0.35	46	3.6	gh	2.0	a	0.54
22	5.1	c–h	1.8	a	0.35	47	3.6	gh	1.5	ab	0.42
23	5.2	c–h	1.3	ab	0.25	48	5.5	c–h	1.9	a	0.35
24	5.3	c–h	1.5	ab	0.29	49	3.4	h	1.4	ab	0.42
26	4.6	d–h	1.3	ab	0.29	平均数	5.6		1.6		0.30
						标准差	1.30		0.25		0.08
						变异系数	23.39%		15.44%		27.76%

注：不同小写字母为0.05水平差异显著性

表2-6　47个大豆品种（系）的磷效率分组

分组	品种个数（个）	常磷处理下产量（g·株$^{-1}$）	低磷处理下产量（g·株$^{-1}$）	相对产量	磷效率类型
Ⅰ	1	6.3	2.2	0.36	磷高效大豆品种
Ⅱ	45	3.4 ~ 9.0	1.3 ~ 2.0	0.15 ~ 0.54	中间型大豆品种
Ⅲ	1	5.1	0.8	0.15	磷低效大豆品种

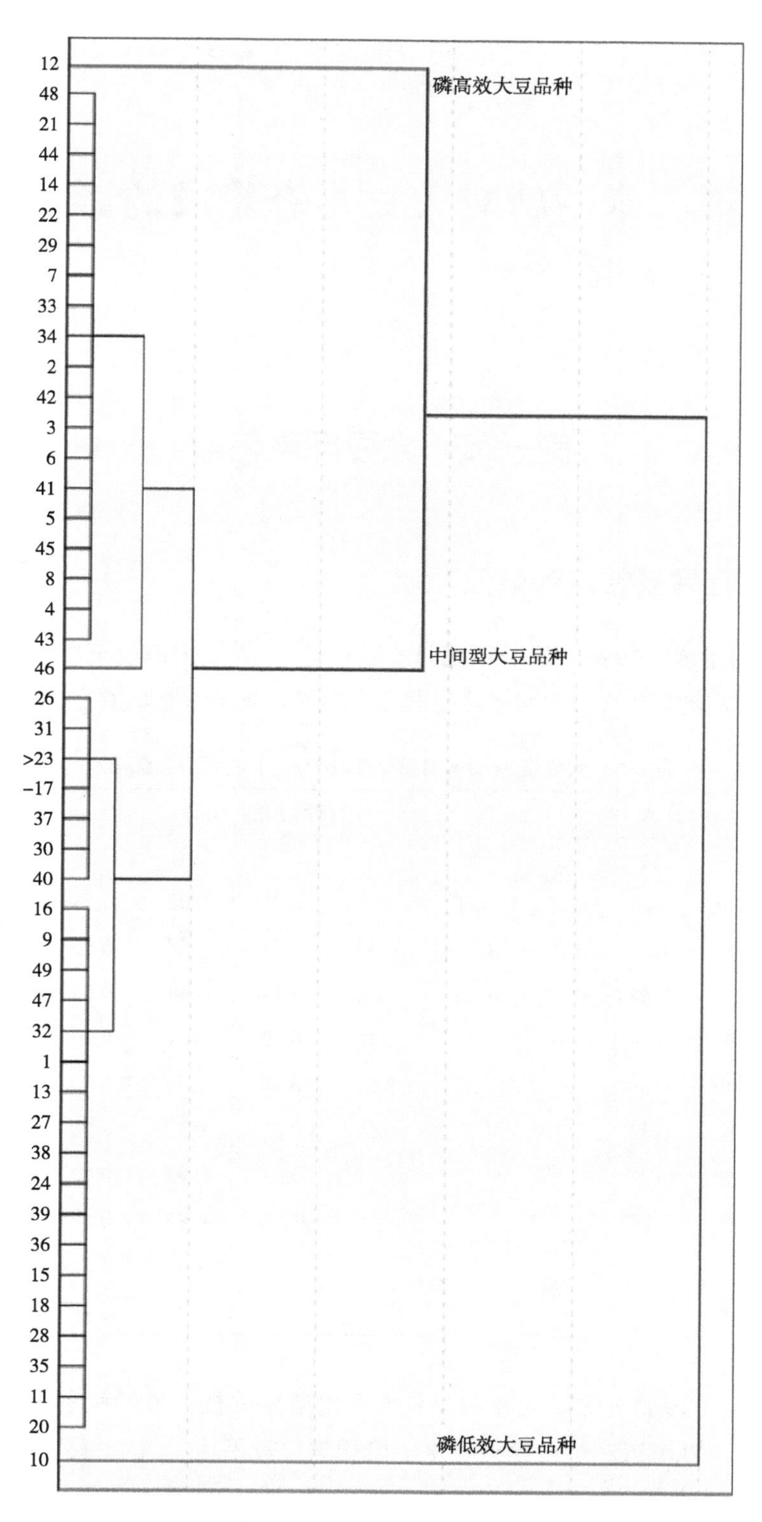

图2-6　47个大豆品种（系）的低磷处理下产量和相对产量聚类结果

第三章　磷对大豆形态建成的影响

第一节　大豆需磷特点

一、大豆需磷特点和磷素积累

董钻和谢甫绨（1996）的研究表明（表3-1），大豆出苗后至成熟期，叶片、叶柄、茎秆和荚皮的P_2O_5百分含量基本上呈下降趋势，籽粒中P_2O_5百分含量比较稳定。

表3-1　大豆辽豆10号各器官磷（P_2O_5）的百分含量变化

器官及处理		出苗后天数（d）								
		21	35	49	63	77	91	105	119	133
叶片	不施肥	0.80	0.70	0.68	0.70	0.71	0.68	0.53	0.50	0.46
	施肥	1.05	0.87	0.78	0.72	0.65	0.64	0.55	0.57	0.37
叶柄	不施肥	0.67	0.67	0.50	0.44	0.34	0.44	0.34	0.34	0.25
	施肥	0.79	0.70	0.62	0.46	0.40	0.41	0.30	0.37	0.30
茎秆	不施肥	0.68	0.62	0.50	0.57	0.49	0.56	0.50	0.44	0.37
	施肥	0.82	0.74	0.64	0.68	0.54	0.52	0.50	0.51	0.37
荚皮	不施肥					1.01	0.93	0.78	0.53	0.37
	施肥					1.08	0.89	0.53	0.62	0.41
籽粒	不施肥						1.44	1.21	1.51	1.40
	施肥						1.44	1.44	1.74	1.47

陈禹章等（1963）的研究表明，自大豆出苗至分枝，磷的积累量是很少的，每天每公顷仅积累0.03kg；分枝至开花末，磷积累比较平稳，每天每公顷平均积累量在0.31kg左右；开花末至结荚，磷的积累猛增至每天每公顷平均积累量为0.75kg，以后直至成熟，磷的积累量递减。李绍曾（1984）研究了大豆不同生育阶段的磷吸收速

度（$g \cdot hm^{-2} \cdot d^{-1}$），结果如下，出苗至分枝144，分枝至初花720，初花至盛花1 568，盛花至终花吸磷量达到高峰期2 093。此后，终花至结荚降至668，结荚至鼓粒回升为1 230，鼓粒至黄叶下降为690。

生产100kg大豆籽粒从土壤中摄取磷素（P_2O_5）为1.97～2.47kg（董钻和谢甫绨，1996）。磷素积累从出苗至结荚期比较缓慢，结荚以后明显加快（贺振昌，1982）。产量为4 554.2kg · hm^{-2}的大豆，磷积累总量为53.75kg · hm^{-2}，磷积累速度全生育时期日平均488.65g · hm^{-2}。磷的积累从出苗到鼓粒期随生育进程积累速度越来越快，日均吸收越来越多。出苗至分枝期积累甚少，占总积累量的1.06%；结荚期至鼓粒期积累磷28.70kg · hm^{-2}，占总积累量的53%以上；鼓粒期至成熟期磷积累趋缓，37d仅积累3.77kg · hm^{-2}，日均吸收102.05g · hm^{-2}。整个生育时期内磷素一直在积累，且积累量是呈直线上升的（张性坦等，1996）。45%的磷是在豆粒开始形成后摄取的，大约全磷的73%最终都是从营养器官转移到了籽粒中（Hanway & Weber，1971）。综上所述，生育前期大豆的磷素积累比较平稳；开花期是大豆磷营养的最大效率期，这一时期的积累量占总积累量的25%左右；结荚鼓粒期是磷素吸收积累量最大的时期，与氮素不同，大豆在鼓粒后期仍能吸收磷素。

随着生长发育进程的推进，大豆各器官磷素浓度，均呈下降趋势，苗期、开花期、结荚期和鼓粒期全株磷素（P）平均值分别为3.34%、0.80%、0.78%和0.69%（史占忠，1989）。大豆对磷素最高吸收速率出现在结荚至鼓粒期，吸收量约占全生育时期总吸收量的30%～50%（王立刚等，2007）。成熟时期磷的百分含量分别为叶片0.46%、叶柄0.25%、茎秆0.37%、荚皮0.37%、籽粒1.40%（董钻等，1989）。

二、磷在大豆体内的分布和移动

植物的全磷含量一般为其干物质重的0.05%～0.5%，多分布在新芽和根尖等生长点。磷在植物体内重复利用率很高，移动性强。植株在生长过程中，磷通过根系吸收后经木质部运往叶片，而老叶中的磷一部分运往新生器官和生长中心，另一部分运往根部，再由根运往分生组织和生长中心。在低磷胁迫下，磷的转移发生得更早，量更大，并且磷在植株体内的转移和分配也发生一些变化。

赵仪华（1963）通过^{32}P研究证实，由根系吸收的磷，一般在2周或稍长一些时间内可以到达植株的各个部位并稳定分布。黑龙江省农业科学院生物物理研究室（1963）在大豆生育的不同时期供给^{32}P，并测定了^{32}P在各个器官和部位的分布（表3-2）。

表3-2　不同时期供给^{32}P在大豆植株各器官和部位的分布

器官和部位	时间（日/月）					
	22/6	8/7	25/7	5/8	20/8	3/9
生长点	45.82	19.63	27.97	23.99	21.64	—
根	6.91	32.65	31.24	14.15	6.98	2.15
茎	14.89	15.32	10.53	15.08	19.18	8.2
叶	32.38	22.99	16.85	24.53	17.02	35.06
花（荚）	—	9.4	18.44	23.52	37.65	54.59

注：*以同时期各部位50mg样本放射性的总和为100计，各器官和部位所占百分比

从表3-2可以看出，6月22日（苗期），进入大豆植株的^{32}P约一半（45.82%）分布在生长点，其次在叶、茎、根中。7月8日（初花期）进入根的比例占32.65%，其次是叶、生长点、茎和花。7月25日（结荚初期）供给^{32}P，分布在花（荚）中的比例已占18.44%，此后花荚中^{32}P的比例越来越多，最后（9月3日）已占54.59%。以上资料说明，磷在大豆植株体内的分布与生长中心有很大的关系。

磷在大豆体内是可以移动的。大豆植株各个时期从根部吸收的磷素，通常较多地被输送到新生组织或旺盛生长的器官。王维军（1963）应用^{32}P试验证明，苗期所吸收的^{32}P供应生长点和幼叶较多。陈铨荣等（1964）的研究也获得了类似的结果（表3-3），他们用草甸棕壤进行盆栽试验，以丰地黄为供试品种，每盆施N1.05g、$P_2O_5$0.65g、K_2O1.05g作基肥，于苗期在根际追施示踪过磷酸钙1g。然后，于追肥后14d（初花期）、28d（盛花期）、43d（结荚初期）取样测定了^{32}P在各个器官中的分布。从^{32}P的分布可以看出，大豆结荚之前，P在生长点、叶片、根瘤中居多；结荚之后，P则多在豆荚之中。

表3-3　大豆不同生育时期各器官中^{32}P的分布

植株部位	初花期		盛花期		结荚期	
	（脉冲·min^{-1}）	（%）	（脉冲·min^{-1}）	（%）	（脉冲·min^{-1}）	（%）
根	731	15.8	2 087	14.5	1 616	13.6
根瘤	—	—	2 952	20.5	2 125	17.9
茎秆	459	10.3	2 475	17.3	2 277	19.2
叶片	864	19.2	3 188	22.3	2 375	20.1
生长点	2 455	54.7	3 654	25.4	*	—
豆荚	—	—	—	—	3 429	29.2

注：*表示已结成豆荚

董钻和谢甫绨（1996）的研究证明，大豆出苗后第63d（开花初期）营养器官叶片、叶柄和茎秆的P_2O_5含量分别为0.70%、0.44%和0.57%，此后逐渐下降，至出苗后第133d（鼓粒后期）相应的降为0.46%、0.25%和0.37%；荚皮中的P_2O_5含量也由最初的1.01%下降为0.37%。这些P_2O_5都流向了籽粒。松代平冶（1971）认为，大豆营养器官和花、荚中所积累的磷约有70%转移到了籽粒之中。

第二节　磷素对大豆叶片结构的影响

植物营养是植物生理活动的重要物质基础之一，因此，营养的变化，在结构上也必然有所反应（褚天铎等，1995）。已有研究表明，植物缺锌时叶肉细胞收缩，细胞间隙增大，叶肉细胞中叶绿体数量减少，输导组织发育受到抑制，机械组织不发达（褚天铎等，1986；1995）；植物缺铜时组织的木质化受到抑制（Graham，1983）；棉花缺硼时细胞严重变形，排列混乱（周晓峰等，1993），而磷素营养丰缺对大豆叶片也有不同程度的影响。

一、磷素对叶片厚度的影响

由于磷参与多种代谢过程，而且在生命活动最旺盛的分生组织中含量很高，植物体中磷的分布不均匀，根、茎的生长点较多，嫩叶比老叶多。经不同浓度磷营养液处理的大豆植株，在外部形态上有很大差别。低磷处理下（P0）植株非常矮小，叶小，叶色偏黄。常磷处理下（P20）生长非常旺盛，叶片深绿色。通过显微镜观察，发现P0叶肉细胞体积非常小，排列很紧密，含丰富的叶绿体，但叶绿体中有大量的淀粉粒沉积。

由图3-1首先可以看出，各基因型新叶均较薄，而中、老叶较厚；其次可以看出，磷缺乏时，不同大豆基因型叶片厚度在不同的生育时期表现不同，刚刚长出的叶片，在磷素胁迫下都有增厚的趋势，M1的厚度增加60.2%，M2的厚度增加81.7%，K1的厚度增加36.8%，K2的厚度增加91.2%，而展开叶基本没有变化，老叶的厚度虽有变化，但方差分析表明变化不显著。磷素胁迫对幼叶厚度的影响与磷素营养基因型无关。

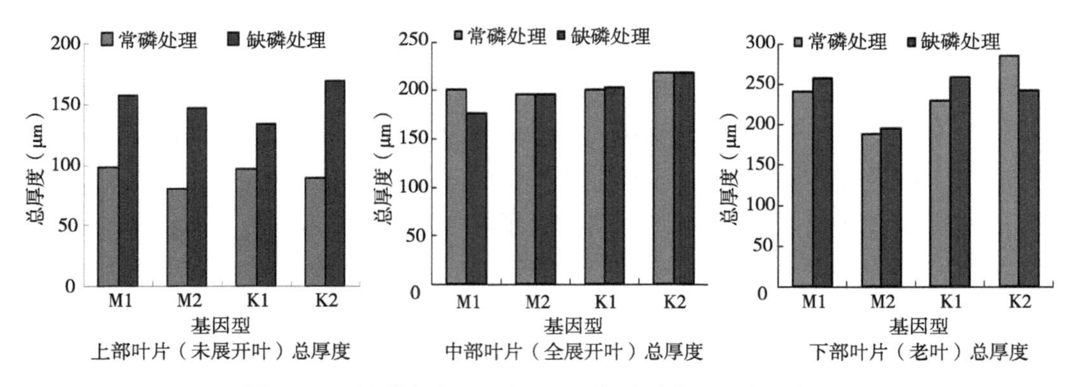

图3-1　不同磷素水平下大豆不同部位叶片总厚度的变化

注：P0（不施磷处理），P20（常磷处理，磷量20mg·kg^{-1}），磷高效基因型（铁7555=K1，辽豆13号=K2），磷中效基因型（45-15＝Z1，锦7307=Z2），磷低效基因型（凤交5915=M1，辽豆11号=M2）。下同

二、磷素对栅栏组织厚度和海绵组织厚度的影响

大豆叶片的栅栏组织，紧靠上表皮下方，细胞类型为薄壁细胞，细胞通常一层，有时可见到两层，呈长圆柱状，垂直于表皮细胞，并紧密排列呈栅栏状。细胞内含叶绿体较多。因而叶片的上表面绿色较深，光合作用较强。

海绵组织位于栅栏组织与下表皮之间，是形状不规则、排列松散的薄壁细胞，内含叶绿体较少，所以叶背面的颜色较浅，光合作用较弱。细胞间隙很大，在气孔内形成较大的空隙，为气孔下室，这些空隙和海绵组织、栅栏组织的细胞间隙相连，构成叶片内部的通气系统，并通过气孔与外界相通，以适应气体交换。

缺磷胁迫对不同大豆基因型的叶片及叶片内栅栏组织、海绵组织厚度均产生很大影响（图3-2）。从内部结构来看，缺磷胁迫时，大部分叶片栅栏组织、海绵组织细胞数增多，排列变密，细胞内叶绿体丰富，横切片观察结果表现为细胞排列紧密，着色深，这主要是由于细胞发育不良，致使叶绿素密度相对提高；而磷充足时，细胞数较少。

不同磷素胁迫下，不同大豆基因型叶片栅栏组织和海绵组织厚度在不同的生育时期表现不同，刚长出的叶片，在磷素胁迫下都有增厚的趋势，磷低效基因型栅栏组织厚度平均增加84.2%，海绵组织厚度平均增加82.5%；磷高效基因型厚度平均增加60.9%，海绵组织厚度平均增加64.8%，而展开叶基本没有变化，老叶的栅栏组织和海绵组织厚度虽有变化，但方差分析表明变化不显著。

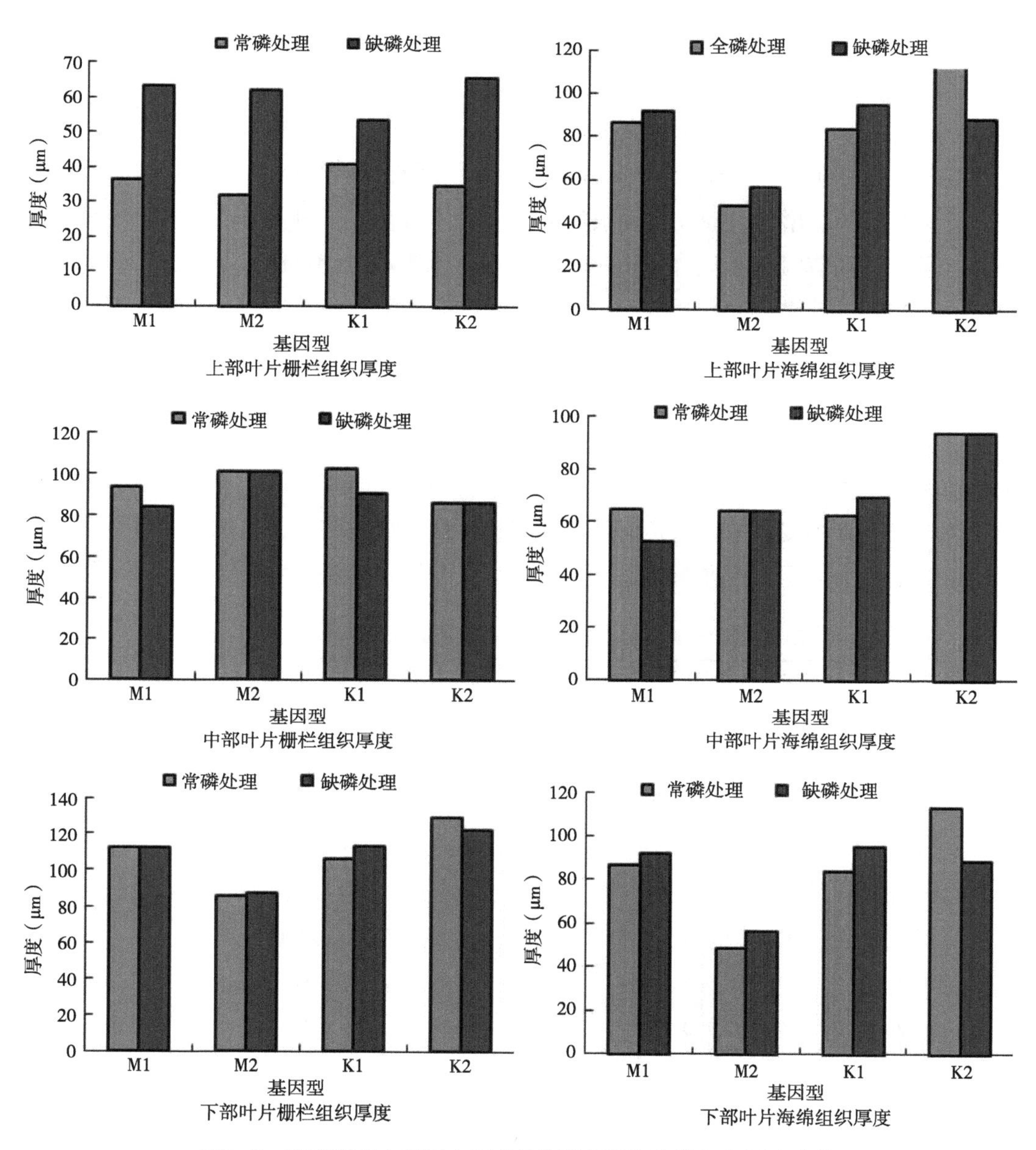

图3-2　不同磷素水平下大豆叶片栅栏组织和海绵组织厚度变化

三、不同磷素胁迫下栅栏组织和海绵组织细胞数量的变化

对大豆植株不同叶位做平皮切片，观察结果表明，当磷素供应正常时，大豆叶片内栅栏组织和海绵组织细胞均匀充实、饱满、轮廓清晰；而磷素营养缺乏时，叶肉细胞发生收缩、变形，并且单位面积栅栏组织细胞数较磷素营养供应正常时明显增多，而主要起通气作用的海绵组织细胞的数目没有明显的变化规律，表现在上皮切片上则

是缺磷胁迫时细胞数多、小，磷充足时细胞大、少。不同浓度磷对大豆叶肉细胞内叶绿体中淀粉粒沉积有不同程度的影响。缺磷胁迫使叶肉细胞内叶绿体中沉积了丰富的淀粉粒，说明缺磷胁迫严重影响碳水化合物运输。而且叶肉细胞排列非常紧密，影响二氧化碳正常吸收，光合作用受到影响。大豆在适宜的磷浓度下，叶绿体内无淀粉粒，叶肉细胞间隙增加。而在高磷条件下，叶绿体内有多糖物质出现，但无淀粉粒形成，这可能是高磷对碳水化合物正常运输有阻碍作用。Crafts-Brandner（1992）在大豆研究中报道了缺磷胁迫时叶内淀粉增加、高磷则淀粉减少的现象，说明磷与糖分运输有密切关系。

由表3-4可知，上部叶片栅栏组织细胞数量出现明显变化，磷胁迫处理与常磷处理相比，栅栏组织单位面积内细胞数量显著增加，变化达到显著水平，K2变化最大；海绵组织内单位面积平均细胞数量虽有变化，但均在不显著水平。海绵组织内细胞排列紧密，细胞变厚的原因是海绵组织细胞层数增加的结果，常磷条件下，栅栏组织内细胞层数为一层，而在磷胁迫时，栅栏组织内细胞层数变为两层。

表3-4　不同磷素水平下大豆上部叶片单位面积细胞数量的变化（$1mm^2$）

基因型及处理	栅栏组织（个）	5%显著水平	海绵组织（个）	5%显著水平
M1P0	3 992.0	ab	1 253.3	a
M2P0	3 928.0	ab	1 386.7	a
K1P0	3 896.0	ab	1 533.3	a
K2P0	4 136.0	a	1 373.3	a
M1P20	3 376.0	c	1 664.0	a
M2P20	3 360.0	c	1 520.0	a
K1P20	3 688.0	bc	1 480.3	a
K2P20	3 296.0	c	1 400.0	a

注：不同小写字母表示0.05水平差异显著性。下同

由表3-5可知，与上部叶片相比，在单位面积内，中部叶片的细胞数量已经减少，说明在叶片成长过程中，细胞体积已经增长，但没有达到正常磷素水平的细胞数量。磷胁迫处理与常磷处理相比，中部叶片栅栏组织细胞数量出现较复杂变化：在基因型内部M1、M2、K2无显著变化，而K1出现了显著差异。在基因型之间常磷处理和磷缺处理之间变化无显著差异，说明磷素胁迫的影响在叶片已完全展开时在细胞水平上仍存在着显著影响；海绵组织内单位面积平均细胞数量变化仅限于K2与M2之间和K2基因型内部，这可能是品种间差异引起的。

由表3-6可知，与中部叶片相比，此时的下部叶片已趋于老化，在显微镜下可见

到下部叶片细胞体积已在变小，形状发生改变。变化最显著的是M1P0，由于磷素胁迫，老叶内的细胞已经处在分解过程中，细胞数量大大下降，肉眼观察，叶片已在变黄失绿，营养物质发生转移。K1P0与之相反，叶色仍然浓绿，单位面积细胞数量最多。

表3-5　不同磷素水平下大豆中部叶片单位面积细胞数量的变化（$1mm^2$）

基因型及处理	栅栏组织（个）	5%显著水平	海绵组织（个）	5%显著水平
M1P0	3 832.0	a	1 426.0	ab
M2P0	3 632.0	ab	1 626.6	ab
K1P0	3 800.0	a	1 466.0	ab
K2P0	3 768.0	a	1 280.0	b
M1P20	3 464.0	abc	1 480.0	ab
M2P20	3 224.0	bc	1 213.3	b
K1P20	3 080.0	c	1 426.6	ab
K2P20	3 056.0	c	1 800.0	a

表3-6　不同磷素水平下大豆下部叶片单位面积细胞数量的变化（$1mm^2$）

基因型及处理	栅栏组织（个）	5%显著水平	海绵组织（个）	5%显著水平
M1P0	2 168.0	c	893.3	c
M2P0	3 512.0	ab	1 386.6	ab
K1P0	3 208.0	b	1 600.0	a
K2P0	3 920.0	a	1 560.0	ab
M1P20	3 344.0	ab	1 213.3	abc
M2P20	3 496.0	ab	1 506.6	ab
K1P20	3 344.0	ab	1 160.0	abc
K2P20	3 760.0	ab	1 106.6	bc

第三节　磷素对大豆根系形态的影响

根长、根表面积、根直径、根体积和根尖数是构成根系形态的重要指标，相关研究表明，苗期、花期、鼓粒期和成熟的大豆根长、根表面积和根体积均随着施磷浓度的增加而降低，缺磷处理下，根长、根表面积和根体积值均为最高，正常施磷条件下则最低，但正常磷处理下大豆的根系直径反而随磷浓度的增加而增加（韩晓增等，2010）。

一、磷对大豆根直径的影响

在低磷胁迫条件下，大豆生长三叶期，磷素胁迫使根系略有变细趋势（图3-3）。在六叶期，不论是P0（不施磷）处理，还是P10（施磷量10mg·kg^{-1}）处理，各基因型大豆的根平均直径均小于P20（施磷量20mg·kg^{-1}）处理，而且呈P20>P10>P0的趋势。表明随着供磷浓度的增加，大豆的根粗度有逐渐增大的趋势。六叶期各基因型的根平均直径均小于三叶期，即根系变细，这主要是由于在三叶期以主根和一级侧根为主，六叶期后发生了大量纤细的二级侧根，致使根的平均粗度下降。根的粗细对植物吸收利用磷有重要影响，根系在磷胁迫下变细，必然使表面积增加，因而具备了应变胁迫的能力。

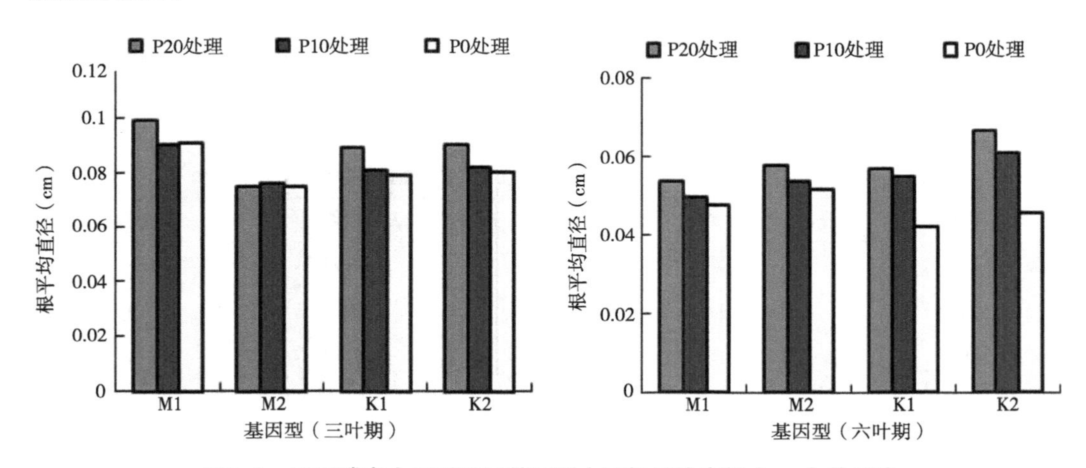

图3-3　不同磷素水平对不同基因型大豆根平均直径（cm）的影响

砂培条件下，磷高效品种根直径在开花期达到最大值（3.29mm），磷低效品种根直径在鼓粒期达到最大值（2.1mm）。

开花期大豆根直径在不同磷浓度处理间（P=0.004 6）达到极显著差异水平，品种间（P=0.019 2）和磷浓度与品种互作间（P=0.021 7）达到显著差异水平。从根直径的品种平均值来看，磷高效品种根直径大于磷低效品种，差异达显著水平（表3-7）；从磷浓度平均值看出，0mmol·L^{-1}（无磷处理）到0.5mmol·L^{-1}（常磷处理）磷浓度处理，大豆的根直径呈先升高后降低趋势，不同磷效率基因型品种的根直径均在0.25mmol·L^{-1}（低磷处理）磷浓度处理下达到最高，磷高效品种的根直径在0.25mmol·L^{-1}和0.5mmol·L^{-1}处理下高于磷低效品种，且差异达显著水平（$P_{0.25}$=0.001 7）。

表3-7　磷高效和磷低效大豆品种根直径的平均值分析（mm）

处理		开花期	结荚期	鼓粒期	成熟期
磷浓度均值	0mmol·L^{-1}	0.97b	0.90b	1.11b	1.30a
	0.25mmol·L^{-1}	2.31a	1.64a	1.59a	1.15a
	0.5mmol·L^{-1}	1.32b	1.76a	1.88a	1.57a
品种均值	磷高效品种	1.90a	1.77a	1.66a	1.38a
	磷低效品种	1.17b	1.09b	1.40a	1.30a

结荚期大豆根直径在不同磷浓度处理间（P=0.014 5）达到显著差异水平，品种间（P=0.008）达到极显著差异水平。从根直径的品种平均值来看，磷高效品种根直径高于磷低效品种，差异达极显著水平（表3-7）。从磷浓度平均值看出，0mmol·L^{-1}到0.5mmol·L^{-1}磷浓度处理，大豆根直径呈逐渐升高趋势。与0.5mmol·L^{-1}处理相比，0.0mmol·L^{-1}磷浓度处理下，大豆的根直径显著降低了95.6%。从两类型品种根直径来看，不同磷效率大豆的根直径均在0.5mmol·L^{-1}磷浓度处理下根直径达到最高。与0.5mmol·L^{-1}处理相比，在0mmol·L^{-1}磷浓度处理下，磷高效品种的根直径显著下降了134.7%（P=0.008 3），而磷低效品种的根直径也有所升高，但差异未达显著水平。不同磷浓度处理下，磷高效品种的根直径均高于磷低效品种，平均高31.8%，且在施磷处理下差异达显著水平（$P_{0.25}$=0.022 8，$P_{0.5}$=0.032 9）。

鼓粒期大豆根直径在不同磷浓度处理间（P=0.001 6）达到极显著差异水平。从根直径品种的平均值来看，两类型品种的差异较小（表3-7）。从磷浓度平均值看出，从0mmol·L^{-1}到0.5mmol·L^{-1}磷浓度处理，大豆根直径呈逐渐升高趋势。与0.5mmol·L^{-1}处理相比，0.0mmol·L^{-1}磷浓度处理下，大豆的根直径有所下降，其中0.0mmol·L^{-1}磷浓度下显著下降了69.4%。从两类型品种的根直径来看，不同磷浓度处理下，磷高效品种的根直径均高于磷低效品种，且在0.5mmol·L^{-1}磷浓度处理下差异达显著水平。成熟期大豆根直径在不同磷浓度处理间、品种间和磷浓度与品种互作间均未达到显著性差异（表3-7）。

二、磷对大豆根长的影响

1. 主根长和侧根长

大豆三叶期以前，主根伸长迅速（图3-4），磷高效基因型的伸长速率高于低效基因型，基因型间有差异，而磷素处理水平间无差异；三叶期到六叶期，磷素处理间出现显著差异，P0处理的主根伸长速率高于P10，P10高于P20处理。

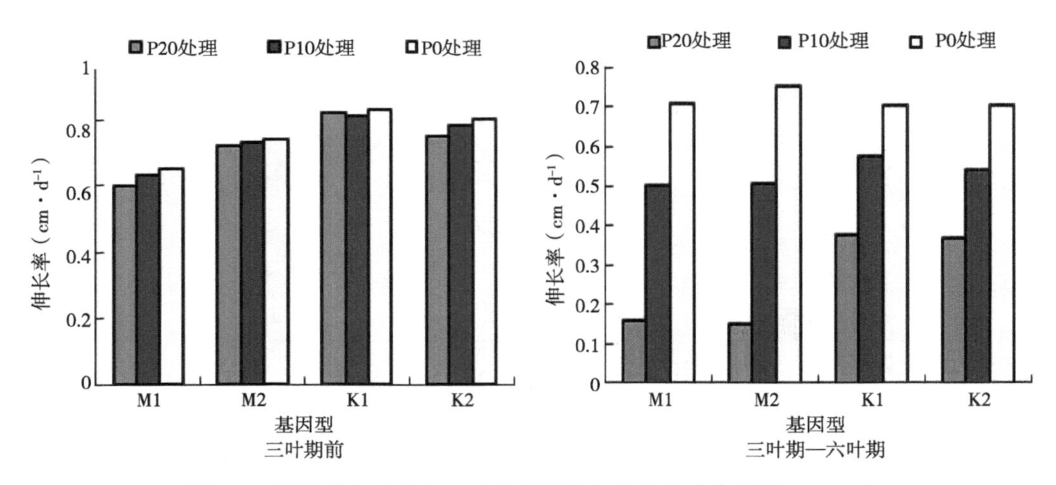

图3-4　不同磷素水平下大豆主根伸长率的变化（李志刚，2004）

在低磷胁迫处理下（表3-8和表3-9），三叶期以前，各基因型的一级侧根数量变化不大，说明此时的根系生长主要受遗传因素和种子含磷量控制，与磷素水平无关。三叶期前各基因型均未发生二级侧根。六叶期时，各基因型大豆侧根的发生发育均受磷素水平影响，从侧根数量来看，不同时期各基因型大豆缺磷胁迫时的一级侧根数均明显高于正常供磷处理，说明缺磷胁迫显著促进一级侧根的发生。六叶期，各基因型大豆的二级侧根数在P0和P10条件下均小于P20处理，而且呈P0<P10<P20的趋势，表明磷素有利于二级侧根的发生。导致这种现象的原因可能是缺磷胁迫下光合能力下降，光合产物向根部供应不足，致使根系在进行二级侧根生长时缺少足够的糖和蛋白质作原料，生长速率低于常磷处理。

表3-8　磷素处理对不同基因型大豆侧根数量的影响

时期	类别	基因型	P20	P10	P0	T01	T02
三叶期	一级侧根	M1	36	34	35	105.9cB	102.9cB
		M2	46	42	44	109.5bA	104.5bA
		K1	45	45	43	100.0baA	104.7bA
		K2	50	50	46	100.0aA	108.7aA
六叶期	一级侧根	M1	40	49	53	81.6cB	75.5bA
		M2	49	58	66	84.5bB	74.2abA
		K1	53	66	78	80.3aA	67.9abA
		K2	49	54	66	90.7bA	74.2aA
	二级	M1	276	237	215	111.5bA	128.4aA
		M2	186	182	156	102.2bA	119.2aA

（续表）

时期	类别	基因型	P20	P10	P0	T01	T02
	侧根	K1	344	261	199	131.8aA	172.9aA
		K2	284	253	172	121.3aA	165.1aA

注：P0不施磷处理，P10施磷量10mg·kg^{-1}，P20施磷量20mg·kg^{-1}，T01=（P20/P10）×100，T02=（P20/P0）×100；小写字母表示0.05水平差异显著性，大写字母表示0.01水平差异显著性

在三叶期，侧根根长各基因型间差异显著，在六叶期，P0条件下反应强的是磷高效基因型（K1、K2），其相对值平均为76.3%和73.7%，反应最弱的是磷低效基因型（M1、M2），其相对值平均为86.2%和77.6%，显著性分析表明，二者之间的差异达显著水平（表3-9）。显著性分析表明，基因型侧根长在P0处理中差异没达到显著水平。根长增长可增加与土壤的接触面积，特别是对移动性较小的元素来说更为重要。这样在相同的胁迫情况下能具有更大的根长和吸收面积，从而具有较高的磷效率。

大豆苗期缺磷通过根系形态的改变来提高其对磷的吸收。缺磷时，磷从根部转移到地上部的比例较正常磷营养时低。大豆根系属直根系，故根深也就是主根长度。磷高效品种的主根较长，表现出根系良好的适应性。

表3-9　磷素处理对不同基因型大豆侧根长的影响（cm·株$^{-1}$）

时期	基因型	P20	P10	P0	T01	T02
三叶期	M1	65.2	63.7	68.7	102.3cB	94.9cB
	M2	89.2	91.6	98.3	97.4bB	90.7bB
	K1	139.6	126.7	128.7	110.2aA	108.5aA
	K2	143.3	142.1	148.8	100.8aA	96.3aA
六叶期	M1	642.5	698.8	803.1	91.7aA	79.9bA
	M2	587.8	717.3	781.3	81.9aA	75.2bA
	K1	679.8	891.8	923.5	76.2aA	73.7aA
	K2	630.4	824.1	856.4	76.5aA	73.6aA

在高浓度磷素处理下，各个生育时期磷高效基因型大豆的主根长度均大于磷低效基因型大豆，但不同生育时期，品种间主根长度差异达到显著水平的磷素浓度有所不同（表3-10）。1.0mmol·L^{-1}浓度下，苗期锦豆33的主根长度均显著长于铁丰3号，并且随着磷浓度的变化，无论是磷高效基因型大豆还是磷低效基因型大豆的主根长度均有显著的变化，表明在苗期大豆的主根长度对磷素的反应比较敏感，但磷高效

基因型的变异幅度要小。虽然分枝期锦豆33的主根长度均长于铁丰3号，但方差分析结果显示在各种磷素浓度下该差异均未达到显著水平。分枝期随着磷浓度的变化，不同磷效率基因型品种的主根长度变化较小，说明分枝期是主根长度对磷素较不敏感的时期。在不同的磷浓度下，开花期两品种间磷高效品种的主根长度显著大于磷低效品种，随着磷浓度的升高，两品种的主根长度均有缩短的趋势，说明高磷胁迫会抑制主根的伸长。在结荚期只有1.0mmol·L^{-1}的磷浓度下磷高效基因型品种的主根长度显著大于磷低效基因型。

表3-10　不同生育时期磷效率基因型大豆的主根长度（cm）

磷处理浓度（mmol·L^{-1}）	苗期		分枝期		开花期		结荚期	
	H	L	H	L	H	L	H	L
0.5	32.0a	30.0b	33.0ab	32.7ab	40.2a	33.7bc	42.0b	40.0bc
1.0	25.0e	18.5g	28.7ab	23.0b	40.0a	30.0cd	52.3a	44.0b
1.5	29.0bc	29.0bc	33.7ab	29.0ab	35.0b	29.3d	35.0cd	34.0cd
2.0	27.0d	26.0d	30.5ab	28.0ab	32.0ab	31.0de	35.0cd	32.5d

注：数据后不同的字母表示不同磷效率基因型大豆间同一时期不同磷浓度下在0.05水平上的差异显著性；H. 磷高效基因型锦豆33，L. 磷低效基因型铁丰3号。下同

2. 总根长

苗期和开花期，两类型大豆品种根长在无磷处理下大于施磷处理。整个生育时期内，相同磷浓度处理下，磷高效品种根长多高于磷低效品种。两类型大豆品种的根长对缺磷胁迫均有不同程度的适应性，生育时期内磷高效品种根长较磷低效品种增长快，且缺磷胁迫下磷高效品种在生育后期表现出明显的优势，缺磷胁迫下大豆根长较常磷处理有所增加，且磷高效品种根长高于磷低效品种，磷高效品种对低磷胁迫有更好的适应性。

在大豆的苗期、分枝期、开花期、结荚期、鼓粒期和成熟期取样，经扫描分析处理后，得到总根长数据，结果如图3-5所示。从整个生育时期来看，低磷处理下磷高效品种和高磷处理下磷低效品种的总根长呈逐渐升高趋势，其余呈先升后降的单峰曲线变化。

苗期大豆总根长在不同磷浓度处理间（P=0.007 2）达到极显著差异水平，品种间（P=0.039 5）达到显著差异水平。从总根长的品种平均值来看，磷高效品种的总根长大于磷低效品种，差异达显著水平（表3-11）；从磷浓度平均值看出，0mmol·L^{-1}到0.5mmol·L^{-1}磷浓度处理下，大豆总根长逐渐降低，且与0.5mmol·L^{-1}磷浓度处理下总根长相比，0.25mmol·L^{-1}和0mmol·L^{-1}处理下的总根长极显著增

加。从两类型品种总根长来看，两类型品种的总根长随磷处理浓度升高，均呈现出降低趋势。两品种均在0mmol · L^{-1}磷浓度处理下总根长达到最高。与0.5mmol · L^{-1}处理相比，在0.25mmol · L^{-1}和0mmol · L^{-1}磷浓度处理下，磷高效品种的总根长有所增加，但差异未达显著水平，而0mmol · L^{-1}磷浓度处理下，磷低效品种的总根长显著增加了30.6%。不同磷浓度处理下，磷高效品种的总根长均高于磷低效品种，平均高15.3%。

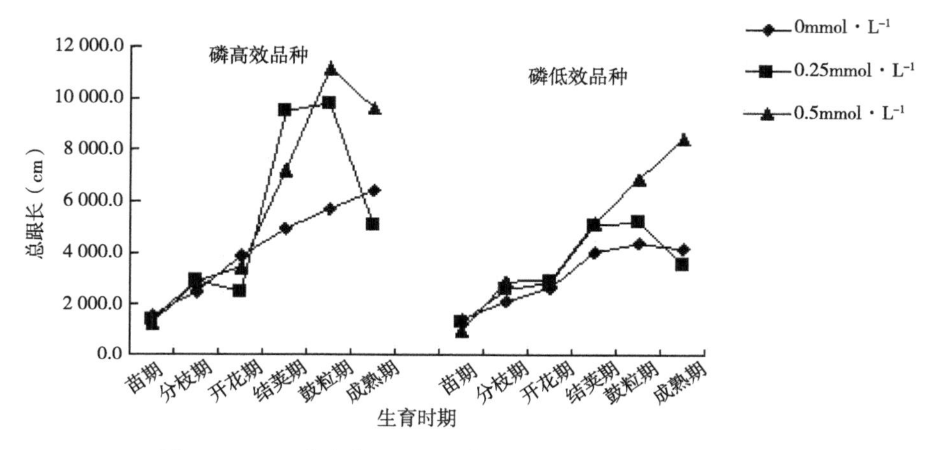

图3-5　不同磷浓度处理下两类型大豆品种各时期的总根长

表3-11　磷高效和磷低效大豆品种总根长的平均值分析（cm）

处理		苗期	分枝期	开花期	结荚期	鼓粒期	成熟期
磷浓度均值	0mmol · L^{-1}	1 499.9a	2 328.7b	3 232.6a	4 479.6b	7 833.7a	5 347.3b
	0.25mmol · L^{-1}	1 360.1a	2 767.5a	2 694.0b	7 296.5a	7 502.5a	4 265.0b
	0.5mmol · L^{-1}	1 137.4b	2 896.9a	3 268.1a	5 802.5b	5 045.6 b	10 096.7a
品种均值	磷高效品种	1 420.7a	2 772.0a	3 266.9a	7 206.6a	8 886.0a	7 001.2a
	磷低效品种	1 244.3b	2 556.7a	2 862.9b	4 512.5b	4 701.9b	6 138.2a

分枝期大豆总根长在不同磷浓度间（P=0.006 1）达到极显著差异水平。从总根长的品种平均值来看，磷高效品种的总根长大于磷低效品种（表3-11）。从磷浓度平均值看出，0mmol · L^{-1}到0.5mmol · L^{-1}磷浓度处理下，大豆总根长逐渐增加，与0.5mmol · L^{-1}磷浓度处理下相比，0.25mmol · L^{-1}和0mmol · L^{-1}处理下大豆的总根长有所下降，其中在0mmol · L^{-1}显著下降了23.4%。从两类型品种的总根长来看（图3-5），磷高效品种总根长随磷浓度升高，呈现先升高后降低的趋势，磷低效品种则逐渐升高。磷高效品种在0.25mmol · L^{-1}磷浓度处理下总根长达到最高，磷低

效品种在0.5mmol·L^{-1}处理下达到最高。在0mmol·L^{-1}和0.25mmol·L^{-1}磷浓度处理下，磷高效品种的总根长高于磷低效品种。

开花期大豆总根长在不同磷浓度处理间（P=0.022 7）和品种间（P=0.028）达到显著差异水平，磷浓度与品种互作间（P=0.007 3）达到极显著差异水平。从总根长的品种平均值来看，磷高效品种的总根长大于磷低效品种（表3-11）。从磷浓度平均值看出，0mmol·L^{-1}到0.25mmol·L^{-1}磷浓度处理下，大豆总根长升高。从两类型品种的总根长来看（图3-5），随着磷处理浓度增加，磷高效品种呈先降低后升高的趋势，磷低效品种则逐渐升高。磷高效品种在0.5mmol·L^{-1}磷浓度处理下总根长达到最高，磷低效品种在0.5mmol·L^{-1}处理下达到最高。在0mmol·L^{-1}和0.5mmol·L^{-1}磷浓度处理下，磷高效品种的总根长高于磷低效品种，且在0mmol·L^{-1}处理下差异达极显著水平（P=0.002 3）。

结荚期大豆总根长在不同磷浓度处理间（P=0.002 1）和品种间（P=0.000 2）达到极显著差异水平，磷浓度和品种互作间（P=0.042 6）达到显著差异水平。从总根长的品种平均值来看，磷高效品种的总根长大于磷低效品种，差异达显著水平（表3-11）。从磷浓度平均值看出，0.25mmol·L^{-1}磷浓度处理下，大豆总根长最高，0.25mmol·L^{-1}处理下的大豆总根长极显著高于0mmol·L^{-1}和0.5mmol·L^{-1}磷浓度处理下的，升高了62.9%和25.7%。从两类型品种的总根长来看（图3-5），磷高效品种总根长随磷浓度升高呈先升高后降低趋势，磷低效品种则随着磷浓度增加而逐渐升高。磷高效品种在0.25mmol·L^{-1}磷浓度处理下总根长达到最高，磷低效品种则在0.5mmol·L^{-1}处理下达到最高。不同磷浓度处理下，磷高效品种的总根长均高于磷低效品种，平均高30.1%，且在0.25mmol·L^{-1}和0.5mmol·L^{-1}磷浓度处理下差异达显著水平（$P_{0.25}$=0.000 3，$P_{0.5}$=0.010 5）。

鼓粒期大豆总根长在不同磷浓度处理间（P=0.000 2）、品种间（P=0.000 1）和磷浓度与品种互作间（P=0.000 6）均达到极显著差异水平。从总根长的品种平均值来看，磷高效品种的总根长大于磷低效品种，差异达极显著水平（表3-11）。从磷浓度平均值看出，0mmol·L^{-1}到0.5mmol·L^{-1}磷浓度处理下，大豆总根长逐渐降低，0.5mmol·L^{-1}磷浓度处理下的大豆总根长极显著低于0mmol·L^{-1}磷浓度处下的（降低了35.6%）。从两类型品种的总根长来看（图3-5），两类型品种的总根长随磷处理浓度升高，均呈现出升高趋势，两品种均在0.5mmol·L^{-1}磷浓度处理下总根长达到最高。不同磷浓度处理下，磷高效品种的总根长均高于磷低效品种，平均高36.0%，且在0.25mmol·L^{-1}和0.5mmol·L^{-1}磷浓度处理下差异达极显著水平（P<0.000 1）。

成熟期大豆总根长在不同磷浓度处理间（P=0.000 2）达到极显著差异水平。从总根长的品种平均值来看，磷高效品种的总根长大于磷低效品种，但未达显著差异水平。从品种平均值看出，0mmol · L^{-1}到0.5mmol · L^{-1}磷浓度处理下，大豆总根长呈先降低后升高的趋势，0.5mmol · L^{-1}处理下的大豆总根长极显著高于0mmol · L^{-1}磷浓度处理下的，高88.8%（表3-11）。从两类型品种的总根长来看（图3-5），两品种均在0.5mmol · L^{-1}磷浓度处理下总根长达到最高。不同磷浓度处理下，磷高效品种的总根长均高于磷低效品种，平均高25.5%。

三、磷对大豆根表面积的影响

在大豆的苗期、分枝期、开花期、结荚期、鼓粒期和成熟期取样，经扫描分析处理后，得到根表面积数据，结果如图3-6所示，在整个生育时期内，低磷处理下磷高效品种和高磷处理下磷低效品种的根表面积逐渐升高，其余均为先升高后降低的单峰曲线变化，磷高效品种根表面积在鼓粒期达到最大值（3 565.4cm^2），磷低效品种在成熟期达到最大值（2 740.4cm^2）。

进一步分析了苗期、分枝期、开花期、结荚期、鼓粒期和成熟期不同磷浓度处理对两类型大豆品种根表面积的影响，结果表明，苗期大豆根表面积在不同磷浓度处理间（P=0.000 1）和磷浓度与品种互作间（P=0.000 1）达到极显著差异水平（表3-12）。从根表面积的品种平均值来看，磷高效品种根表面积大于磷低效品种，但差异未达到显著水平（表3-12）。从磷浓度平均值看出，0mmol · L^{-1}到0.5mmol · L^{-1}磷浓度处理下，大豆根表面积逐渐降低，与0.5mmol · L^{-1}磷浓度处理相比，0.25mmol · L^{-1}和0mmol · L^{-1}处理下的根表面均有所增加，分别增加了65.0%和88.7%，且差异达极显著水平。从两类型品种的根表面积来看（图3-6），两类型品种的根表面积随磷处理浓度升高，均有降低趋势。磷高效品种根表面积在0mmol · L^{-1}磷浓度处理下达到最高，而磷低效品种在0.25mmol · L^{-1}磷浓度处理下达最高。磷高效品种根表面积在0mmol · L^{-1}磷浓度处理下极显著高于磷低效品种（P=0.000 4），在0.5mmol · L^{-1}磷浓度处理下极显著低于磷低效品种（P<0.000 1）。

分枝期大豆根表面积在不同磷浓度处理间（P=0.003 2）达到极显著差异水平。从根表面积的品种平均值来看，两类型品种差异较小，未达显著水平（表3-12）。从磷浓度平均值看出，0mmol · L^{-1}到0.5mmol · L^{-1}磷浓度处理下，大豆根表面积呈逐渐升高趋势，与0.5mmol · L^{-1}磷浓度处理相比，0mmol · L^{-1}处理下，大豆的根表面积有所下降，分别下降了46.6%，且差异达极显著水平。

开花期大豆根表面积在不同磷浓度处理间（P=0.000 3）达极显著差异，品种间（P=0.034 5）达显著差异水平。从根表面积的品种平均值来看，磷高效品种根表面积显著高于磷低效品种（表3-12）。从磷浓度平均值看出，0mmol · L^{-1}到

0.5mmol · L^{-1}磷浓度处理下，大豆根表面积呈先升高后降低趋势，与0.5mmol · L^{-1}磷浓度处理相比，0.25mmol · L^{-1}处理下，大豆根表面有所显著。从两类型品种的根表面积来看（图3-6），两品种根表面积均在0.25mmol · L^{-1}磷浓度处理下达到最高。与0mmol · L^{-1}处理相比，在0.25mmol · L^{-1}和0.5mmol · L^{-1}磷浓度处理下，磷高效品种的根表面积分别升高了61.1%（P=0.000 6）和30.0%（P=0.043 4）；磷低效品种的根表面积分别升高了43.7%和20.9%，且在0.25mmol · L^{-1}磷浓度处理下差异达显著水平（P=0.010 8）。不同磷浓度处理下，磷高效品种的总根长均高于磷低效品种，平均高13.2%，且在0.25mmol · L^{-1}磷浓度处理下差异达显著水平（P=0.036 3）。

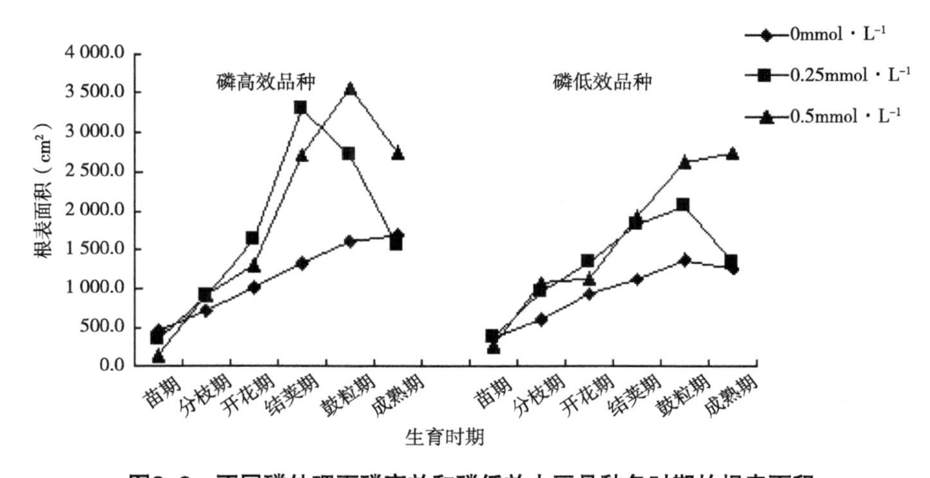

图3-6　不同磷处理下磷高效和磷低效大豆品种各时期的根表面积

表3-12　磷高效和磷低效大豆品种根表面积的平均值分析（cm^2）

	处理	苗期	分枝期	开花期	结荚期	鼓粒期	成熟期
磷浓度均值	0mmol · L^{-1}	409.2a	657.6b	972.3c	1 224.7c	1 488.2b	1 506.2b
	0.25mmol · L^{-1}	357.9b	927.3a	1 485.3a	2 560.3a	2 385.4a	1 431.5b
	0.5mmol · L^{-1}	216.8c	964.2a	1 235.8b	2 214.4b	2 698.4a	3 072.3a
品种均值	磷高效品种	335.3a	844.4a	1 316.5a	2 445.5a	2 628.3a	1 987.3a
	磷低效品种	320.7a	855.1a	1 145.8b	1 554.1b	1 753.0b	2 019.4a

结荚期大豆根表面积在不同磷浓度处理间（P=0.000 1）、品种间（P=0.000 1）和磷浓度与品种互作间（P=0.001 2）均达到极显著差异水平。从根表面积品种的平均值来看，磷高效品种根表面积极显著高于磷低效品种，高36.5%（表3-12）。从磷浓度平均值看出，0.25mmol · L^{-1}磷浓度处理，大豆根表面积最高。从两类型品种的根表面积来看（图3-6），磷高效品种的根表面积随磷浓度升高呈先升高后降低趋

势，而磷低效品种的则呈逐渐升高趋势。不同磷浓度处理下，磷高效品种的根表面积均高于磷低效品种，平均高29.7%，且在0.25mmol·L^{-1}和0.5mmol·L^{-1}磷浓度处理下差异达显著水平（$P_{0.25}$<0.000 1，$P_{0.5}$=0.000 2）。

鼓粒期大豆根表面积在不同磷浓度处理间（P=0.000 1）、品种间（P=0.000 1）和磷浓度与品种互作间（P=0.001 4）均达到极显著差异水平。从根表面积品种的平均值来看，磷高效品种根表面积大于磷低效品种，且差异达到极显著水平（表3-12）。从磷浓度平均值看出，0mmol·L^{-1}到0.5mmol·L^{-1}磷浓度处理，大豆根表面积逐渐升高，大豆的根表面积0.5mmol·L^{-1}处理下极显著高于0mmol·L^{-1}磷浓度处理下的，分别升高了80.8%。从不同品种的根表面积来看（图3-6），两类型品种的根表面积均在0.5mmol·L^{-1}磷浓度处理下达到最高。不同磷浓度处理下，磷高效品种的总根长均高于磷低效品种，平均高21.8%，且差异均达显著水平。与0.5mmol·L^{-1}处理相比，在0mmol·L^{-1}磷浓度处理下，磷高效品种的根表面积分别降低了121.6%（P<0.000 1），磷低效品种分别降低了33.9%（P=0.070 6）。

成熟期大豆根表面积在不同磷浓度处理间（P=0.000 4）达到极显著差异水平。从根表面积品种的平均值来看，磷高效品种根表面积低于磷低效品种，但差异未达显著水平（表3-12）。从磷浓度平均值看出，0mmol·L^{-1}到0.5mmol·L^{-1}磷浓度处理，大豆根表面积呈先降低后升高趋势。大豆的根表面积在0.5mmol·L^{-1}处理下极显著高于0mmol·L^{-1}磷浓度处理，高104.0%。从两类型品种的根表面积来看（图3-6），不同磷浓度处理下，磷高效品种的根表面积均高于磷低效品种，平均高13.2%，且在0mmol·L^{-1}处理下差异达显著水平。

四、磷对大豆根体积的影响

磷在土壤中易被固定而难以移动，作物吸收的磷主要来自其根系所接触到的土壤，因此根系的形态学特征及其生理吸收特性，对植株吸收利用土壤中难溶磷具有决定性的影响（张福锁等，1992）。因此，根构型和根生理生化适应性（如根分泌物、菌根侵染状况、根际pH值等）研究将有助于揭示豆科作物对缺磷土壤适应性的形态和生理生化指标（严小龙，1999）。植物根形态构型及其可塑性对植物吸收土壤磷具有重要作用，也是其他根系特性（如根系分泌物）发挥作用的前提（严小龙等，2000；赵静等，2004）。李志刚（2004）的结果表明，在磷胁迫下，植物的根体积普遍下降（图3-7），但下降幅度有所不同，磷高效基因型（K1、K2）平均下降47.0%，磷中效基因型（Z1、Z2）平均下降67.6%，而磷低效基因型（M1、M2）平均下降73.5%。

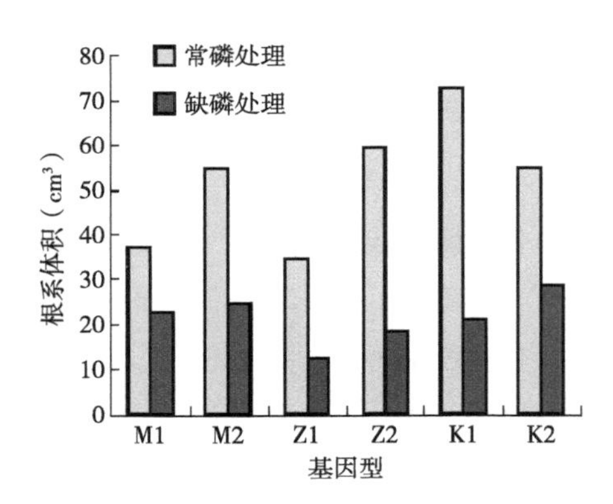

图3-7　不同磷素水平下大豆根系体积和根际含水量的变化

在大豆的苗期、分枝期、开花期、结荚期、鼓粒期和成熟期取样，经扫描分析处理后，得到根体积数据，结果如图3-8所示，在整个生育时期内，低磷处理下磷高效品种的根体积呈逐渐增加趋势，其余呈先增后降的单峰曲线变化，磷高效基因型大豆根体积于开花期达到最大值（132.7cm^3），磷低效基因型大豆根长于鼓粒期达到最大值（103.8cm^3）。

进一步分析了苗期、分枝期、开花期、结荚期、鼓粒期和成熟期不同磷浓度处理对两类型大豆品种根体积的影响，结果表明，苗期大豆根体积在不同磷浓度处理间（P=0.027 7）和磷浓度与品种互作间（P=0.041 5）达到显著差异水平。从根体积的品种平均值来看，不同磷效率品种根体积差异较小（表3-13）。从磷浓度平均值看出，0mmol・L^{-1}到0.5mmol・L^{-1}磷浓度处理，大豆根体积逐渐降低。与0.5mmol・L^{-1}处理相比，大豆的根体积在0.25mmol・L^{-1}和0mmol・L^{-1}磷浓度处理下显著增加，增加了34.4%和38.5%。从两类型品种的根体积来看（图3-8），两品种均在0mmol・L^{-1}磷浓度处理下根体积达到最高，且磷高效品种根体积显著高于磷低效品种。

表3-13　磷高效和磷低效大豆品种根体积的平均值分析（cm^3）

处理		苗期	分枝期	开花期	结荚期	鼓粒期	成熟期
磷浓度均值	0mmol・L^{-1}	6.89a	16.06a	25.78b	28.11b	40.97b	57.51a
	0.25mmol・L^{-1}	6.26a	26.82a	89.76a	74.74a	69.45a	47.43a
	0.5mmol・L^{-1}	4.52b	28.14a	45.38b	74.77a	83.88a	77.75a
品种均值	磷高效品种	5.51a	23.41a	69.62a	74.66a	72.53a	61.39a
	磷低效品种	6.26a	23.93a	37.66b	43.75b	57.00a	60.40a

分枝期大豆根体积在不同磷浓度处理间、品种间和磷浓度与品种互作间均未达到显著差异水平。不同磷效率大豆品种的根体积差异较小，差异均未达显著水平（图3-8）。

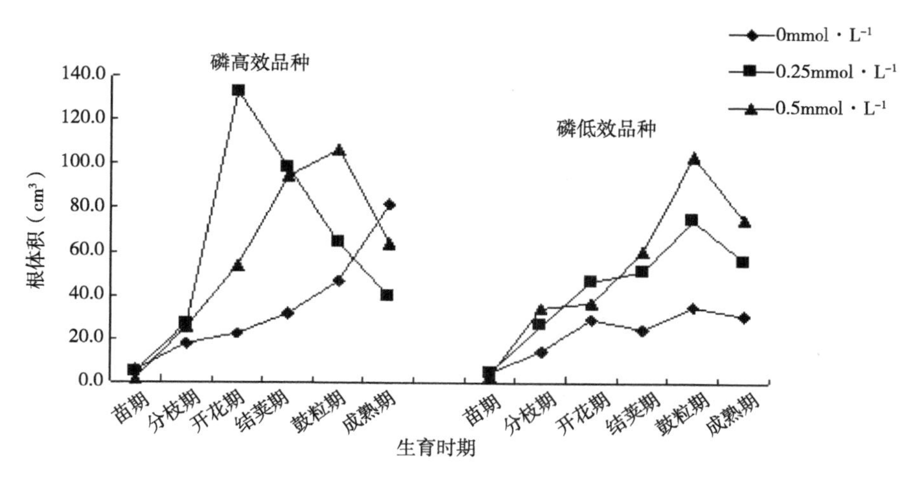

图3-8　不同磷处理下磷高效和磷低效大豆品种各时期的根体积

开花期大豆根体积在不同磷浓度处理间（P=0.004 9）达到极显著差异水平，品种（P=0.029 3）和磷浓度与品种互作间（P=0.032 2）达到显著差异水平。从根体积的品种平均值来看，磷高效品种根体积高于磷低效品种，差异达显著水平（表3-13）。从磷浓度平均值看出，从0mmol · L^{-1}到0.5mmol · L^{-1}处理，大豆根体积呈先升高后降低趋势，与0.5mmol · L^{-1}处理相比，0.25mmol · L^{-1}磷浓度处理下，大豆的根体积极显著升高，升高了97.7%。从两类型品种的根体积来看（图3-8），磷高效和磷低效品种的根体积均在0.25mmol · L^{-1}磷浓度处理下达到最高，且磷高效品种根体积显著高于磷低效品种（P=0.003 1）。与0.5mmol · L^{-1}处理相比，在0.25mmol · L^{-1}和0.5mmol · L^{-1}磷浓度处理下，磷高效品种根体积分别升高了492.4%（P=0.000 7）和139.7%（P=0.225 9），且在0.25mmol · L^{-1}处理下差异达显著水平；磷低效品种根体积分别升高了60.8%和27.1%。

结荚期大豆根体积在不同磷浓度处理间（P=0.000 8）和品种间（P=0.003 3）达到极显著差异水平。从根体积的品种平均值来看，磷高效品种的根体积大于磷低效品种，差异达极显著水平（表3-13）。从磷浓度平均值看出，0mmol · L^{-1}到0.5mmol · L^{-1}磷浓度处理下，大豆根体积呈升高趋势。与0.5mmol · L^{-1}磷浓度处理相比，大豆根体积在0mmol · L^{-1}处理下显著下降了166.0%。从两类型品种的根体积来看（图3-9），不同磷浓度处理下，磷高效品种的根体积均高于磷低效品种，平均高35.4%，且差异达显著水平。

鼓粒期大豆根体积在不同磷浓度处理间（P=0.001 8）达到极显著差异水平，磷浓度与品种互作间（P=0.031 7）达到显著差异水平。从根体积的品种平均值来看，磷高效品种的根体积大于磷低效品种（表3-13）。从磷浓度平均值看出，0mmol · L^{-1}到0.5mmol · L^{-1}磷浓度处理下，大豆根体积呈逐渐升高趋势，与0.5mmol · L^{-1}处理相比，0.25mmol · L^{-1}和0mmol · L^{-1}处理下，大豆根体积均有所下降，0mmol · L^{-1}处理下显著下降了104.7%。从两类型品种的根体积来看（图3-8），磷高效品种的根体积在0mmol · L^{-1}和0.5mmol · L^{-1}磷浓度处理下高于磷低效品种，且在0.5mmol · L^{-1}处理下差异达显著水平。

成熟期大豆根体积在不同磷浓度处理间、品种间和磷浓度与品种互作间均未达到显著差异水平（表3-13）。

五、磷对大豆根尖数的影响

在大豆的苗期、分枝期、开花期、结荚期、鼓粒期和成熟期取样，经扫描分析处理后，得到根尖个数数据，结果如表3-14所示。在整个生育时期内，磷高效品种在0mmol · L^{-1}磷浓度处理下，根尖数呈增加后降低的生长趋势，在0.25mmol · L^{-1}和0.5mmol · L^{-1}磷浓度处理下，根尖数呈先增加后降低再增加后降低的生长趋势，磷低效品种在各个磷浓度处理下根尖数基本呈持续增加的生长趋势。磷高效品种根尖数在鼓粒期达到最大值（35 026个），磷低效品种在成熟期达到最大值（31 634个）。

进一步分析了苗期、分枝期、开花期、结荚期、鼓粒期和成熟期不同磷浓度处理对两类型大豆品种根体积的影响，结果如下。

苗期大豆根尖数在品种间（P=0.024）和磷浓度与品种互作间（P=0.016 4）达到显著差异水平。从根尖数的磷浓度平均值来看，磷高效品种的根尖数多于磷低效品种，差异达显著水平（表3-14）。从磷浓度平均值看出，0mmol · L^{-1}到0.5mmol · L^{-1}磷浓度处理下，大豆根尖数呈先升高后降低趋势。从两类型品种的根尖数来看，磷高效品种根尖数在0.5mmol · L^{-1}磷浓度处理下达最高，磷低效品种在0.25mmol · L^{-1}磷浓度下达最高。在0.5mmol · L^{-1}磷浓度下，磷高效品种根尖数显著高于磷低效品种（P=0.004 8）。与0.5mmol · L^{-1}处理相比，0.25mmol · L^{-1}磷浓度处理下，磷高效品种根尖数显著增加；磷低效品种根尖数在0.25mmol · L^{-1}处理下升高了69.5%（P=0.054 8）。

表3-14　磷高效和磷低效大豆品种根尖数的平均值分析（个）

处理		苗期	分枝期	开花期	结荚期	鼓粒期	成熟期
磷浓度均值	0mmol·L^{-1}	5 547ab	8 588b	12 291a	12 710b	21 759b	19 858b
	0.25mmol·L^{-1}	6 706a	13 126a	13 631a	23 553a	26 073ab	23 059b
	0.5mmol·L^{-1}	4 320b	13 477a	12 870a	21 266a	31 929a	47 430a
品种均值	磷高效品种	6 498a	12 285a	12 164a	22 688a	35 206a	28 597a
	磷低效品种	4 551b	11 176a	13 698a	15 665b	17 968b	31 634a

分枝期大豆根尖数在不同磷浓度处理间（P=0.000 1）达到极显著差异。从根尖数的品种平均值来看，不同磷效品种的根尖数差异较小（表3-14）。从磷浓度平均值看出，0mmol·L^{-1}到0.5mmol·L^{-1}磷浓度处理下，大豆根尖数呈逐渐升高趋势。与0.5mmol·L^{-1}磷浓度处理相比，大豆的根尖数在0mmol·L^{-1}处理下极显著下降。从两类型品种的根尖数来看（图3-9），磷高效品种在0mmol·L^{-1}磷浓度处理下根尖数达到最高，磷低效品种在0.5mmol·L^{-1}磷浓度处理下根尖数达到最高，磷高效品种的根尖数在0mmol·L^{-1}（P=0.028 1）和0.25mmol·L^{-1}多于磷低效品种。开花期大豆根尖数在不同磷浓度处理间、品种间和磷浓度与品种互作间均未达到显著差异水平（表3-14）。

结荚期大豆根尖数在不同磷浓度处理间（P=0.000 1）和品种间（P=0.000 2）达到极显著差异水平，磷浓度与品种互作间（P=0.010 7）达到显著差异水平。从根尖数的品种平均值来看，磷高效品种的根尖数多于磷低效品种，差异达极显著水平（表3-14）。从磷浓度平均值看出，0mmol·L^{-1}到0.5mmol·L^{-1}磷浓度处理下，大豆根尖数呈升高趋势。与0.5mmol·L^{-1}磷浓度处理相比，0mmol·L^{-1}处理下，大豆的根尖数极显著下降。从两类型品种的根尖数来看，不同磷浓度处理下，磷高效品种的根尖数均高于磷低效品种，平均高23.1%，且差异多达显著水平。

鼓粒期大豆根尖数在不同磷浓度间（P=0.041 1）达到显著差异水平，品种间（P=0.000 1）达到极显著差异水平。从根尖数的品种平均值来看，磷高效品种的根尖数多于磷低效品种，差异达极显著水平（表3-14）。从磷浓度平均值看出，0mmol·L^{-1}到0.5mmol·L^{-1}磷浓度处理下，大豆的根尖数逐渐升高，与0.5mmol·L^{-1}磷浓度处理下的根尖数相比，0mmol·L^{-1}处理下，大豆的根尖数显著下降，下降了46.7%。从两类型品种的根尖数来看（图3-9）。不同磷浓度处理下，磷高效品种的根尖数均高于磷低效品种，平均高41.9%，且差异达显著水平（P_0=0.018 9，$P_{0.25}$=0.013 1，$P_{0.5}$=0.001 4）。

成熟期大豆根尖数在不同磷浓度间（P=0.000 3）达到显著性差异。从根尖数的品种平均值来看，磷高效品种的根尖数少于磷低效品种，但差异未达显著水平（表3-14）。从磷浓度平均值看出，0mmol·L^{-1}到0.5mmol·L^{-1}磷浓度处理下，大豆根尖数呈逐渐升高趋势，与0.5mmol·L^{-1}处理相比，大豆根尖数在0mmol·L^{-1}处理下显著下降，下降了138.8%。从两类型品种的根尖数来看（图3-9），不同磷效率品种根尖数均在0.5mmol·L^{-1}磷浓度处理下达到最高。

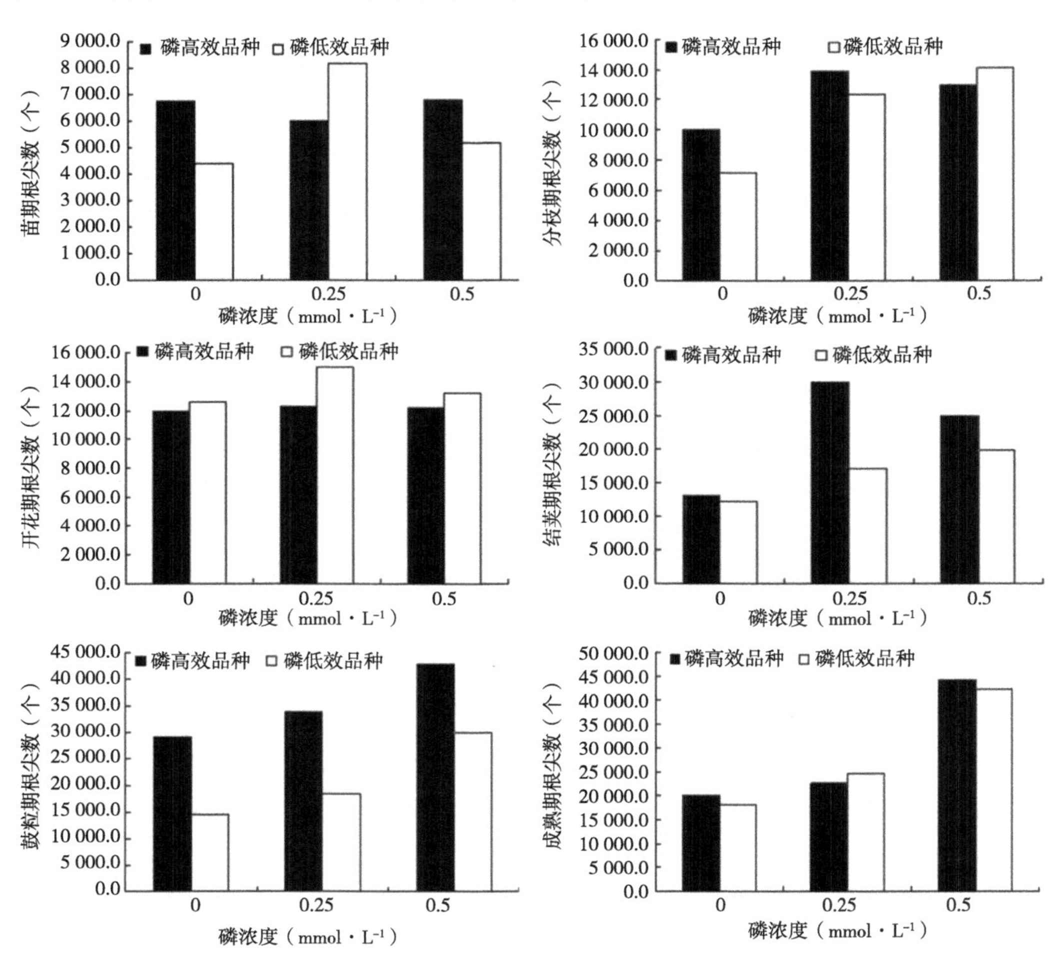

图3-9 不同磷处理下两类型大豆品种各时期的根尖数

第四章　磷素对大豆干物质积累的影响

第一节　磷素对大豆地上部干物重的影响

1. 干物质积累趋势

大豆生长过程中，干物重的积累如图4-1所示，5月10日开始出苗，在40d后进入快速生长期。整个生长期呈“慢—快—慢”的生长变化，符合植物生长大周期规律，这是由于植物生长包括细胞的分裂生长和伸长生长，生育前期，主要以细胞的分裂生长为主，故生长缓慢，而后进入伸长生长期，此时为指数增长期，植物生长旺盛，代谢加快，当植物生长到一定程度后，细胞伸长生长停止，植物生长减慢。常磷条件下和缺磷条件下，大豆干物重增长的“慢—快—慢”过程的开始时间，持续时间和停止时间各有不同。具体分析如下。

总生物量的增长规律回归分析发现，不同磷素水平处理下大豆总生物量（Y）依出苗后的天数（T）的增长过程为不对称的“S”形曲线，可用Logistic方程加以描述，w代表干物质重，t为时间变量（表4-1），并可根据该方程求得其最大增长速率及其出现日期。由表4-1可见，在磷素的不同处理中，常磷处理下获得相对较大的最大增长速率、平均增长速率及较高的生物产量。磷素供应不足造成最大增长速率及平均增长速率较低。可见，不同磷素用量可通过影响上述参数而影响大豆总生物量的增长。由表4-1还可知，不同磷素处理下，6个基因型大豆的生长曲线均可用Logistic曲线模拟，且相关系数也均非常高；出现最大增长率时间上各有不同，常磷处理下，植株出现最大增长率的时间在出苗后8周左右，在7月上旬，而低磷处理下出现最大生长率的时间有显著差异，磷低效基因型出现在出苗后9周左右，磷中效基因型出现在7周左右，磷高效基因型出现在5周左右；不同磷素处理时，最大增长率持续的天数变化亦很大，常磷处理下，各个不同磷素基因型持续6～7周，低磷胁迫下，各个基因型最大增长持续天数均长于常磷水平（这会导致营养生长和生殖生长的重叠期加长，使植株养分分配不合理，出现营养生长不够旺盛而植株矮小，生殖生长养分不足而大量出现落花落荚）。在不同基因型之间，磷低效基因型持续的时间长于磷中效基因型，磷中效基因型长于磷高效基因型。在不同磷素处理下，最大增长率的变化也有很大差异，磷素充足条件下，6个大豆基因型最大增长效率在1.30～2.27g·d^{-1}，而在低磷胁迫下，最大增长率的范围在0.24～0.59g·d^{-1}，干重下降的幅度依次分别为85.4%、83.6%、76.8%、79.4%、73.8%和66.3%，即磷低效基因型下降的幅度最大，磷中效基因型下降的幅度次之，磷高效基因型下降的幅度最小。平均增长率的变化趋势同最大增长率，在低磷胁迫下平均增长率的下降幅度依次为82.2%、79.3%、74.4%、73.4%、72.3%和61.6%。最大增长率和平均增长率的相关系数为0.943 3，呈极显著相关。

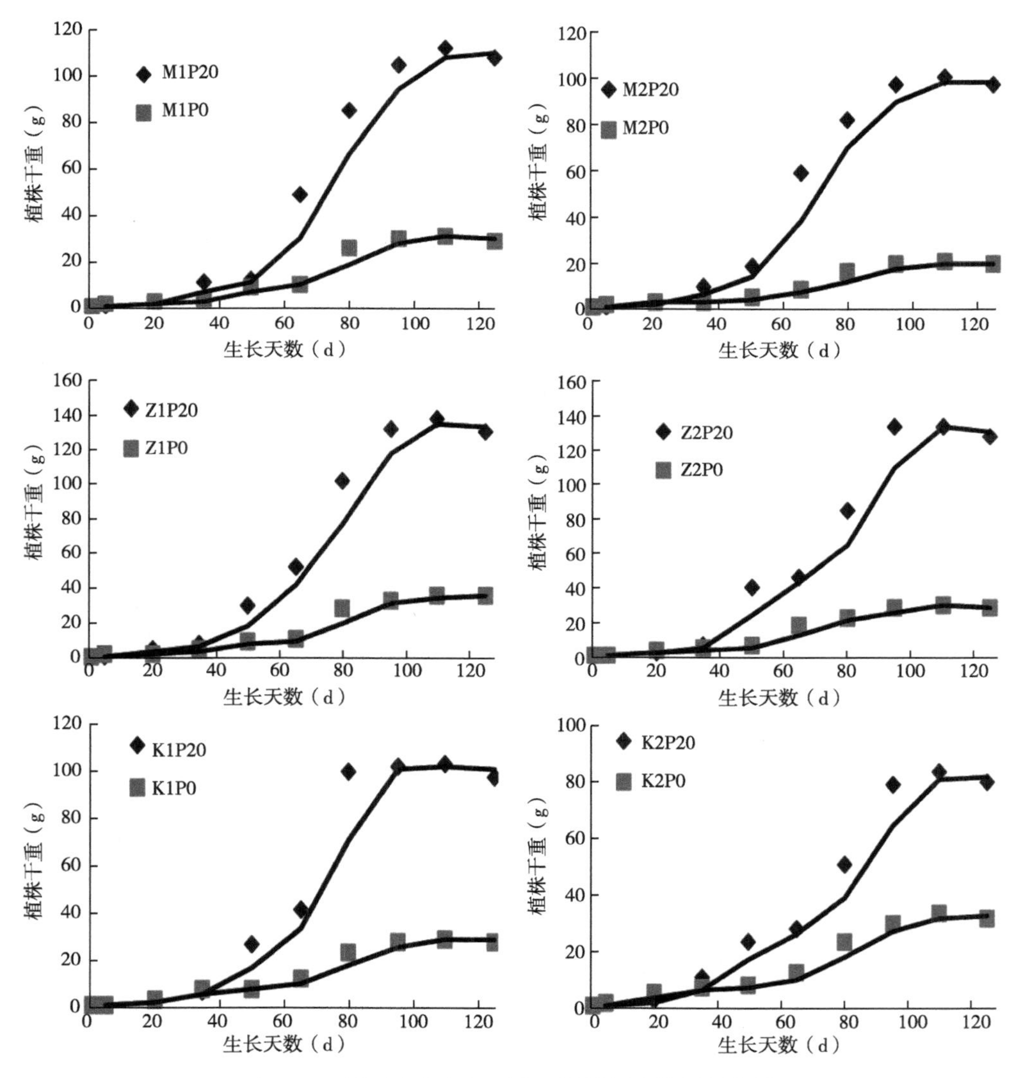

图4-1　不同磷素水平下大豆植株干重的增长曲线

表4-1　大豆总生物量积累的Logistic方程回归分析

处理	模拟方程	$-R$	出现最大增长率时间	最大增长率持续天数	最大增长率	平均增长率
M1PH	$w=128.20/(1+e^{4.744+0.0592t})$	0.954 6	57.8	44.45	1.898	0.885
M2PH	$w=116.71/(1+e^{4.343+0.0562t})$	0.956 2	53.8	46.86	1.639	0.798
Z1PH	$w=150.64/(1+e^{4.454+0.0595t})$	0.957 4	52.7	44.26	2.241	1.073
Z2PH	$w=156.52/(1+e^{4.466+0.0580t})$	0.95 8	57.7	45.4	2.269	1.057
K1PH	$w=128.27/(1+e^{4.434+0.0545t})$	0.93 5	57.1	44.26	1.749	0.803
K2PH	$w=89.888/(1+e^{4.226+0.0576t})$	0.966 6	50.4	48.27	1.295	0.657
M1PL	$w=52.484/(1+e^{3.442+0.0346tt})$	0.944 1	38.5	81.8	0.454	0.227
M2PL	$w=33.298/(1+e^{3.806+0.0289t})$	0.955 5	38.7	91.13	0.24	0.142
Z1PL	$w=73.037/(1+e^{3.526+0.0322t})$	0.955 7	47.7	76.04	0.587	0.285
Z2PL	$w=42.338/(1+e^{2.993+0.0351t})$	0.953 1	51.1	75.01	0.371	0.218
K1PL	$w=33.667/(1+e^{2.941+0.0419t})$	0.963 3	61.2	45.68	0.359	0.222
K2PL	$w=35.099/(1+e^{3.251+0.0497t})$	0.957 4	68.6	62.81	0.436	0.252

注：表中PH代表P High；PL代表PLow。下同

2. 生物量积累

从不同生育时期各磷效率品种单株的生物产量看出（表4-2），低磷处理下，磷高效品种的生物产量均高于磷低效品种，平均高13.0%，且差异多达显著。中磷和高磷处理下，磷高效品种的生物产量整个生育时期多高于磷低效品种。从不同磷处理对各类型品种的影响来看，与低磷处理相比，中磷和高磷处理下磷高效和磷低效品种的生物产量在整个生育时期均有所增长，磷高效品种平均分别增长20.8%和17.7%，分别在鼓粒期和分枝期增长最多，达38.8%和24.7%，磷低效品种平均增长24.1%和25.9%，分别在始熟期和开花期增长最多，分别达34.5%和50.8%。

表4-2　不同生育时期磷高效和磷低效品种生物产量的比较（g）

类型	磷水平	分枝期	开花期	结荚期	鼓粒期	鼓粒末期	始熟期	成熟期
磷高效	低磷	7.7nsb	22.2aa	37.9Ab	58.0nsb	78.5aa	86.8aa	88.4ab
	中磷	9.2nsab	26.1nsa	46.6nsa	80.5Aa	97.0nsa	95.0nsa	101.3Aa
	高磷	9.6nsa	26.7nsa	43.4nsab	71.2nsa	93.0nsa	96.3nsa	99.2nsa
磷低效	低磷	7.6nsb	19.6bb	32.4Bc	56.5nsc	62.5Bb	73.8ba	78.4bb
	中磷	9.5nsa	24.7nsab	38.9nsb	65.8Ba	80.6nsa	99.3nsa	92.5Ba
	高磷	9.7nsa	29.6nsa	44.1nsa	61.2nsb	77.7nsa	89.0nsab	88.7nsa

注：表中数据表示同类磷效率品种的平均值。第一列不同大小写字母表示在0.01和0.05水平上差异显著；ns表示在相同磷处理下不同磷效率品种平均值间差异不显著；数字后第二列字母表示同一磷效率品种在不同磷处理下0.05水平上的差异显著性

3. 生长速率

作物生长率（CGR）指在一段时间单位面积内平均绝对生长速率。从图4-2中可以看出，与低磷处理相比，中磷和高磷处理下各品种CGR均有所增长。低磷和中磷条件下的CGR，在生育后期磷高效品种高于磷低效品种。在高磷条件下，磷高效品种的CGR在整个生育时期的变化趋势与低磷和中磷处理相同，而磷低效品种的CGR变化趋势有所改变，最高CGR出现时间推后，说明磷低效品种对高磷反应较敏感。

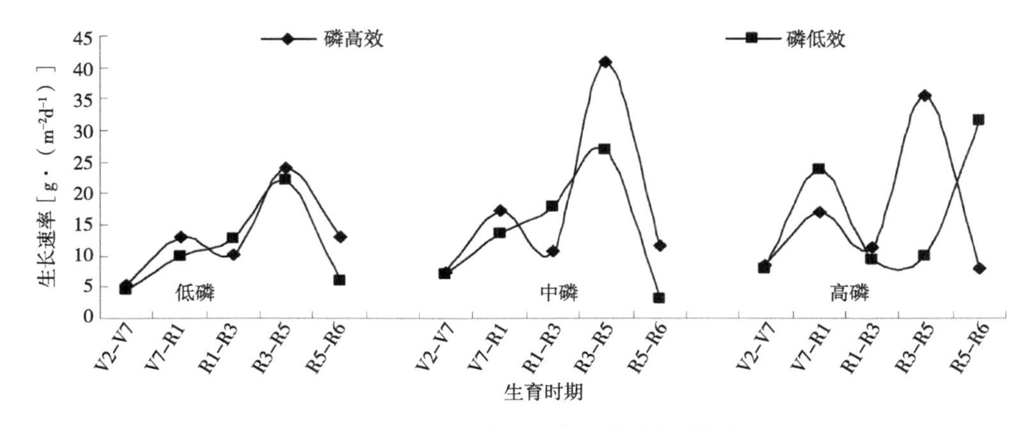

图4-2　不同磷效率大豆各生育时期生长率

注：V2—V7. 苗期—分枝期；V7—R1. 分枝期—开花期；R1—R3. 开花—结荚期；R3—R5. 结荚期—鼓粒期；R5—R6. 鼓粒期—鼓粒末期

第二节　磷素对大豆根系干物重的影响

常磷处理（0.5mmol·L^{-1}）和低磷处理（0.25mmol·L^{-1}）下，不同基因型的大豆根系生物量在不同生育时期表现相同趋势，在0mmol·L^{-1}（无磷）处理下，大豆根系生物量显著下降（图4-3）。与对照处理生物量相比，L13和T3在0mmol·L^{-1}磷浓度处理下，R8植物生物量分别减少了84.2%和91.8%（$P<0.05$）。L13的生物量大于T3，并且在缺磷条件下的差异加剧（在0.25mmol·L^{-1}和0mmol·L^{-1}处理下，L13比T3分别大41.2%和83.6%）。与常磷处理相比，磷胁迫处理下，大豆根干重也显著降低（图4-3）。在整个生育时期内，L13的根生物量均显著高于T3，尤其是在两种缺磷条件下的R6阶段。根冠比是指植物地下部分与地上部分的鲜重或干重的比值。它的大小反映了植物地下部分与地上部分的相关性。与常磷处理相比，根/冠比在

0.25mmol · L^{-1}下略有下降，但在0mmol · L^{-1}下则增加。在R2，根/冠在0mmol · L^{-1}磷浓度处理下达到峰值，这与0.5mmol · L^{-1}和0.25mmol · L^{-1}处理下的持续减少趋势不同。L13的根/冠比始终显著高于T3的。因此，在0.25mmol · L^{-1}低磷条件下，限制了根的生长，被根吸收的磷最大限度地转运到苗中以确保基础生长。相反，在0mmol · L^{-1}条件下，除子叶中所含的养分外，没有外源磷素，因此，植株的生长受到极大限制。

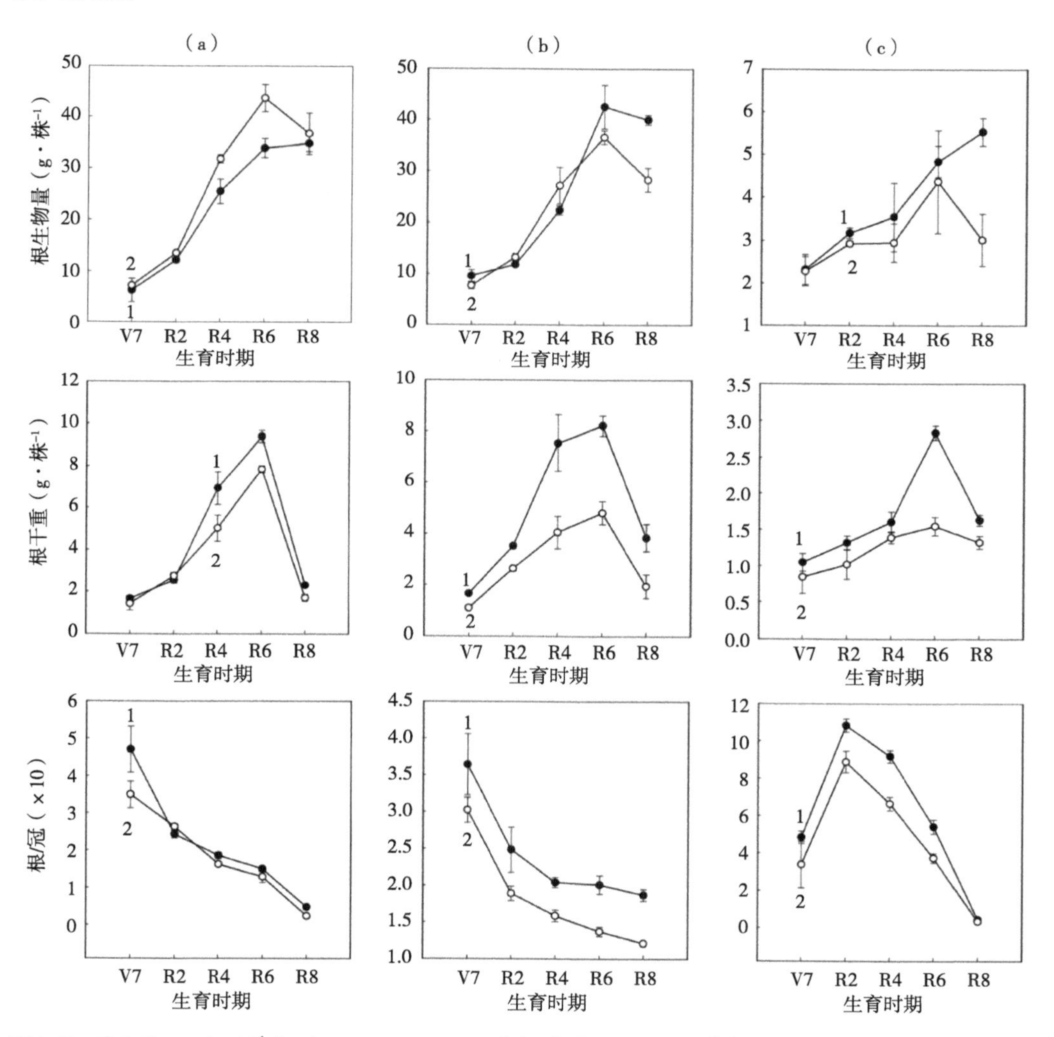

图4-3　在0.5mmol · L^{-1}（a），0.25mmol · L^{-1}（b）和0mmol · L^{-1}（c）磷浓度下，两类型大豆不同生长阶段的根生物量、根干重和根/茎比

注：1-L13（辽豆13）；2-T3（铁丰3号）。V7. 分枝期；R2. 盛花期；R4. 盛荚期；R6. 鼓粒末期；R8. 成熟期

从表4-3中可以看出，高浓度磷处理下，磷高效基因型品种锦豆33的根冠比在各个生育时期均高于磷低效基因型品种铁丰3号，但在不同生育时期，两品种根冠比差异达到显著水平的磷素浓度有所不同。在苗期，不同的磷浓度下两个品种间均差异显著。当磷浓度为最高时，两品种的根冠比均为最小值，表明磷浓度过高，对苗期大豆的生长有抑制作用。在分枝期，除2.0mmol·L^{-1}的磷浓度外，其他各浓度下两品种的根冠比均差异显著。在开花期，除0.5mmol·L^{-1}的磷浓度外，其他各浓度下品种间根冠比均差异显著。在结荚期，磷浓度在1.5mmol·L^{-1}和2.0mmol·L^{-1}时品种间差异显著。

表4-3 不同生育时期磷效率基因型大豆的根冠比

磷处理浓度（mmol·L^{-1}）	苗期		分枝期		开花期		结荚期	
	H	L	H	L	H	L	H	L
0.5	3.05b	2.39c	1.51c	1.24d	0.83f	0.80f	0.84d	0.80de
1.0	3.67a	2.44bc	1.23d	0.62e	1.61d	0.79f	0.78de	0.70ef
1.5	3.00b	1.82d	1.41c	1.08de	0.81f	0.53g	1.32b	0.76def
2.0	2.34c	1.58d	0.81e	0.64e	2.00c	0.93e	1.05f	0.62c

第五章　磷素对大豆根系生理特性的影响

一、磷对大豆根系含水量的影响

从图5-1可知，在低磷胁迫下，根际含水量的变化均呈下降趋势，磷高效基因型平均下降23.2%，磷中效基因型平均下降27.2%，磷低效基因型平均下降16.3%。常磷条件下大豆根系发达，蒸腾作用快，水分散失量大，根际含水量表面上应低于缺磷条件，但是由于植物生长过程中具有提水现象（Hendrickson，1931），所以缺磷条件下大豆的根际含水量是下降的。在小麦、玉米、棉花等植物的研究中均证明具有根系提水现象。根系提水作用对于增加干燥的浅层土壤中矿质营养的吸收和利用具有明显的作用。

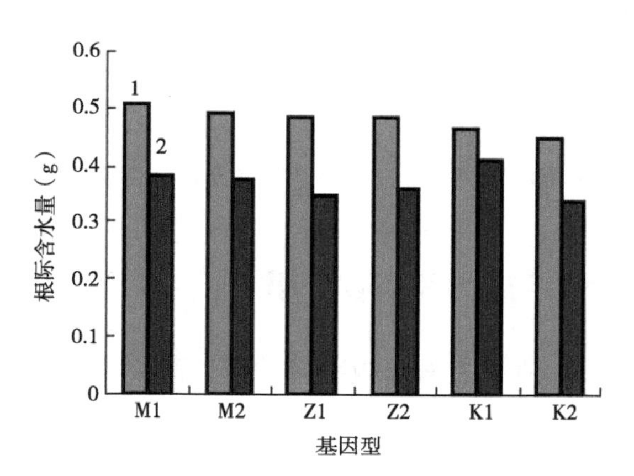

图5-1　不同磷素水平下大豆根际含水量的变化

注：1. 常磷处理；2. 低磷处理。下同

二、磷对大豆伤流液的影响

伤流液的量反映了根系代谢活动，一般来说，根系活动越高，分泌伤流液的量越大。伤流液是植物的主动吸水的表现，并与根压有关。伤流液中除含有大量水分之

外，还含有各种无机物、有机物和植物激素等。凡是能影响植物根系生理活动的因素都会影响伤流液的数量和成分。所以，伤流液的数量和成分，可作为根系活动能力强弱的生理指标。大豆盛花期是生长旺盛期，也是根系建成关键期。充足的磷素供应，可减少植株地上部与地下部的营养竞争，促进根系发育（图5-2），开花盛期（7月20日），根系伤流量为2 000～2 700mg·h^{-1}，磷胁迫下伤流量为550～800mg·h^{-1}，伤流量的变化率磷低效基因型平均为79.25%，磷中效基因型平均为71.25%，磷高效基因型平均为64.81%，说明磷高效基因型在低磷胁迫下的伤流量下降略小一些，反映出根系的活力受低磷的影响弱一些（李志刚，2004）。伤流是由根压引起的，伤流液含有较多的无机盐和有机物，分析伤流液的成分可了解根系吸收无机盐和合成有机物的情况。李志刚（2002）研究结果表明（图5-2），磷低效基因型中平均磷含量为49.7%，磷中效基因型中平均磷含量为44.3%，磷高效基因型中平均磷含量为41.7%。伤流量与其磷含量的相关系数为0.931 1，呈极显著正相关。

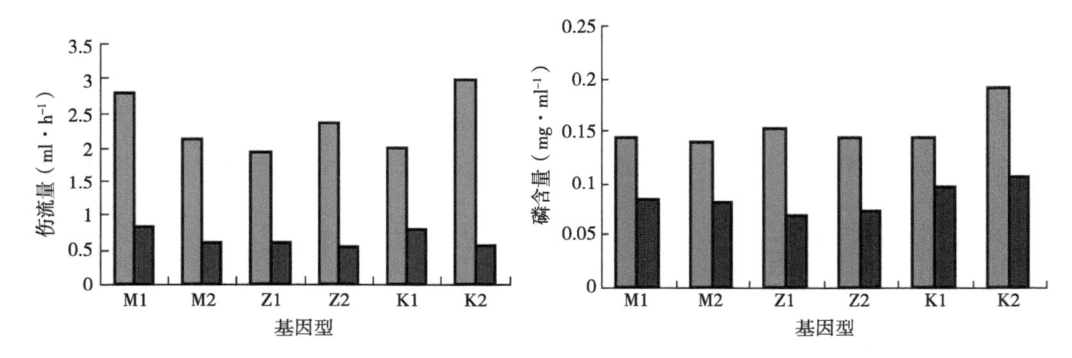

图5-2　不同磷素水平下大豆单株伤流量及伤流液中磷含量的变化

三、磷对大豆根系动力学参数的影响

不同植物种类之间存在磷素营养效率的差异，同一植物不同基因型也存在着这种差异。植物吸磷动力学中K_m、最大吸收磷速率（I_{max}）和忍耐外界低浓度（C_{min}）是反映植物对磷素营养利用效率的重要参数，也是衡量基因型差异的重要指标。李志洪（1995）的研究表明（表5-1），在P_0处理中，长农4号大豆根系吸收$H_2PO_4^-$的K_m和C_{min}为4.17μmol·L^{-1}和0.94μmol·L^{-1}，长农5和吉林27号K_m和C_{min}为4.88μmol·L^{-1}、1.44μmol·L^{-1}和5.29μmol·L^{-1}、2.44μmol·L^{-1}。可见，长农4号大豆对$H_2PO_4^-$的亲和力（$1/K_m$）较高，忍耐外界低浓度（C_{min}）$H_2PO_4^-$的能力高于其他基因型。一般认为磷高效基因型植物根系最大吸收磷速率（I_{max}）也较高，3个基因型大豆中，长农4号在P_0处理中I_{max}值最高，长农5号次之，而吉林27最低。随着磷水平的提高，3个基因型大豆吸收$H_2PO_4^-$动力学参数有规律的变化，即K_m和C_{min}随磷水平提高而提高，说明高磷水平处理使大豆体内磷含量提高，根系对溶液中磷的亲和力降低，而且净吸收为零时的外界$H_2PO_4^-$浓度随之提高，耐低磷能力降低。I_{max}值表现出与之相反的趋势。

表5-1　不同基因型大豆根系吸磷动力学参数

参数	长农4			长农5			吉林27		
	P_0	P_1	P_2	P_0	P_1	P_2	P_0	P_1	P_2
K_m	4.75	4.81	5.03	4.88	5.18	5.54	5.29	5.42	7.02
I_{max}	6.89	5.73	5.30	7.97	5.37	5.42	7.31	5.66	4.24
C_{min}	0.94	1.04	1.63	1.44	1.67	2.02	2.44	3.03	4.57

注：P_0不施磷肥；P_1施磷0.005mmol·L^{-1}；P_2施磷0.01mmol·L^{-1}

在低磷胁迫下，植物根系会启动有利于植物高效吸收、利用土壤中磷素的适应性机制，如根的形态特征变化（Yan et al，2004）、根构型变化（刘灵等，2008）、特异根系分泌物的分泌等（Yan et al，2001）。植物主要通过向地性变化和根冠之间的碳源分配来改变根构型，从而影响磷吸收效率（严小龙等，2000）。大豆具有适应低磷土壤的遗传潜力，土壤中磷的有效性等环境因素对根构型具有调节作用，具有较好根形态构型的大豆基因型有利于从耕层土壤中吸收有效磷和其他养分，其产量和磷效率均较高（刘灵等，2008）。

四、磷对大豆根系颜色的影响

磷素胁迫时，大豆根系另一形态变化，就是根系颜色的变化。水培条件下，正常供应养分的大豆根系为白色，而缺磷胁迫时，根系则呈红棕色，这是磷胁迫下大豆根表铁氧化物的数量明显高于正常根系的结果。前人研究认为，磷胁迫下作物根表的红棕色是铁氧化物沉积而形成的一层胶膜，并且同种作物不同的基因型根表形成铁膜的厚度存在差异。有关作物缺磷胁迫时根系的这一颜色变化机理一般认为，缺磷使植物根际的*Eh*值（氧化还原电位）、pH值下降，从而使生长介质Fe^{2+}、Mn^{2+}的数量增多，活性提高，并促进这些离子向根表迁移，达到根表后，由于水稻根系具有氧化作用，使还原性铁、锰氧化，以氧化物的形式在根表和质外体沉积。不同基因型的大豆，根系的氧化能力存在差异，所以根表形成铁氧化物膜的厚度不同，磷胁迫下大豆根表铁量明显高于正常植株，即胁迫下根表铁氧化物膜的厚度显著大于正常植株。张西科（1996）研究表明，水稻根表沉积的铁氧化物对养分吸收有影响，即铁氧化物膜在一定厚度范围内，对养分的吸收有促进作用，当达到并超过这一厚度，此膜就成为养分吸收的障碍层。在磷胁迫下，根系形态的变化及铁氧化物的沉积势必影响根系对养分的吸收，尤其是一些金属微量元素。

五、根系磷百分含量

在大豆的苗期、分枝期、开花期、结荚期、鼓粒期和成熟期取样，经烘干磨碎消煮后测定得到根系磷百分含量（表5-2），整个生育时期，磷高效和磷低效品种根系磷百分含量总体呈0.5mmol · L^{-1}>0.25mmol · L^{-1}>0mmol · L^{-1}磷处理的趋势，同一磷浓度处理下，磷高效品种根系磷百分含量多高于磷低效品种。

整个生育时期，在0mmol · L^{-1}磷处理下，磷高效品种根系磷百分含量均高于磷低效品种，且在苗期、鼓粒期和成熟期差异达到显著水平；在0.25mmol · L^{-1}磷处理下，两类型品种根系磷百分含量差异较小，仅在成熟期磷高效品种根系磷百分含量极显著高于磷低效品种；在0.5mmol · L^{-1}磷处理下，苗期、开花期和鼓粒期磷高效品种根系磷百分含量显著高于磷低效品种，成熟期磷高效品种极显著低于磷低效品种。

除苗期外，其他生育时期，磷高效品种根系磷百分含量表现为0.5mmol · L^{-1}磷浓度处理>0.25mmol · L^{-1}处理>0mmol · L^{-1}处理，且各浓度间差异达显著水平，苗期其根系磷百分含量表现为0.5mmol · L^{-1}处理>0mmol · L^{-1}处理>0.25mmol · L^{-1}处理，且各浓度间差异达显著水平；而磷低效品种根系磷百分含量在整个生育时期均表现为0.5mmol · L^{-1}处理>0.25mmol · L^{-1}处理>0mmol · L^{-1}处理，且各浓度间差异多达显著水平。

表5-2　不同磷浓度处理下各时期根系磷百分含量

处理		苗期	分枝期	开花期	结荚期	鼓粒期	成熟期
0mmol · L^{-1}	H	2.57b	1.93c	1.80c	1.63d	1.97d	1.90d
	L	1.93e	1.83c	1.77c	1.57d	1.63e	1.70e
0.25mmol · L^{-1}	H	2.33cd	2.23b	2.60b	2.67bc	2.53c	2.30c
	L	2.20d	2.40b	2.47b	2.43c	2.50c	1.77de
0.5mmol · L^{-1}	H	2.80a	2.87a	2.77a	3.37a	2.93a	3.13b
	L	2.50bc	2.93a	2.47b	3.13ab	2.77b	3.37a

注：表中数据表示两类型品种的平均值，小写字母表示在5%显著水平上差异，H代表磷高效品种，L代表磷低效品种

六、根系氮的百分含量

在大豆苗期、分枝期、开花期、结荚期、鼓粒期和成熟期取样，经烘干磨碎消煮

后测定得到根系氮百分含量（表5-3），整个生育时期内，除开花期和鼓粒期外，其他生育时期磷高效品种根系氮百分含量呈0.5mmol·L^{-1}>0mmol·L^{-1}>0.25mmol·L^{-1}磷处理的趋势，开花期和鼓粒期呈0.25mmol·L^{-1}>0mmol·L^{-1}>0.5mmol·L^{-1}磷处理的趋势，0mmol·L^{-1}磷浓度处理下，磷高效品种根系氮百分含量多高于磷低效品种。

从不同磷效率基因型大豆根系的氮百分含量看出（表5-3），整个生育时期，在0mmol·L^{-1}磷浓度处理下，除结荚期外，磷高效品种根系氮百分含量均高于磷低效品种，且在苗期、分枝期、开花期和鼓粒期差异达显著或极显著水平；0.25mmol·L^{-1}磷浓度处理下，磷高效品种根系氮百分含量在苗期和分枝期显著低于磷低效品种，开花期和成熟期显著高于磷低效品种；0.5mmol·L^{-1}磷处理下，磷高效品种根系氮百分含量在苗期、结荚期和成熟期显著或极显著高于磷低效品种，分枝期极显著低于磷低效品种。

与0.5mmol·L^{-1}磷浓度处理相比，大多数生育时期，磷高效品种的根系氮百分含量在0.25mmol·L^{-1}和0mmol·L^{-1}磷处理下有所下降。0.5mmol·L^{-1}磷浓度处理下磷高效品种最高氮百分含量出现在鼓粒期，而磷低效品种出现在结荚期；0.25mmol·L^{-1}磷浓度处理下两类型品种最高氮百分含量均出现在鼓粒期；0mmol·L^{-1}磷浓度处理下磷高效品种最高氮百分含量出现在开花期，而磷低效品种出现在结荚期。

表5-3　不同磷浓度处理下各时期根系氮百分含量

处理		苗期	分枝期	开花期	结荚期	鼓粒期	成熟期
0mmol·L^{-1}	H	1.77a	1.69c	3.64a	2.58ab	2.56a	1.89bc
	L	1.44bc	1.47d	1.76b	2.72a	1.42b	1.79bc
0.25mmol·L^{-1}	H	0.94d	1.49d	3.92a	2.40bc	2.68a	1.60c
	L	1.28c	1.93ab	1.54b	2.12c	2.39a	0.94d
0.5mmol·L^{-1}	H	1.68ab	1.79bc	2.10b	2.65ab	2.27a	2.50a
	L	1.27c	2.07a	2.03b	2.16c	2.71a	2.02b

注：表中数据表示两类型品种的平均值，小写字母表示在5%显著水平上差异，H代表磷高效品种，L代表磷低效品种

七、根系钾百分含量

在大豆苗期、分枝期、开花期、结荚期、鼓粒期和成熟期取样，经烘干磨碎消煮后测定得到根系钾百分含量（表5-4），整个生育时期内，不同磷浓度处理下，两类型品种大豆根系钾百分含量基本呈逐渐降低趋势。

整个生育时期，在0mmol·L^{-1}磷处理下，磷高效品种根系钾百分含量多高于磷

低效品种，且在分枝期和鼓粒期差异达显著水平；在0.25mmol·L^{-1}磷处理下，磷高效品种与磷低效品种差异较小；在0.5mmol·L^{-1}磷处理下，苗期磷高效品种根系钾百分含量显著高于磷低效品种，其他时期差异较小。

表5-4　不同磷浓度处理下各时期根系钾百分含量

处理		苗期	分枝期	开花期	结荚期	鼓粒期	成熟期
0mmol·L^{-1}	H	1.59b	1.53a	1.52a	1.32bc	1.39a	0.62bc
	L	1.64b	1.31b	1.38a	1.27c	0.97b	0.81abc
0.25mmol·L^{-1}	H	1.71b	1.66a	1.52a	1.57a	1.25ab	0.67bc
	L	1.64b	1.63a	1.52a	1.59a	1.36a	0.45c
0.5mmol·L^{-1}	H	2.01a	1.79a	1.58a	1.47ab	1.18ab	1.34a
	L	1.68b	1.69a	1.38a	1.61a	1.30a	1.18ab

注：表中数据表示两类型品种的平均值，小写字母表示在5%显著水平上差异，H代表磷高效品种，L代表磷低效品种

八、可溶性蛋白和可溶性糖含量

根部可溶性蛋白含量在整个生长过程中表现出单峰曲线，在R4（在0.5mmol·L^{-1}和0.25mmol·L^{-1}处理下）或R2（在0mmol·L^{-1}处理下）阶段达到峰值（图5-3）。与0.5mmol·L^{-1}处理相比，在0mmol·L^{-1}处理下根部可溶性蛋白含量显著降低。在0.5mmol·L^{-1}处理下，L13的根可溶性蛋白含量高于T3，但在磷胁迫处理下，其根可溶性蛋白含量较低。

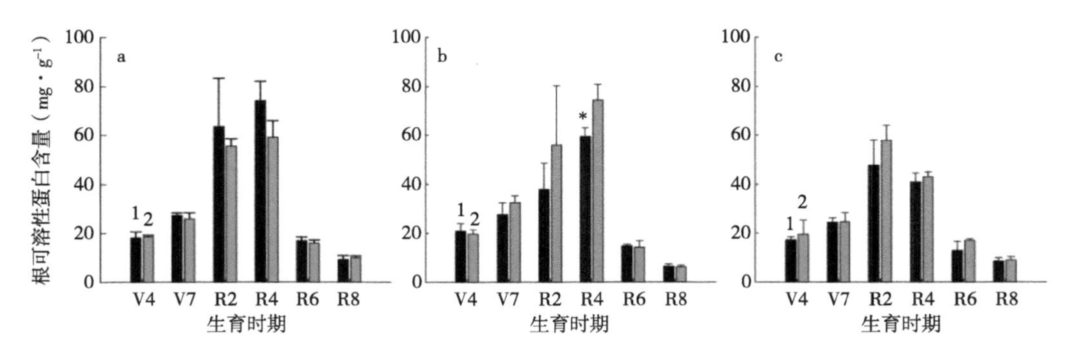

图5-3　在0.5mmoL·L^{-1}（a）常磷处理、0.25mmoL·L^{-1}（b）低磷处理和0mmoL·L^{-1}（c）无磷处理的磷浓度下，两类型大豆不同生长阶段的根可溶性蛋白质含量

注：1-L13；2-T3。*根据Tukey的检验，L13和T3之间存在显著差异（$P<0.05$）。V4. 苗期；V7. 分枝期；R2. 盛花期；R4. 盛荚期；R6. 鼓粒期；R8. 成熟期

总体上，在缺磷处理下，根可溶性糖含量略有变化（图5-4）。在V4阶段，不同大豆的磷含量之间，根可溶性糖含量的变化存在差异。相对于常磷处理，在两种缺磷处理下，L13根可溶性糖含量均显著增加，而在0.25mmol·L^{-1}处理下，T3的可溶性糖含量降低。

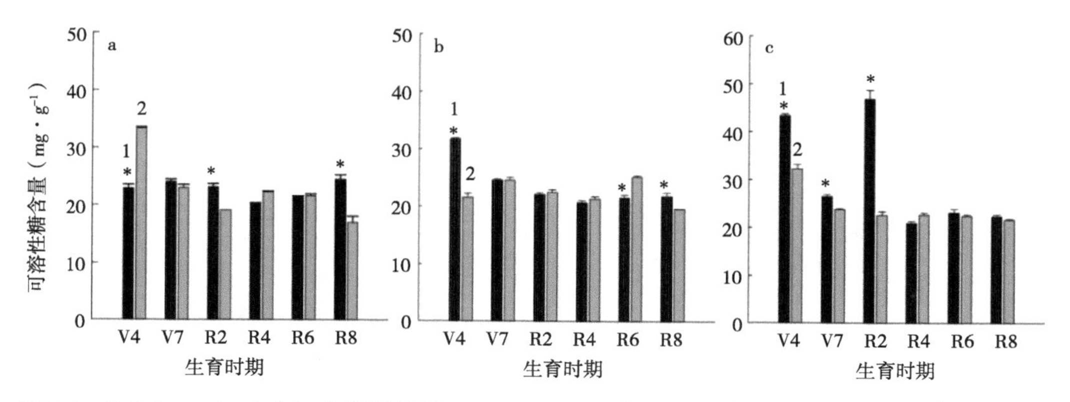

图5-4　在0.5mmoL·L^{-1}（a）常磷处理、0.25mmoL·L^{-1}（b）低磷处理和0mmoL·L^{-1}（c）无磷处理的磷浓度下，两类型大豆不同生长阶段的根可溶性糖含量

注：1-L13；2-T3。*根据Tukey的检验，L13和T3之间存在显著差异（$P<0.05$）

九、根中的抗氧化酶活性和MDA含量

磷缺乏对根系SOD活性的影响在不同的生育阶段和不同的大豆基因型之间是不一致的。L13根的SOD活性高于T3根（图5-5）。与0.5mmol·L^{-1}相比，L13根的SOD活性在0.25mmol·L^{-1}和0mmol·L^{-1}处理下显著下降，但在R4期略有不同。而T3根中的SOD活性在两种缺磷处理下，从V4到R2期增加，但在R4和R6降低。

通常，缺磷处理对大豆根部POD活性的影响在营养生长阶段（V4和V7）显示出增加的趋势，而在生殖生长后期（R4和R6）显示出下降的趋势。另外，POD活性的基因型差异很小。

在缺磷处理下，不同大豆根中的CAT活性发生了不同的变化。与0.5mmol·L^{-1}处理相比，在0.25mmol·L^{-1}处理下，L13根的CAT活性在除V7以外的大多数生长阶段均增加，而T3的CAT活性仅在V4和R4阶段增加。与对照相比，CAT活性在早期生长阶段（L13的V4、V7和R2，T3的V4）增加，但在0mmol·L^{-1}处理下，两个大豆品种的CAT活性在R4和R6阶段均降低。而且，L13在整个生长期的CAT活性都有相对稳定的变化，而T3在相邻阶段（例如V7和R2阶段）之间发生了急剧变化。

在缺磷处理下，V4阶段，两种大豆根部的MDA含量均增加，而在其他生长阶段则降低（图5-5）。在0.5mmol·L^{-1}条件下，两类型之间的MDA含量均未观察到显著差异，而在磷缺乏处理下，L13根的MDA含量低于T3。

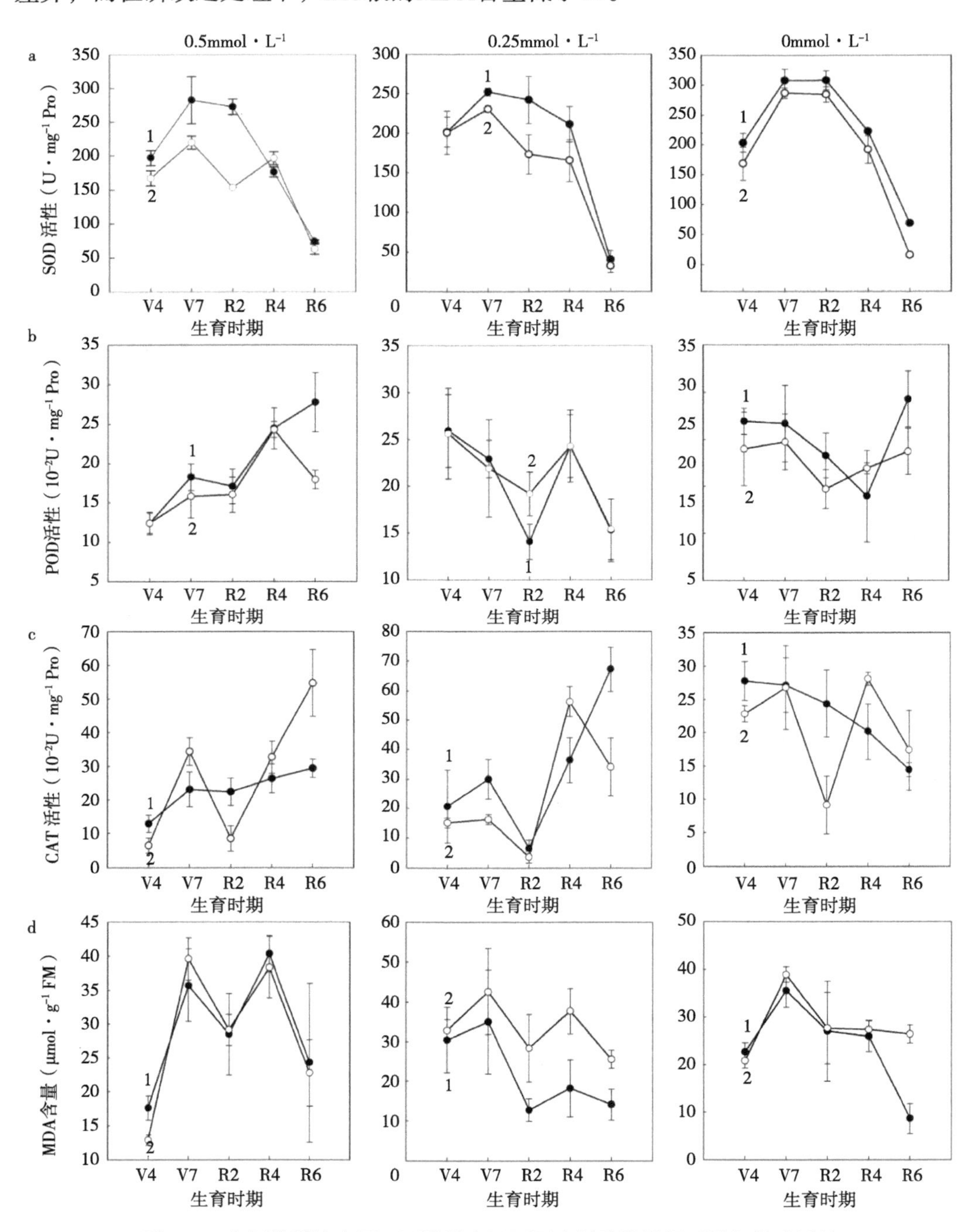

图5-5　在每种磷浓度下，两类型大豆不同生长阶段的根系抗氧化酶活性

注：1-L13；2-T3

十、根系中水解氨基酸含量

测试了16种根系水解氨基酸，结果表明不同磷浓度处理在天冬氨酸含量和总氨基酸含量方面存在显著差异（图5-6）。

不同磷浓度处理下，其他水解氨基酸含量呈现不同差异。0mmol·L^{-1}磷浓度处理下，磷高效基因型大豆根系多数氨基酸含量与磷低效基因型大豆的差异较小（图5-6a）。但有个别氨基酸在不同时期表达量较高，如在结荚期和鼓粒末期磷高效基因型品种根系的天冬氨酸含量显著高于磷低效基因型品种。磷高效基因型品种根系的半胱氨酸和缬氨酸含量在成熟期显著高于磷低效基因型品种。磷高效基因型品种根系的甲硫氨酸含量在鼓粒期和成熟期显著高于磷低效基因型品种。磷高效基因型品种的精氨酸含量在结荚期表达量极显著高于磷低效基因型品种。有个别氨基酸在不同时期表达量较低，磷高效基因型品种根系的丙氨酸含量除分枝期外，其他生育时期均低于磷低效基因型品种，且在开花期差异达显著水平（图5-6b）。磷高效基因型品种根系的半胱氨酸和缬氨酸含量在苗期表达量显著低于磷低效基因型品种。磷高效基因型品种根系的亮氨酸含量在鼓粒期和成熟期显著低于磷低效基因型品种（图5-6c），酪氨酸在苗期表达量显著低于磷低效基因型品种。

在0.25mmol·L^{-1}磷浓度处理下（图5-6d至图5-6f），除个别时期的氨基酸表达量磷低效基因型品种较高外，其他生育时期的均是磷高效基因型品种根系的氨基酸表达量高于磷低效基因型品种，且在开花期、鼓粒期和成熟期达显著或极显著水平。

0.5mmol·L^{-1}磷浓度处理下（图5-6g至图5-6i），两类型品种根系氨基酸表达量差异相对较小，仅在成熟期，磷高效基因型品种根系的天冬氨酸、谷氨酸、亮氨酸和赖氨酸的表达量显著高于磷低效基因型品种。在苗期磷高效基因型品种甲硫氨酸的表达量极显著高于磷低效基因型品种。

与0.5mmol·L^{-1}处理相比，0.25mmol·L^{-1}处理下，L13（在R2和R6阶段）的总氨基酸含量增加，而在生殖阶段（R4、R6和R8）的T3的总氨基酸含量降低（图5-7a和图5-7b）。而且，0mmol·L^{-1}处理提高了R2和R4阶段两个大豆品种的总氨基酸含量。

与总氨基酸含量相似，0.25mmol·L^{-1}处理下L13的天冬氨酸（Asp）含量增加，但T3的天冬氨酸（Asp）含量降低（图5-7c和图5-7d）。相反，在0mmol·L^{-1}处理下，两个大豆的整个生长阶段的Asp含量均比正常磷条件下显著增加。从V4到R6的每个生长阶段，L13的相应增量分别为61.3%、73.6%、294.8%、392.4%和239.8%。对于T3，从V4到R8的每个生长阶段相应的增量分别为54.1%、12.2%、335.9%、111.6%、6.3%和98.7%。此外，在不同磷浓度处理下，L13的Asp含量均高于T3。在低磷胁迫条件下，磷高效基因型大豆某些生糖氨基酸（天冬氨酸、半胱氨酸、缬氨酸和精氨酸）含量较高，说明低磷胁迫下，磷高效基因型大豆可能通过影响氨基酸来影响糖的合成途径，来响应低磷胁迫。

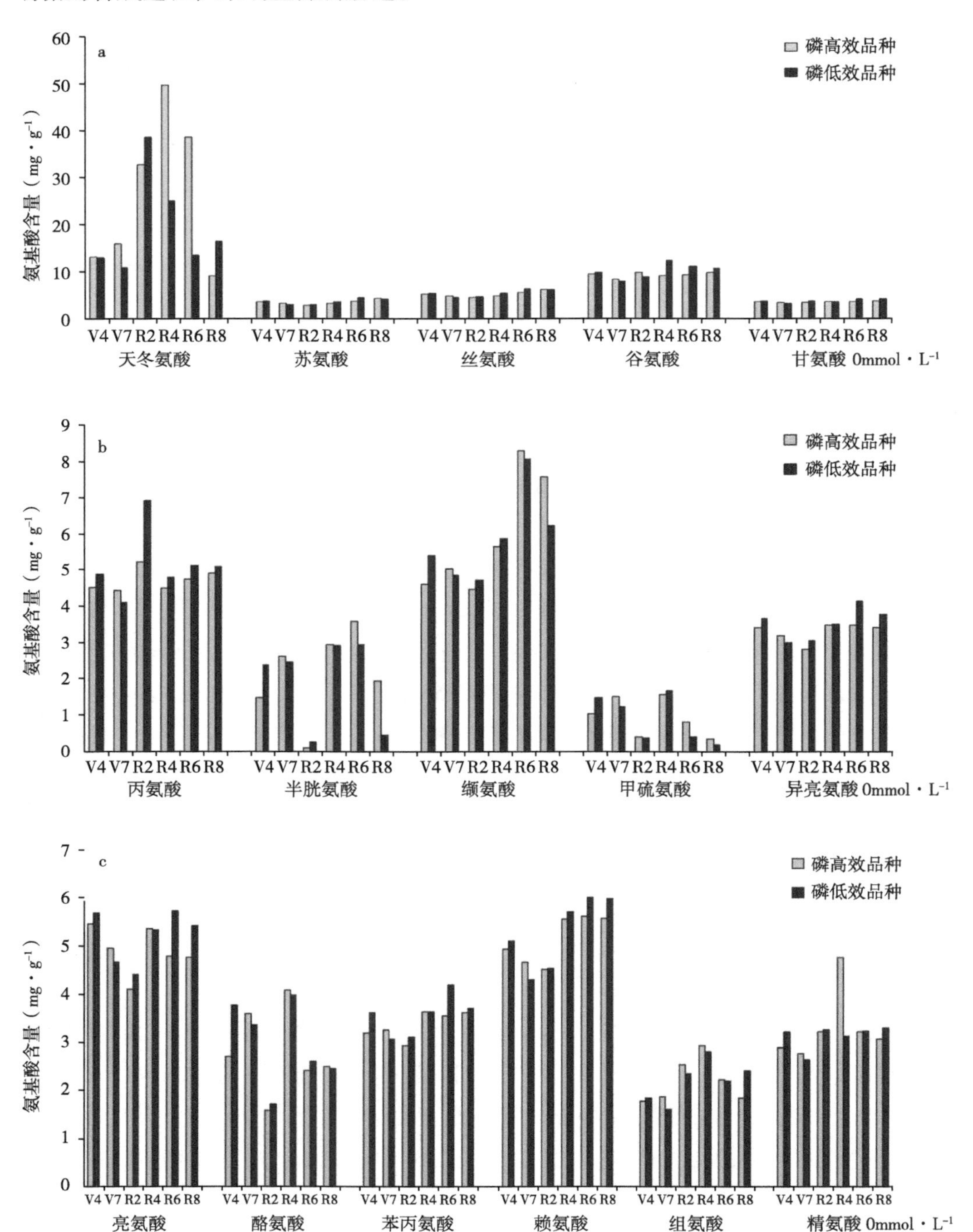

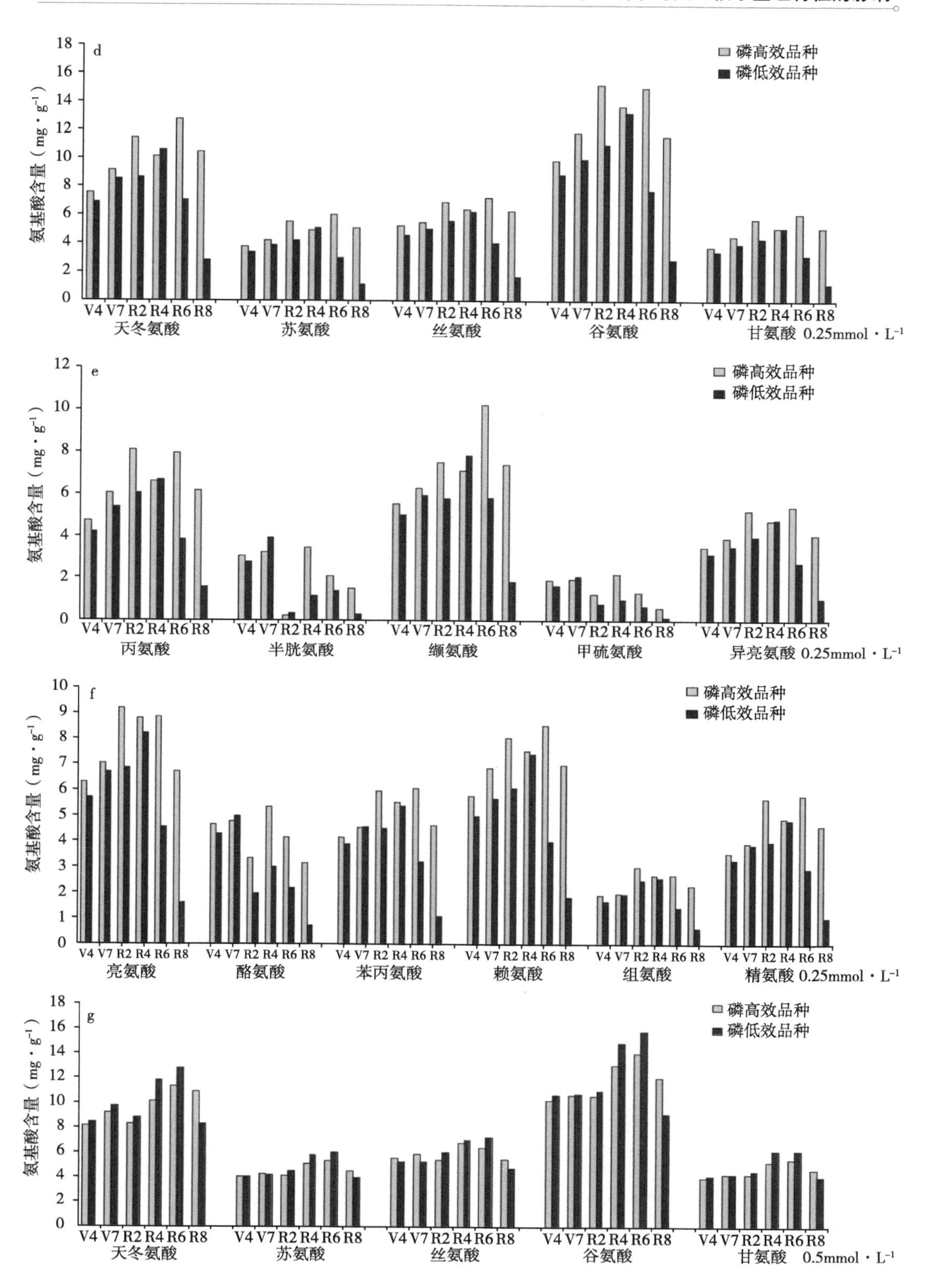
d
磷高效品种
磷低效品种
氨基酸含量（mg·g⁻¹）
V4 V7 R2 R4 R6 R8
天冬氨酸
苏氨酸
丝氨酸
谷氨酸
甘氨酸 0.25mmol·L⁻¹
e
丙氨酸
半胱氨酸
缬氨酸
甲硫氨酸
异亮氨酸 0.25mmol·L⁻¹
f
亮氨酸
酪氨酸
苯丙氨酸
赖氨酸
组氨酸
精氨酸 0.25mmol·L⁻¹
g
天冬氨酸
苏氨酸
丝氨酸
谷氨酸
甘氨酸 0.5mmol·L⁻¹

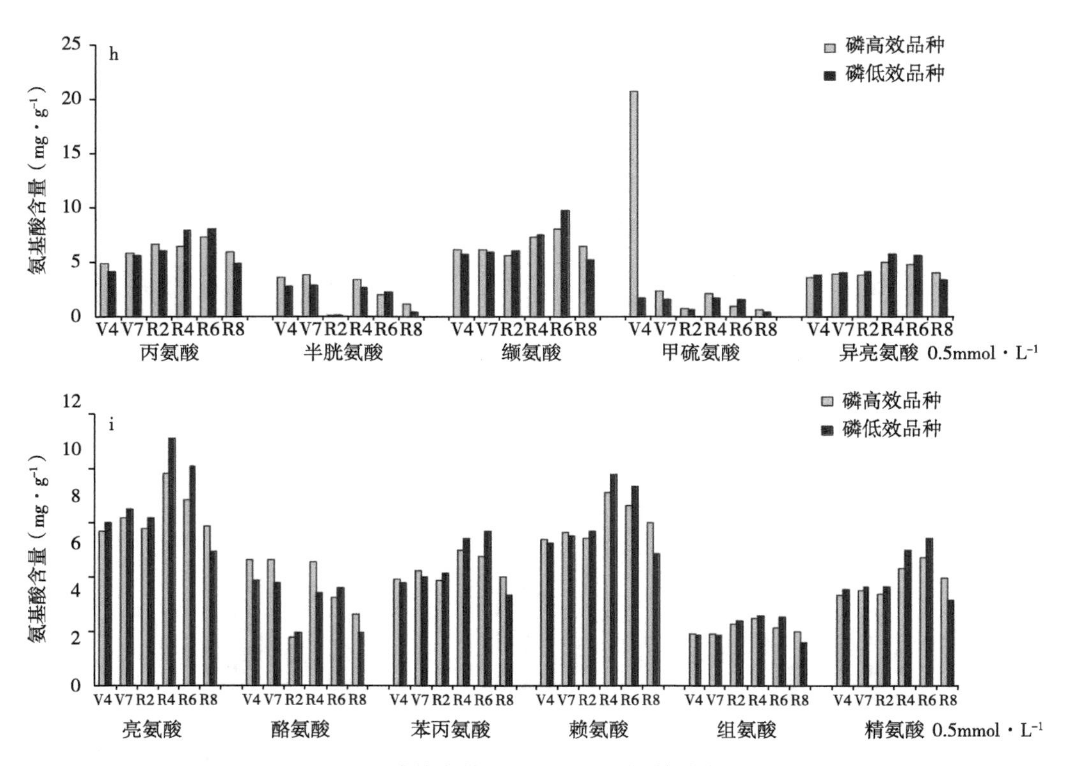

图5-6　不同磷效率基因型大豆根系氨基酸含量的比较

注：V4. 苗期；V7. 分枝期；R2. 开花期；R4. 结荚期；R6. 鼓粒期；R8. 成熟期

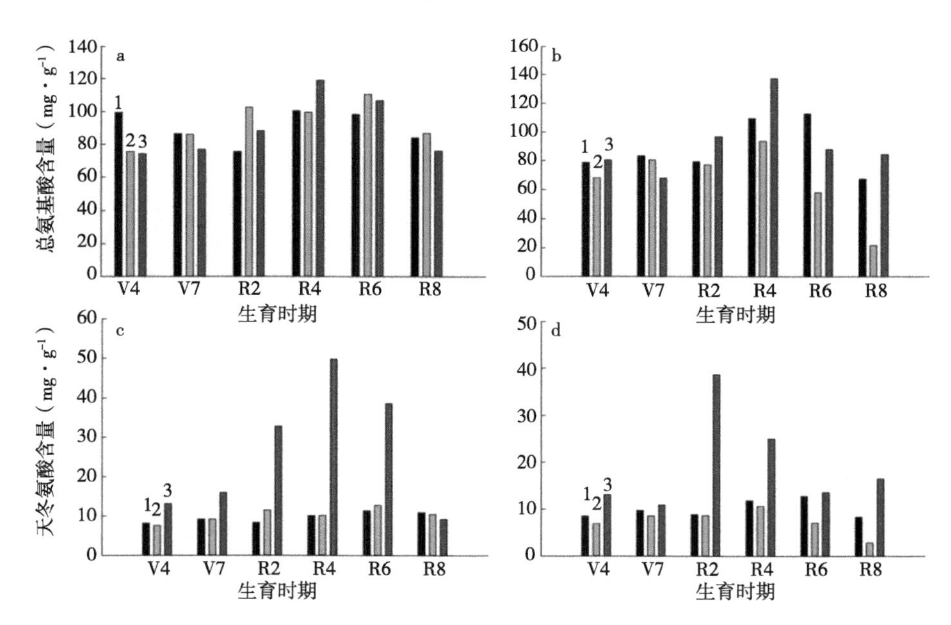

图5-7　在不同磷浓度下，L13（a，c）和T3（b，d）不同生长阶段的根氨基酸含量

注：1. 0.5mmol·L^{-1}；2. 0.25mmol·L^{-1}；3. 0mmol·L^{-1}

十一、根尖H^+流量和IAA流量

在0.5mmol·L^{-1}处理下，两个大豆品种的根尖分生组织区域均观察到H^+（图5-8a）和IAA（图5-8b）的流入。L13根的H^+转运速率显著高于T3。当遇到磷缺乏时，观察到显著的基因型差异，在L13中观察到H^+的释放，在0mmol·L^{-1}处理下的转运速率比在0.25mmol·L^{-1}处理下更快。在缺磷处理下，T3根中的IAA释放，而在0.25mmol·L^{-1}处理下，L13根的IAA流入速率增加。

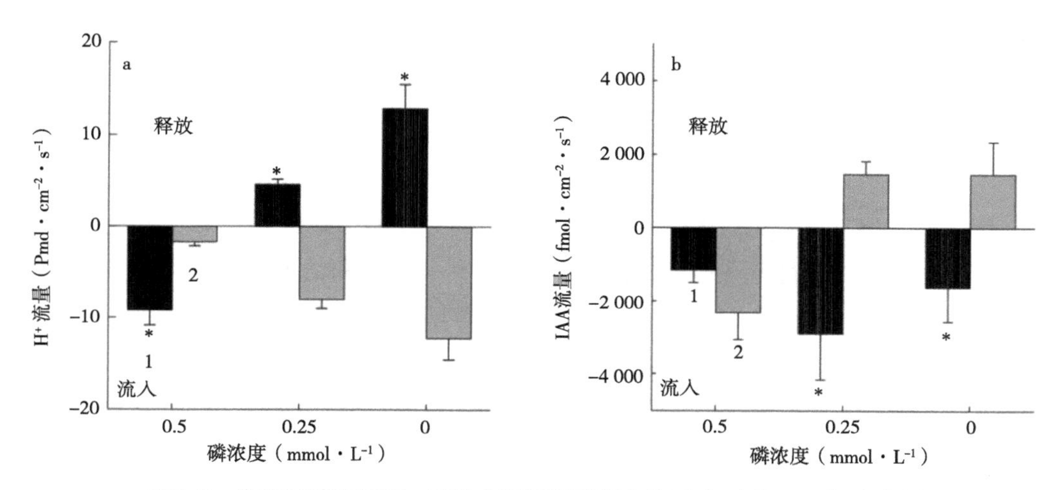

图5-8 在不同磷浓度下，两种大豆基因型根中的H^+（a）和IAA（b）通量

注：1-L13；2-T3。*根据Tukey的检验，L13和T3之间存在显著差异（$P<0.05$）

第六章　磷对大豆叶片保护系统的影响

第一节　磷对大豆叶片超氧化物歧化酶活性的影响

低磷处理下，磷高效品种的超氧化物歧化酶（SOD）活性除在开花期较低外，其他生育时期SOD活性变化较小（表6-1），且在分枝期和结荚期SOD活性极显著高于磷低效品种。而磷低效品种的SOD活性在鼓粒期到鼓粒末期下降较快，下降幅度达到17%。说明在低磷处理下，磷高效品种在整个生育时期可以保持较高水平的SOD活性，在生育后期叶片开始衰老时，仍能保持较高的抗氧化能力。在中磷和高磷处理下，从开花期到鼓粒期，磷高效品种在中磷处理下增加了87.9%，高磷处理下增加59.4%，而磷低效品种分别增加了120.4%和93.5%，鼓粒期到鼓粒末期，两类型品种SOD活性均有所下降，磷高效品种在中磷处理下降幅为11.1%，高磷处理下降幅为17.5%，磷低效品种降幅分别为20.8%和24.5%。

表6-1　磷效率基因型大豆不同生育时期超氧化物歧化酶的比较（$U \cdot g^{-1}FW$）

磷水平	分枝期		开花期		结荚期		鼓粒期		鼓粒末期	
	磷高效	磷低效	磷高效	磷低效	磷高效	磷低效	磷高效	磷低效	磷高效	磷低效
低磷	721.0Aa	470.8Ba	511.4ba	554.6aa	733.4Aa	534.9Bb	763.3Bb	869.1Ab	776.8aa	721.2aa
中磷	632.4ab	491.0ba	448.0ab	423.0ac	769.9Ba	862.6Aa	841.6Ba	932.2Aa	748.3aa	738.3aa
高磷	553.7ac	501.6aa	510.0aa	502.9ab	790.3Ba	851.3Aa	812.8Bab	973.1Aa	670.6ab	734.6aa

注：表中数据表示磷效率品种的平均值。数字后第一列不同大、小写字母表示在相同磷处理下不同磷效率品种平均值间的0.05和0.01水平上差异显著，数字后第二列字母表示同一磷效率品种在不同磷处理下0.05水平上的差异显著性。下同

与低磷处理相比，在中、高磷处理下，分枝期，磷高效品种的SOD活性随磷浓度

增加而逐渐下降，且差异达显著，磷低效品种的则有所增长；开花期，磷高效和磷低效品种的SOD活性均有所下降，且差异多达显著；从结荚期到鼓粒期，磷高效品种的SOD活性分别增加了7.7%和7.2%，而磷低效品种的分别增加了34.3%和35%；鼓粒末期磷高效品种的SOD活性逐渐下降，磷低效品种的则略有增长。说明生殖生长阶段，磷高效品种在3种磷处理下，均能保持较高SOD活性，并在生育后期叶片衰老时，也能保持较高SOD水平，而磷低效品种对磷浓度反应较敏感。

第二节　磷对大豆叶片过氧化氢酶活性的影响

两类型品种过氧化氢酶（CAT）见表6-2，在低磷处理下，磷高效品种的CAT活性在分枝期、开花期、鼓粒期和鼓粒末期高于磷低效品种，且在鼓粒期和鼓粒末期时差异达显著或极显著，磷高效品种的CAT从鼓粒期开始迅速下降，到鼓粒末期时下降了81.1%，而磷低效品种的在开花期就开始下降，到鼓粒末期时下降了90.0%，而中、高磷处理下，磷高效品种的CAT变化规律与低磷处理下相同，分别下降了58.7%和73.9%，而磷低效品种下降的时期推后，从鼓粒期开始下降，分别下降了98.3%和85.2%。

表6-2　磷效率基因型大豆不同生育时期过氧化氢酶活性的比较（$10^{-2}U\cdot mg^{-1}FW$）

磷水平	分枝期		开花期		结荚期		鼓粒期		鼓粒末期	
	磷高效	磷低效	磷高效	磷低效	磷高效	磷低效	磷高效	磷低效	磷高效	磷低效
低磷	7.7ab	6.0ab	10.7aa	10.6ab	10.0aab	10.0ab	11.1Aa	6.5Bb	2.1aa	1.0bb
中磷	10.3aa	9.9aa	10.4aa	10.7ab	9.7ab	10.5aa	10.9Ba	11.5Aa	2.5Aa	0.2Bc
高磷	8.5Bb	10.7Aa	9.2Bb	11.1Aa	10.6aa	10.7aa	11.1aa	11.5aa	2.9aa	1.7ba

从整个生育时期来看，除分枝期外，磷高效品种的CAT随磷浓度变化较小，而磷低效品种的CAT除鼓粒末期外，随磷浓度增加有所增长。由此看出，中高磷不但可以使磷高效品种生育后期CAT活性下降减缓，而且可以使磷低效品种的CAT活性下降时期延迟。

第三节　磷对大豆叶片过氧化物酶活性的影响

不同磷效率品种的过氧化物酶（POD）活性列入表6-3。低磷处理下，在分枝期和开花期磷高效品种的POD活性低于磷低效品种，到了结荚期以后，磷高效品种的POD活性极显著高于磷低效品种。在中磷处理下，开花期磷高效品种POD活性极显著低于磷低效品种，且其POD活性在鼓粒期期达到最高值，而磷低效品种在鼓粒末期达到最高。高磷处理下，磷高效品种的POD活性在分枝期和开花期低于磷低效品种，在结荚期到鼓粒末期高于磷低效品种，且差异达显著或极显著。

表6-3　磷效率基因型大豆不同生育时期过氧化物酶活性的比较（$10^{-2}U \cdot mg^{-1}FW$）

磷水平	分枝期		开花期		结荚期		鼓粒期		鼓粒末期	
	磷高效	磷低效	磷高效	磷低效	磷高效	磷低效	磷高效	磷低效	磷高效	磷低效
低磷	17.8Bb	21.1Aa	18.5Ba	21.4Ab	33.2Aa	25.0Ba	67.5Aa	41.3Bb	49.6Aa	26.9Bb
中磷	20.3aa	18.6aa	15.2Bb	22.6Aa	28.0ac	25.0aa	60.9Aa	39.2Bc	43.6Ba	61.7Aa
高磷	18.5ab	19.8aa	16.2Bb	20.3Ac	30.4Ab	23.0Ba	62.5Aa	48.4Ba	44.6aa	27.8bb

与低磷处理相比，在中磷处理下磷高效品种的POD活性除分枝期外其他生育时期均有所下降，磷低效品种则在分枝期和鼓粒期有所下降，在开花期和鼓粒末期有所增长，且差异达显著。与低磷处理相比，在高磷处理下磷高效品种的POD活性除分枝期外其他生育时期均有所下降，磷低效品种除鼓粒期和鼓粒末期外其他生育时期也均有所下降，说明低磷胁迫下磷高效品种POD活性较强。

第四节　磷对大豆叶片脯氨酸含量及外渗电导率的影响

自20世纪50年代Kemple等人发现受旱黑麦草叶片中游离脯氨酸积累以来，人们对各种逆境条件下植物体内脯氨酸的累积现象进行了详细地研究。研究指出，脯氨酸在作物细胞内是一种无毒的良好渗透调节剂，可以降低细胞渗透势，抵抗外界水分胁迫，有利于植物抵抗不良环境，植物体内脯氨酸含量可作为植物抗逆能力的指标。逆境胁迫能刺激植物体内脯氨酸（PRO）的增加。PRO的增加主要来源于氧化受抑、合成受激和蛋白质合成受阻3个方面。然而，迄今有关逆境条件下PRO积累的详细代谢调控过程和直接触发因子问题还不清楚。而对低磷胁迫下植物体内其他氨基酸的变化情况研究还较少，试验结果亦不太一致。

图6-1结果显示，不同基因型大豆叶片中脯氨酸含量在磷素胁迫下升高。在两个磷处理水平下4个大豆品种脯氨酸含量平均值分别为13.3%、7.7%、142.6%和35.2%。总的趋势是磷高效基因型的脯氨酸变化大于磷低效基因型。

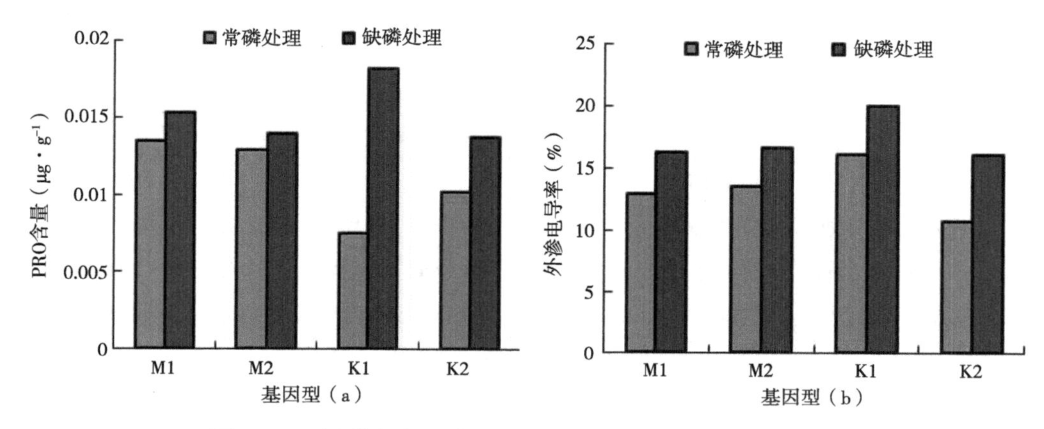

图6-1　不同磷素水平对大豆叶片脯氨酸、外渗电导率的影响

本试验的对外渗电导率的测定结果如图6-1b所示，磷素胁迫下，各品种间外渗电导率增加，增加幅度分别为26.4%、22.6%、23.9%和30.1%。但增加的幅度上基因型间没有差异。作物受到逆境（干旱、盐渍、低温、营养等）胁迫，细胞质膜受损，细胞对内容物（以电解质为代表）失去控制，电解质大量外渗，外渗液中电导率则增大。已知磷是细胞质膜的组成成分，缺磷会导致细胞质膜的透性增加（Ratnayake et al，1978）。

在真核细胞中，膜结构占整个细胞干重的70%～80%。生物膜主要由蛋白质和磷脂组成。蛋白质占60%～65%，磷脂25%～40%。由于磷脂分子的体积比蛋白质分子的小得多，因此生物膜中的脂类分子的数目总是远多于蛋白质分子的数目。磷脂分子与蛋白质分子的比为50：1左右。所以，磷素对植物的质膜以及内膜作用巨大。

第五节　磷对大豆叶片丙二醛含量的影响

磷高效和磷低效品种生育过程中，叶片膜脂过氧化产物丙二醛（MDA）含量呈逐渐增加的趋势（表6-4）。低磷处理下，与磷低效品种相比，磷高效品种的膜脂过氧化程度较轻，表现为磷高效品种的MDA含量显著或极显著的低于磷低效品种。中磷处理下，除结荚期外，其他生育时期均为磷高效品种的MDA含量低于磷低效品种。高磷处理下，磷高效品种MDA含量均低于磷低效品种。从整个生育时期来看，与低磷处理相比，在中、高磷处理下磷高效品种的MDA含量平均分别下降了10.0%和4.8%，磷低效品种的平均分别下降了20.9%和17.9%。说明磷高效品种的MDA含量对磷浓度变化较钝感，并且整个生育时期的膜脂过氧化程度都较小，能更好地清除体内的过氧化物。

表6-4　磷效率基因型大豆不同生育时期丙二醛含量的比较（nmol · g^{-1}FW）

磷水平	分枝期		开花期		结荚期		鼓粒期		鼓粒末期	
	磷高效	磷低效	磷高效	磷低效	磷高效	磷低效	磷高效	磷低效	磷高效	磷低效
低磷	285.5ba	383.9aa	388.8Ba	545.6Aa	379.5Ba	520.0Aa	338.4Bb	530.8Aa	466.1Ba	582.9Aa
中磷	258.0Ba	380.3Aa	293.1Bc	370.8Ab	363.2aab	330.1ac	398.5ba	453.6ab	404.8ab	462.9ab
高磷	285.3Ba	400.3Aa	333.8ab	359.3ab	320.1Bb	420.3Ab	361.8Bab	455.5Ab	425.2aab	429.2ab

第七章　磷对大豆光合特性的影响

第一节　磷对大豆叶绿素含量的影响

叶绿素是光合作用中的重要色素，担负着光合作用过程中原初反应时对太阳光量子的捕捉和传递，叶绿素a还有作为中心色素传递电子的作用。对叶绿素的研究是植物逆境生理研究中的基本指标。由图7-1可知，大豆叶片的叶绿素变化随生育进程的推进，各处理的大豆叶片叶绿素含量在达到最大展开叶之后达到最大值，此时光合能力最强，而后，叶绿素即开始分解，其含量均逐渐降低。大豆的叶片寿命较短，随生育时期的推进，下部叶片会由于上部叶片遮光荫蔽，营养生长与生殖生长竞争等原因而脱落。常磷条件下，大豆叶片的寿命能维持在55d左右，低磷条件下大豆叶片的平均寿命在47d左右，说明磷胁迫下大豆叶片寿命会缩短85.5%左右。图7-1还表明，低磷条件下，各基因型展开叶叶绿素含量低于对照，说明磷素对叶绿素的合成有影响。

从不同生育时期来看，砂培处理条件下，锦豆33的叶绿素含量在不同磷浓度处理下基本呈逐渐升高的趋势，在结荚期叶绿素含量最高，在0.5mmol · L^{-1}磷浓度处理下，这种升高的趋势较大（表7-1）。

铁丰3号的叶片叶绿素含量不同生育时期没有较一致的变化趋势（表7-1），在低磷（0mmol · L^{-1}）和高磷（2.0mmol · L^{-1}）磷浓度处理下，铁丰3号的叶绿素含量呈升高趋势。

分枝期到结荚期大豆叶片叶绿素含量差异较大，即在不同磷浓度处理间（P=0.000 1）、品种间（P≤0.001 1）、品种和磷浓度处理互作间（P=0.002）差异均达到了极显著水平。两类型品种的叶绿素含量也表现有差异（图7-1）。在0.5mmol · L^{-1}处理下，磷高效品种叶绿素较高，叶片较绿，而铁丰3号1.0mmol · L^{-1}磷浓度处理下叶片较绿。整体来看，磷高效品种锦豆33的叶绿素含量高于铁丰3号

（表7-1）。尤其在2.0mmol·L^{-1}高磷浓度处理下，磷高效品种锦豆33叶绿素含量极显著高于磷低效品种铁丰3号，平均高33.7%。

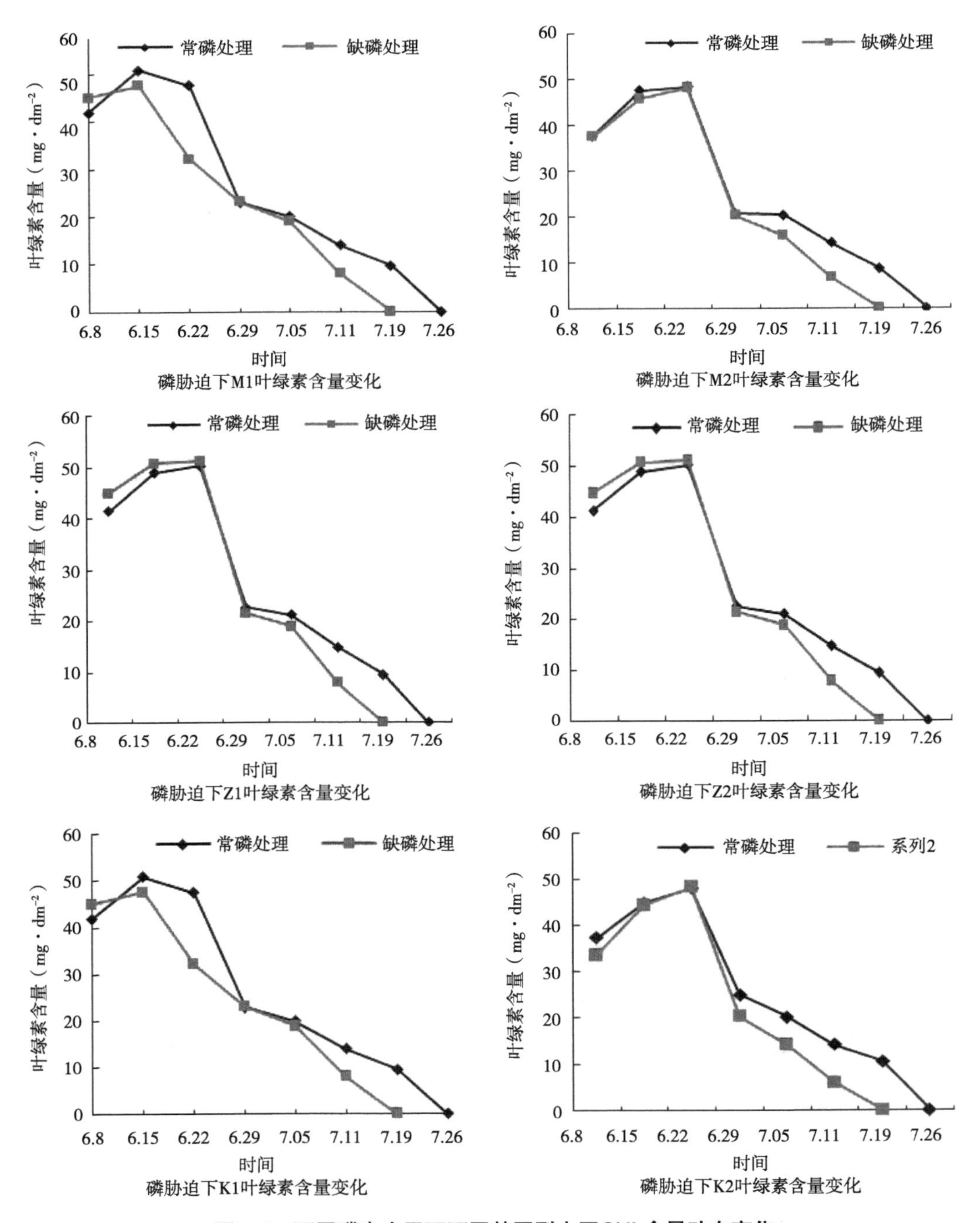

图7-1　不同磷素水平下不同基因型大豆CHL含量动态变化

表7-1　锦豆33和铁丰3号叶绿素含量（$mg \cdot g^{-1}FW$）

磷处理浓度（$mmol \cdot L^{-1}$）	品种	分枝期	开花期	结荚期
0.0	锦豆33	1.90cd	1.80de	2.20d
	铁丰3号	1.75de	1.65e	2.18d
0.5	锦豆33	2.23b	2.94a	3.50a
	铁丰3号	1.58f	2.68b	2.40c
1.0	锦豆33	2.37b	1.82de	2.90b
	铁丰3号	2.54a	1.85d	2.65c
1.5	锦豆33	1.59ef	2.11c	2.57c
	铁丰3号	2.02c	2.20c	1.96d
2.0	锦豆33	1.39g	1.46f	2.11d
	铁丰3号	1.04h	1.08g	1.70e
均值	锦豆33	1.90	2.02	2.66
	铁丰3号	1.78	1.89	2.18

第二节　磷对大豆叶片含水量的影响

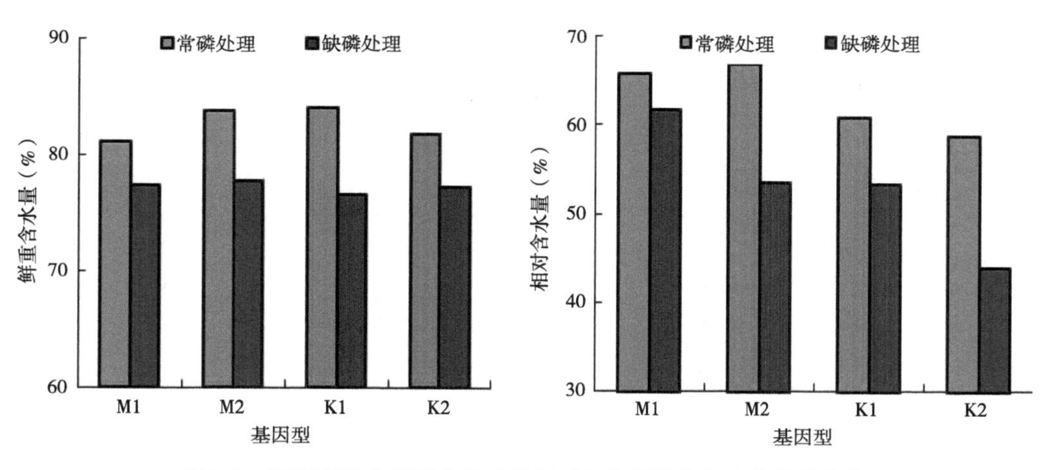

图7-2　不同磷素水平下大豆叶片相对含水量及饱和含水量的变化

相对含水量和饱和含水量是反映植物水分状况的指标，在本试验中则反应磷对大豆从外界吸收水分、大豆体内的水分运输与分配以及大豆对水分的利用情况。如

图7-2所示，磷素胁迫下叶片内的含水量下降，磷低效基因型鲜重含水量的变化平均降低5.86%，磷高效基因型鲜重含水量的变化平均降低7.16%。磷素胁迫下，相对含水量的变化磷低效基因型平均降低16.21%，磷高效基因型平均降低15.36%。方差分析表明，水分变化情况与磷胁迫有关，与基因型间无关。在低磷条件下，大豆叶片含水量都明显下降，这可能是缺磷能够改变细胞原生质的黏度和弹性，降低细胞内胶体水合程度和束缚水含量，从而影响组织和细胞的保水能力，以及根系生长受阻和根系比表面积降低的结果。

第三节　磷对大豆叶型及叶面积指数的影响

一、叶型指数的变化

对大豆缺磷症状的描述，李志刚（2004）认为有的教科书上为“大豆缺磷叶色浓绿，叶片尖窄直立。生长缓慢，植株矮小。开花后叶呈棕色斑点，根瘤发育不良”。本试验对大豆的叶形变化作了研究，结果见表7-2，由表可知，在磷素胁迫下，只有披针形叶片K1品种的叶形比有所增加，且达到极显著水平，其他3个卵圆形叶片品种的叶形指数均未发生明显变化。可见磷胁迫对叶片形状的影响与磷素基因型无关，而与叶片形状基因型有关。有些教科书的描述对长叶品种正确，对圆叶品种并不恰当。而有的教科书上描述为“大豆缺磷时，叶片可能变成深绿色或蓝绿色，叶片向上卷曲，呈尖角状”更为恰当，即缺磷时大豆叶片出现“杯形叶”。

表7-2　叶形指数方差分析

基因型	平均	5%显著水平	1%极显著水平
K1	1.791 4	A	A
K2	1.462 9	B	B
M2	1.451 3	B	B
M1	1.403 8	B	B

二、叶面积指数的变化

叶面积指数是指群体的总绿色叶面积与该群体所占据的土地面积的比值，它是群体组成大小和植株生长繁茂程度的重要参数。众多的研究证明，适当地增大叶面积指数是现阶段提高大豆产量的主要途径之一。叶面积指数的大小与品种的株型、生育时期、种植密度以及土壤肥力、肥水管理措施等有密切关系。

从出苗到成熟，大豆群体的叶面积指数有一个发展过程，随着叶片陆续出现和营养体增长，叶面积指数逐渐增大，大约在结荚前后达到高峰；后来，随着下部叶片逐渐变黄脱落，叶面积指数又逐渐下降，直至成熟期叶片完全脱落。叶面积指数随生育进程的消长动态大致呈一抛物线。它的峰值过小，即光合面积小，不能截获足够的光能；峰值过大，则中、下部叶片被遮阴，光合效率低或变黄脱落。许多研究者（胡明祥等，1980；常耀中等，1981）指出，大豆群体的叶面积指数过大过小或猛升陡降均难获得高产。大豆高产田，一般始花期前叶面积要稳健增长，结荚期前后叶面积指数达到最大值，鼓粒至成熟期要尽量延长叶片的寿命，使叶面积指数缓慢下降，以增加干物质的积累。董钻（1988）和胡明祥（1980）认为适宜的叶面积指数是大豆高产稳产的基础，在一定的条件下，叶面积指数越大，产量就越高。

董钻等（1979）在沈阳对8个大豆品种进行了研究，结果表明，最大叶面积指数在3.07～6.04内，与生物产量和经济产量的相关性均达到了极显著水平。王滔等（1981）对夏大豆丰收黄进行了5个不同处理的研究，结果表明，最大叶面积指数在2.3～4.8内，与籽粒产量呈正相关。多数研究者认为，大豆要获得3 000～4 125kg·hm^{-2}的产量水平，最大叶面积指数应在5～6或稍大于6。

对于高产大豆群体来说，除了良好的叶面积指数动态和适宜的最大叶面积指数外，较大叶面积指数所持续的天数也是不可忽视的（图7-3）。从图7-3可以看出，产量3 375kg·hm^{-2}左右的大豆群体，其叶面积指数大于4的天数，少的在30d，多的达50d。可见，大豆出苗后70～90d叶面积指数达到最大值，且叶面积指数>4的时间维持在40d左右对于大豆高产是必需的。

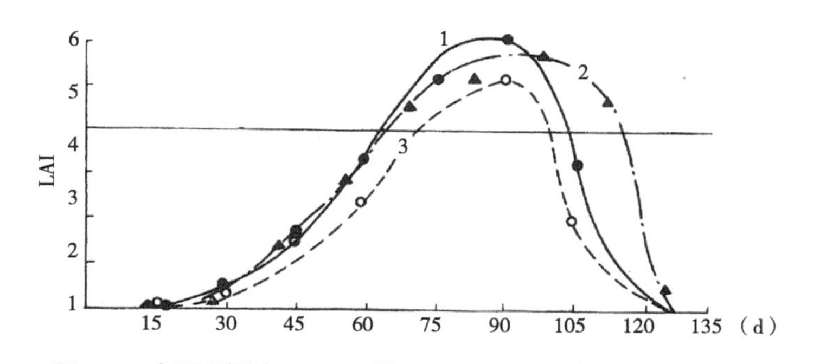

图7-3　大豆公顷产3 375kg的LAI>4的天数（董钻等，1981）

注：1. 铁丰183 629kg·hm^{-2}；2. 开育3号3 234kg·hm^{-2}；3. 开育8号3 318kg·hm^{-2}

郑洪兵等（2008）研究了不同年代大豆品种群体叶面积指数随育成年代的变化（图7-4），发现在R2、R4和R6期群体叶面积指数均随着育成年代呈线性增加，1923—2005年分别增加了34.23%、24.84%和36.69%。研究结果还表明，在R2、R4和R6期老品种、中期品种和新品种的单株叶面积生育时期变化基本一致，均在R4期表现最大值，然后随着生育进程的推进逐渐减少，新老品种相比较表现规律为，新品种>中期品种>老品种，3个时期新品种比老品种分别高出21.63%、28.91%和32.54%。老品种单株不同冠层叶面积变化不大，中层和上层较大，下层较小，整个冠层结构呈伞形；新品种以中下层叶面积较大而上层较小，植株冠层结构呈宝塔形。董钻（1988）和宋力平（1994）研究表明，宝塔形的冠层结构既有利于通风透光又能有效的延长叶片的功能期。王继安等（2000）的研究认为，大豆叶面积的冠层结构特性与产量和农艺性状密切相关，上层叶面积小利于通风透光而中下层叶面积大利于延长光照时间。

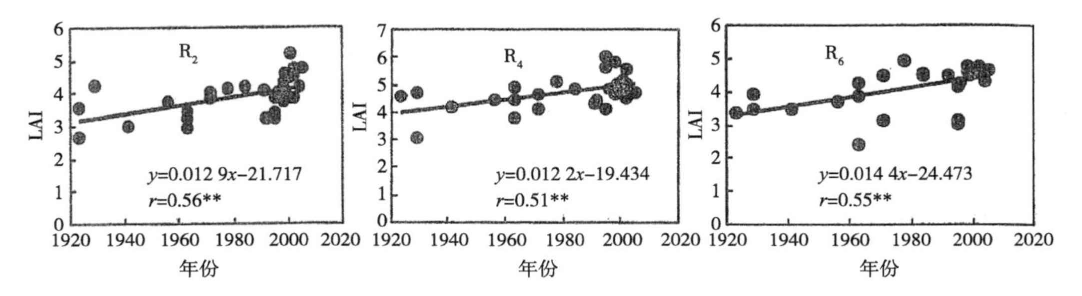

图7-4　大豆品种群体叶面积指数随育成年代的变化（郑洪兵等，2008）

第四节　磷对大豆光合参数的影响

一、光合生理生化特性的变化

在不同生育时期测定了大豆净光合速率（*Pn*），并计算了叶源量。在低磷处理下，磷高效品种的*Pn*大于磷低效品种，除鼓粒期外两者的差异均达显著或极显著水平，分枝期和鼓粒末期磷高效品种的*Pn*分别比磷低效品种高39.7%和25.4%，且在生育后期（R5至R6期）磷高效品种*Pn*下降较缓，磷低效品种下降幅度较大，达到10.6%（表7-3）。中磷处理下，整个生育时期，磷高效品种的*Pn*呈逐渐下降趋势，磷低效品种的*Pn*变化呈“S”形曲线；磷高效品种的*Pn*大于磷低效品种，在分枝期和鼓粒末期差异达显著。在高磷处理下，磷高效品种的*Pn*在开花期显著下降，结荚期到鼓粒末期其Pn变化较小。磷低效品种的Pn从开花期逐渐下降。

整个生育时期间，与低磷处理相比，在中磷和高磷处理下，供试品种的净光合速率（Pn）均有所增长，磷高效品种分别平均增长8.7%和10.9%，磷低效品种分别增长18.4%和27.1%。中磷处理使磷高效和磷低效品种在分枝期、开花期和鼓粒期的Pn显著提高。高磷处理使磷高效品种鼓粒期的Pn显著提高，使磷低效品种分枝期、开花期、鼓粒期和鼓粒末期的Pn显著提高（表7-3）。

表7-3　不同生育时期大豆磷效率基因型品种净光合速率和叶源量的比较

类型	磷水平	净光合速率（$\mu molCO_2 \cdot m^{-2} \cdot s^{-1}$）					叶源量（$\mu molCO_2 \cdot d^{-1} \cdot s^{-1}$）
		分枝期	开花期	结荚期	鼓粒期	鼓粒末期	
磷高效	低磷	16.9 ± 3.7A b	14.9 ± 3.1a b	16.4 ± 1.9a a	15.0 ± 3.4ns b	14.8 ± 1.8A a	126.7 ± 17.1A
	中磷	18.6 ± 2.9a a	17.6 ± 4.6ns a	17.2 ± 2.4ns a	16.8 ± 2.6ns a	15.4 ± 2.5a a	182.7 ± 22.9ns
	高磷	18.4 ± 3.5ns ab	15.0 ± 4.3ns b	16.9 ± 3.0ns a	16.7 ± 2.3ns a	16.3 ± 1.9ns a	194.1 ± 24.3ns
磷低效	低磷	12.1 ± 1.5B b	12.4 ± 2.6b b	14.8 ± 7.8b a	13.2 ± 2.6ns b	11.8 ± 1.7B b	104.8 ± 7.8B
	中磷	16.3 ± 2.5b a	15.1 ± 4.4ns a	16.3 ± 2.8ns a	15.3 ± 3.1ns a	13.3 ± 0.7b b	172.6 ± 5.4ns
	高磷	17.2 ± 3.1ns a	17.5 ± 5.1ns a	17.0 ± 3.0ns a	15.3 ± 1.9ns a	14.3 ± 4.0ns a	202.8 ± 8.9ns

注：表中数据表示同类磷效率品种的平均值。第一列不同大小写字母表示在0.01和0.05水平上差异显著，ns表示在相同磷处理下不同磷效率品种平均值间差异不显著；±后的数值表示标准差；数字后第二列字母表示同一磷效率品种在不同磷处理下0.05水平上的差异显著性。

在低磷处理下，磷高效品种的叶源量极显著高于磷低效品种。与低磷处理相比，在中磷和高磷处理下，磷高效品种和磷低效品种的叶源量有所增长，磷高效品种分别增长44.2%和53.3%，磷低效品种分别增长64.7%和93.5%。说明与磷低效品种相比，磷处理对磷高效品种的影响相对较小，并在低磷处理下，也能保持较强光合碳同化能力。而磷低效品种在高水平磷下，才能发挥较高的光合同化能力。

磷高效品种具有较高的蒸腾速率（图7-5），不同磷处理对磷高效品种的蒸腾速率影响有所不同，而对磷低效品种来说，与低磷处理相比，中磷和高磷处理可增加其蒸腾速率。

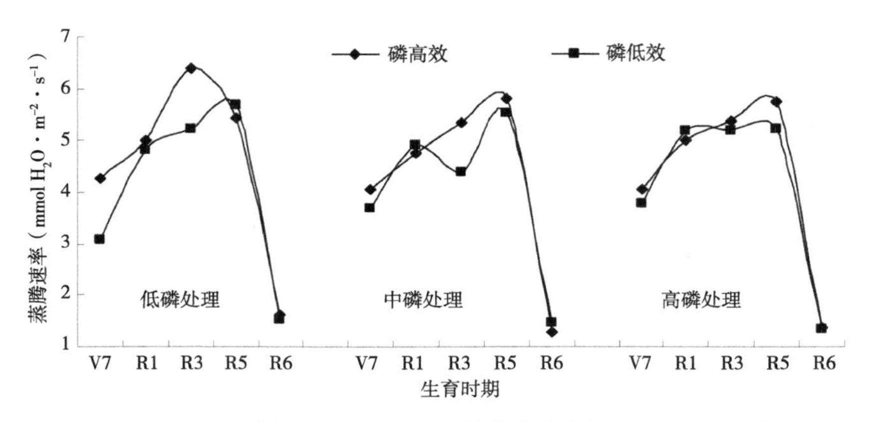

图7-5　不同磷效率基因型大豆叶片的蒸腾速率（敖雪，2009）

注：V7. 分枝期；R1. 开花期；R3. 结荚期；R5. 鼓粒期；R6. 鼓粒末期。下同

从光合速率日变化来看，开花期不同磷效率基因型品种均未有明显的午休现象（图7-6），与磷低效品种相比，磷高效品种在午前均具有较高的净光合速率。磷高效品种的净光合速率在低磷处理下仍较高，而磷低效品种在高磷处理下具有较高净光合速率。与低磷处理相比，中磷和高磷处理使磷高效品种的净光合速率在12：15—13：30有所下降，而磷低效品种的则不断增加。在一天当中，与低磷处理相比，中磷和高磷处理使磷高效品种净光合速率增加的幅度较小。结荚期，低磷处理下，不同磷效率基因型品种均有午休现象（图7-7），且磷高效品种的净光合速率仍较高。与低磷处理相比，中磷和高磷处理可增加磷高效品种8：30—12：30的净光合速率，降低磷低效品种12：30的净光合速率，增加供试品种17：15时的净光合速率。鼓粒期磷高效品种的净光合速率较高（图7-8），中磷处理下，不同磷效率基因型品种在12：15出现午休现象，高磷处理使两类型品种净光合速率与低磷处理相比均有所增长，但磷低效品种增幅较大。

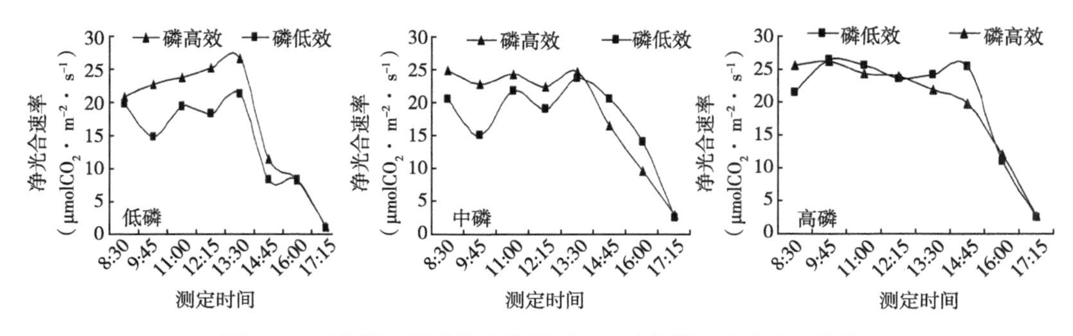

图7-6　开花期不同磷效率基因型大豆叶片的光合速率日变化

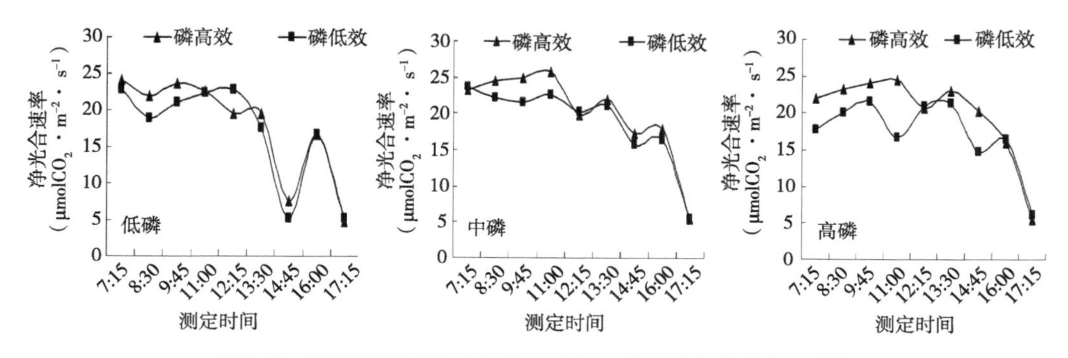

图7-7 结荚期不同磷效率基因型大豆叶片的光合速率日变化

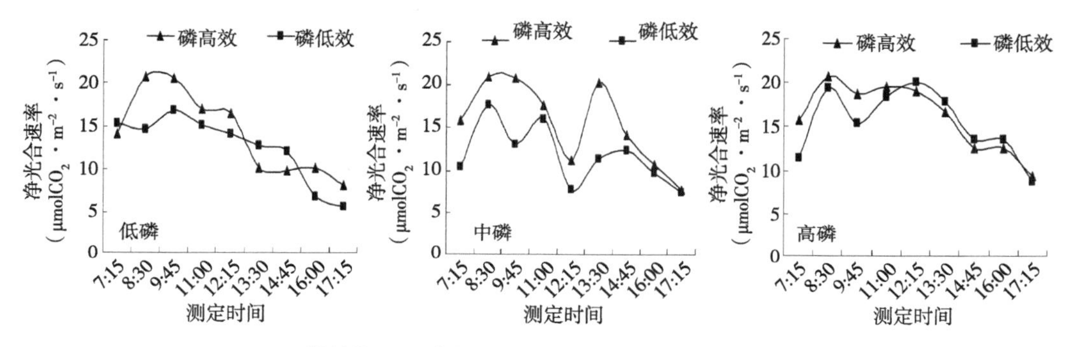

图7-8 鼓粒期不同磷效率基因型大豆叶片的光合速率日变化

气孔导度（G_s）代表光合作用底物CO_2在气相中传输的能力。低磷处理下，不同生育时期磷高效品种的G_s均高于磷低效品种（图7-9）且除开花期外差异均达极显著；磷高效品种的G_s在结荚期开始下降，下降7.0%。磷低效品种在开花期后即开始下降，下降44.4%。中磷处理下，不同生育时期磷高效品种的G_s也均高于磷低效品种，且在结荚期和鼓粒期差异达极显著；从开花期到鼓粒期，磷高效品种的G_s下降了8%，磷低效品种则下降44.8%。高磷处理下，结荚期和鼓粒期，磷高效品种的G_s高于磷低效品种，且从开花期到鼓粒期磷高效和磷低效品种的G_s分别下降13.4%和27.5%。

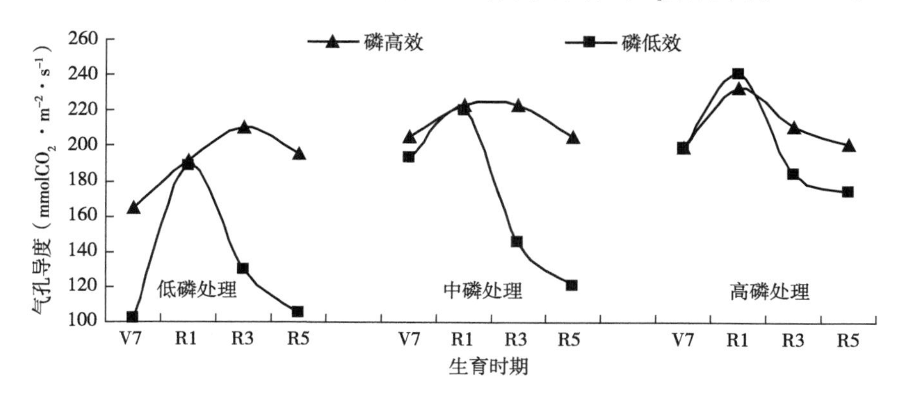

图7-9 不同磷效率品种气孔导度的比较

与低磷处理相比，中磷和高磷处理下，供试品种不同生育时期的G_s有所增长（表7-4）。中、高磷处理下磷高效品种的G_s在分枝期和开花期显著高于低磷处理。磷低效品种的G_s在不同生育时期均随磷浓度增加而增加，且在分枝期、开花期和鼓粒期差异达显著。说明磷浓度增加有助于增强光合作用底物CO_2在气相传输的能力。磷胁迫条件下，高效品种相对较高和较晚降低CO_2传输能力，改善了光合作用，增强了物质形成能力。

表7-4　不同生育时期两类型品种气孔导度的比较

类型	磷水平	分枝期	开花期	结荚期	鼓粒期
磷高效	低磷	164.9 ± 22.2A b	191.7 ± 21.7ns b	210.0 ± 14.3A a	195.3 ± 31.7A a
	中磷	205.0 ± 23.4ns a	223.7 ± 15.5ns a	223.7 ± 21.0A a	205.7 ± 18.9A a
	高磷	199.2 ± 31.9ns a	232.8 ± 32.7ns a	210.9 ± 21.7ns a	201.6 ± 19.0ns a
磷低效	低磷	101.9 ± 21.7B b	188.0 ± 6.6ns c	130.2 ± 34.3B a	104.5 ± 11.8B b
	中磷	193.3 ± 17.1ns a	220.0 ± 21.3ns b	145.3 ± 17.7B a	121.3 ± 21.9Ba b
	高磷	199.2 ± 9.6ns a	240.8 ± 15.6ns a	184.7 ± 35.4ns a	174.6 ± 37.4ns a

从图7-10中看出，低磷处理下，磷高效品种的胞间二氧化碳浓度（C_i）除开花期外其他生育时期均低于磷低效品种，且在鼓粒期和鼓粒末期差异达显著。中磷处理下，磷高效品种的C_i在分枝期极显著低于磷低效品种，其他生育时期两者差异较小。高磷处理下，磷高效和磷低效品种的C_i整个生育时期变化趋势相同，且差异均未达显著。

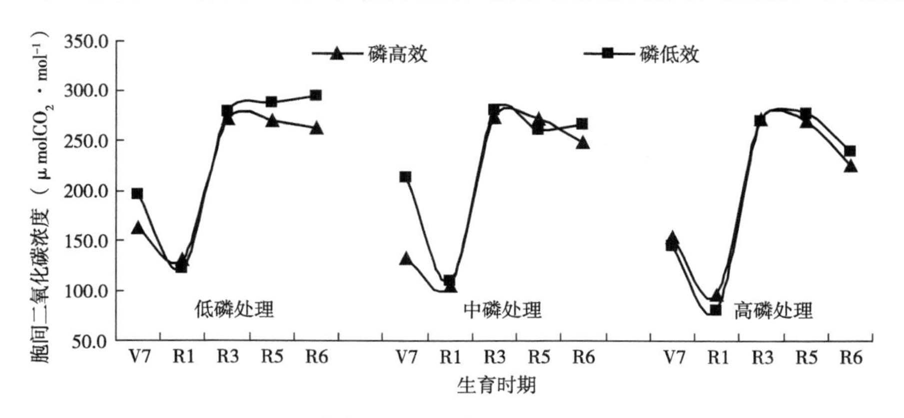

图7-10　不同磷效率品种细胞间隙二氧化碳浓度的比较

不同生育时期，不同磷处理对不同磷效率品种的C_i影响见表7-5。与低磷处理相比，分枝期，磷高效品种的C_i在中磷和高磷处理下有所下降，而磷低效品种的C_i在中磷处理下增加，在高磷处理下降低，但差异均未达显著；开花期，供试品种的C_i均随磷浓度增加而下降，但在3种磷处理下，变化较小；结荚期，磷高效品种的C_i随磷浓度增高，变化较小，磷低效品种的C_i在中磷和高磷处理下，有所下降，且在中磷处理下差异达显著；鼓粒末期，磷高效和磷低效品种的C_i在高磷处理下显著下降。

表7-5 不同生育时期两类型品种细胞间隙二氧化碳浓度的比较

类型	磷水平	分枝期	开花期	结荚期	鼓粒期	鼓粒末期
磷高效	低磷	162.4 ± 66.4ns a	131.4 ± 43.9ns a	270.9 ± 20.1ns a	269.7 ± 17.6b a	262.8 ± 19.9b a
	中磷	132.4 ± 31.4B a	105.1 ± 45.4ns a	273.2 ± 25.4ns a	271.0 ± 11.6ns a	248.3 ± 18.6ns ab
	高磷	153.2 ± 68.8ns a	96.1 ± 64.9ns a	271.7 ± 37.7ns a	268.9 ± 16.6ns a	225.8 ± 51.1ns b
磷低效	低磷	195.7 ± 63.1ns a	121.4 ± 43.9ns a	278.0 ± 18.0ns a	286.2 ± 10.2a a	293.2 ± 27.5a a
	中磷	213.0 ± 78.1A a	110.2 ± 62.3ns a	279.3 ± 16.8ns a	259.8 ± 28.1ns b	265.7 ± 35.8ns ab
	高磷	145.0 ± 80.4ns a	79.0 ± 69.4ns a	268.5 ± 31.7ns a	277.2 ± 16.1ns ab	239.8 ± 31.1ns b

二、水分、气孔与胞间CO_2浓度与光合速率的相关分析

气孔是作物叶片与外界进行气体交换的通道。低磷胁迫条件下气孔关闭时光合速率和气孔导度的变化均同作物品种耐低磷特性有关。一方面可以降低蒸腾速率，减少作物体内水分散失，另一方面也阻止了大气CO_2进入叶片。现就水分、气孔与胞间CO_2浓度与光合速率进行相关分析。

由表7-6可知，在低磷胁迫下，大豆叶片的光合速率与气孔导度间存在着极显著相关，胞间CO_2浓度与光合速率显著相关，光合速率与蒸腾速率显著相关，胞间CO_2浓度与气孔导度极显著相关，蒸腾速率与气孔导度极显著相关，蒸腾速率与胞间CO_2浓度显著相关。

表7-6 光合变化率、气孔导度、胞间CO_2浓度和蒸腾速率的相关分析

	光合变化率	气孔导度	胞间CO_2浓度
气孔导度	0.937 873**		
胞间CO_2浓度	0.837 875*	0.964 46**	
蒸腾速率	0.882 977*	0.964 14**	0.896 087*

注：*代表显著正相关；**代表极显著正相关

如将瞬时水分利用效率用式（7-1）表示则为，即蒸腾1mol水分所同化的

CO_2μmol数。根据式（7-1），计算了不同施磷水平下大豆叶片的瞬时水分利用效率（表7-7）。表7-7表明，低磷胁迫会使瞬时水分利用效率显著下降。各个基因型间表现不同，磷高效基因型瞬时水分利用效率较高，磷低效基因型的瞬时水分利用效率相对较低。其机理（Hsiao，1973）可能是光合速率随气孔导度的下降而下降，主要是由于气孔关闭阻止了CO_2进入叶片所致。

$$\text{瞬时水分利用效率}=\frac{\text{净光合速率}（CO_2\mu mol \cdot m^{-2} \cdot s^{-1}）}{\text{蒸腾速率}（H_2Omol \cdot m^{-2} \cdot s^{-1}）} \quad （7-1）$$

表7-7　不同施磷水平下大豆叶片的瞬时水分利用效率

	P20	P0	P1/P0
M1	2.553 191	2.098 765	0.822 016
M2	2.435 897	2.099 533	0.861 914
Z1	2.248 806	2.124 352	0.898 877
Z2	2.549 02	2.394 285	0.939 296
K1	2.253 711	2.123 711	0.942 317

第五节　磷素对大豆光合产物的影响

在不同生育时期测定了供试品种叶片可溶性糖含量（图7-11）。低磷处理下，磷高效品种的叶片可溶性糖含量在开花期达到最大值，而后逐渐下降，磷低效品种在开花期达到最高后急剧下降，而后又升高，除结荚期外磷高效品种均低于磷低效品种，且在开花期达极显著差异。中磷处理下，磷高效品种的叶片可溶性糖含量依然在开花期达到峰值后逐渐下降，磷低效品种在结荚期达到峰值后下降，在开花期磷高效品种极显著高于磷低效品种，在结荚期和鼓粒期显著或极显著低于磷低效品种。高磷处理下，磷高效和磷低效品种的可溶性糖均在结荚期达到峰值后下降。磷高效品种的可溶性糖含量在整个生育时期均低于磷低效品种，且除分枝期外此差异达显著或极显著。

磷处理对供试品种叶片可溶性糖含量影响也有所不同（表7-8）。与低磷处理相比，中磷和高磷处理下，分枝期，磷高效和磷低效品种的叶片可溶性糖含量略有增长；开花期，在中磷处理下磷高效品种的叶片可溶性糖含量略有增长，磷低效品种则显著下降，在高磷处理下，磷高效和磷低效品种的叶片可溶性糖含量均显著下降；结荚期磷高效品种在中磷和高磷处理下略有下降，而磷低效品种则显著增加；鼓粒期，中、高磷处理下磷高效品种依然有所下降，磷低效品种有所增长，且在中磷处理下差异达显著。

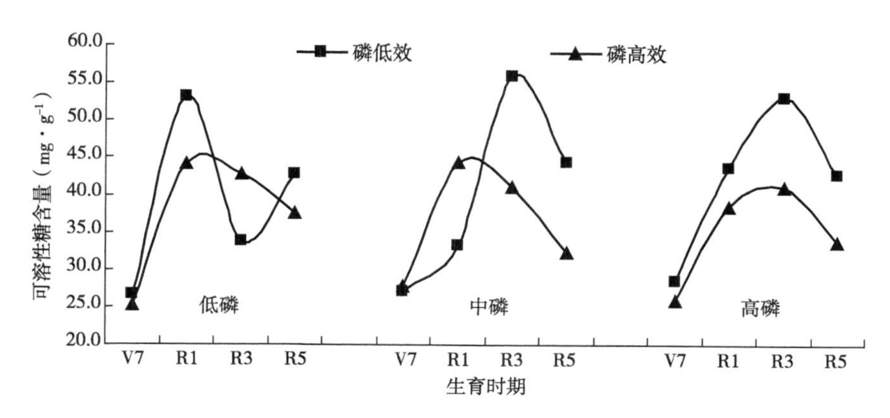

图7-11　不同磷效率品种叶片可溶性糖含量的比较

表7-8　不同生育时期两类型品种叶片可溶性糖含量的比较

类型	磷水平	分枝期	开花期	结荚期	鼓粒期
磷高效	低磷	25.2 ± 3.3ns a	44.2 ± 5.8B a	42.8 ± 4.6a a	37.4 ± 5.6ns a
	中磷	27.7 ± 4.2ns a	44.5 ± 5.3A a	41.1 ± 4.9B a	32.2 ± 1.3b b
	高磷	26.0 ± 5.7ns a	38.6 ± 4.7b b	41.0 ± 3.7B a	33.8 ± 5.2B ab
磷低效	低磷	26.6 ± 5.5ns a	53.2 ± 3.7A a	33.7 ± 2.7b b	42.7 ± 6.0ns a
	中磷	27.2 ± 3.0ns a	33.1 ± 2.5B c	56.0 ± 3.1A a	44.5 ± 8.7a a
	高磷	28.5 ± 2.4ns a	43.7 ± 4.0a b	53.0 ± 4.0A a	42.8 ± 3.0A a

在不同生育时期测定了供试品种叶片淀粉含量（图7-12）。低磷处理下，在分枝期和开花期磷高效品种的叶片淀粉含量低于磷低效品种，且差异达显著和极显著，生育后期（结荚期到鼓粒期）磷高效品种略高于磷低效品种。中磷处理下，开花期磷高效品种的叶片淀粉含量显著高于磷低效品种，其他生育时期均低于磷低效品种。高磷处理下，分枝期到结荚期磷高效品种的叶片淀粉含量低于磷低效品种，鼓粒期高于磷低效品种，且在开花期差异达显著。

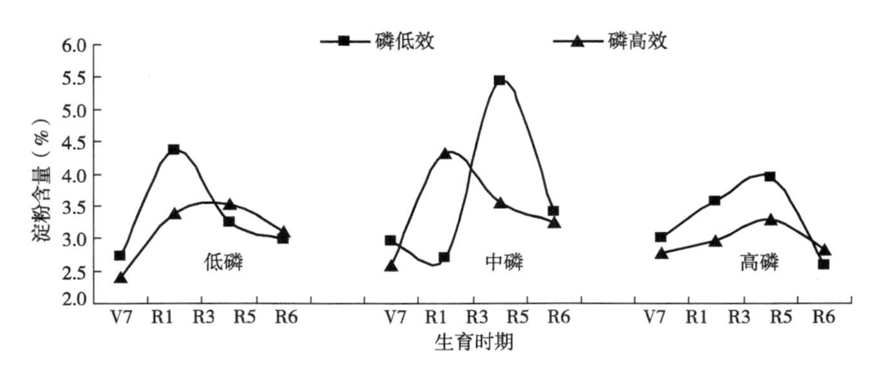

图7-12　不同磷效率品种叶片淀粉含量的比较

磷处理对供试品种叶片淀粉含量影响也有所不同（表7-9），与低磷处理相比，中磷和高磷处理下，分枝期，磷高效和磷低效品种的叶片淀粉含量均有所增长；开花期，中磷处理下磷高效品种的叶片淀粉含量增加，高磷处理下其含量下降，而磷低效品种中磷处理的下降较多，高磷处理的下降幅度相对较小；结荚期，磷处理对磷高效品种的叶片淀粉含量影响较小，中磷处理可以显著提高磷低效品种的叶片淀粉含量；鼓粒期不同磷效率品种的叶片淀粉含量在中磷处理下都有所增长，而在高磷处理下含量有所下降。

表7-9　不同生育时期两类型品种叶片淀粉含量的比较

类型	磷水平	分枝期	开花期	结荚期	鼓粒期
磷高效	低磷	2.4 ± 0.2B a	3.4 ± 1.2b ab	3.5 ± 1.7ns a	3.1 ± 2.0ns a
	中磷	2.6 ± 0.6ns a	4.3 ± 1.9a a	3.6 ± 0.9b a	3.2 ± 0.8ns a
	高磷	2.8 ± 0.3ns a	3.0 ± 0.8b b	3.3 ± 1.2ns a	2.8 ± 1.1ns a
磷低效	低磷	2.7 ± 0.1A a	4.4 ± 0.2a a	3.2 ± 0.2ns b	3.0 ± 0.1ns ab
	中磷	3.0 ± 0.7ns a	2.7 ± 0.2b c	5.4 ± 2.2a a	3.4 ± 0.4ns a
	高磷	3.0 ± 0.1ns a	3.6 ± 0.3a b	3.9 ± 0.4ns ab	2.6 ± 1.0ns b

第六节　磷对大豆农艺性状和产量的影响

一、株高

与低磷处理相比，中磷和高磷处理下，磷高效品种和磷低效品种的株高均有所增长，但幅度均较小，差异未达显著水平（图7-13）。

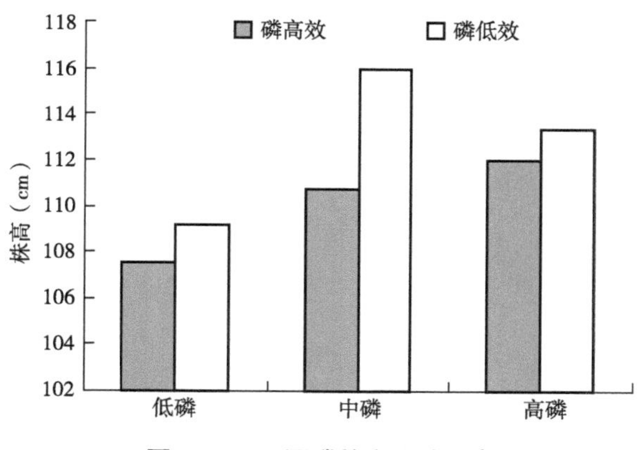

图7-13　不同磷效率品种株高

二、结荚高度

将结荚高度两年平均值作图。由图7-14可知，低磷处理下，磷高效品种结荚高比磷低效品种的低10.5%；中磷处理下，磷高效品种的结荚高比磷低效品种的高2.2%；高磷处理下，磷高效品种的结荚高比磷低效品种的低11.1%。与低磷处理相比，中磷和高磷处理下，磷高效和磷低效品种的结荚高度均有所下降，磷高效品种在中磷处理时，下降幅度较小；磷低效品种在中、高磷处理分别下降了13.0%和3.6%。

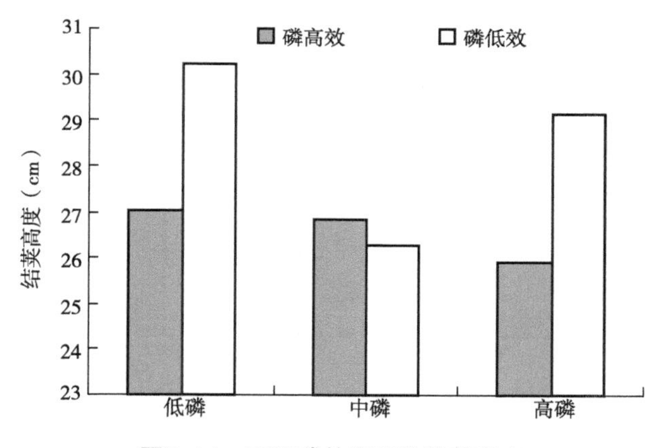

图7-14　不同磷效率品种结荚高度

三、分枝数

由图7-15可知，3种磷处理下，磷高效品种的分枝数均高于磷低效品种，分别高8.8%、27.2%和9.0%。与低磷处理相比，中磷和高磷处理降低了两类型大豆品种的分枝数，磷高效品种分别降低了9.5%和8.8%，磷低效品种分别降低了22.5%和8.9%。

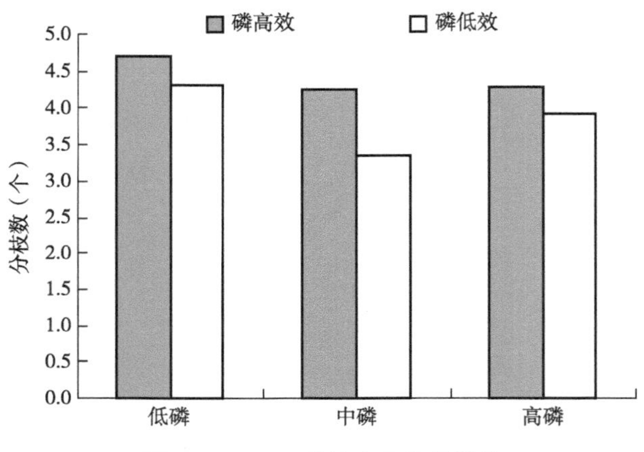

图7–15　不同磷效率品种分枝数

四、单株荚数

由图7-16可知，3种磷处理下，磷高效品种的单株荚数均高于磷低效品种，平均高7.2%。与低磷处理相比，中磷和高磷处理下，磷高效和磷低效品种的单株荚数均有所增长，其中磷高效品种分别增长7.3%和8.0%，磷低效品种均增长3.6%。

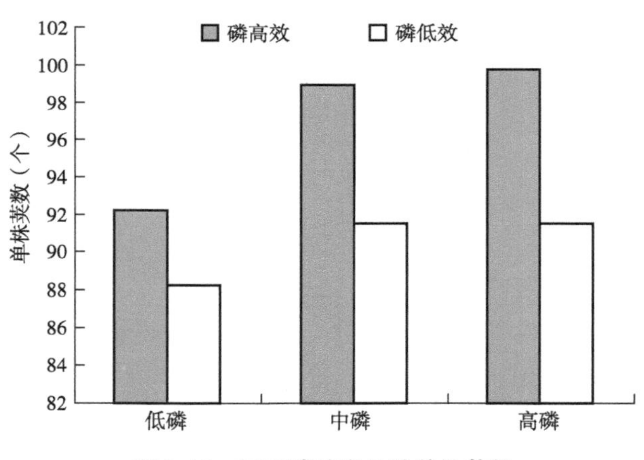

图7–16　不同磷效率品种单株荚数

五、粒茎比

从粒茎比（图7-17）可以看出，3种磷处理下，磷高效品种的粒茎比均高于磷低效品种，平均分别高25.5%、25.5%和13.4%。与低磷处理相比，磷高效品种的粒茎比在中磷处理下有所增长，高磷处理下略有下降，而磷低效品种均有所增长，但幅度都比较小。

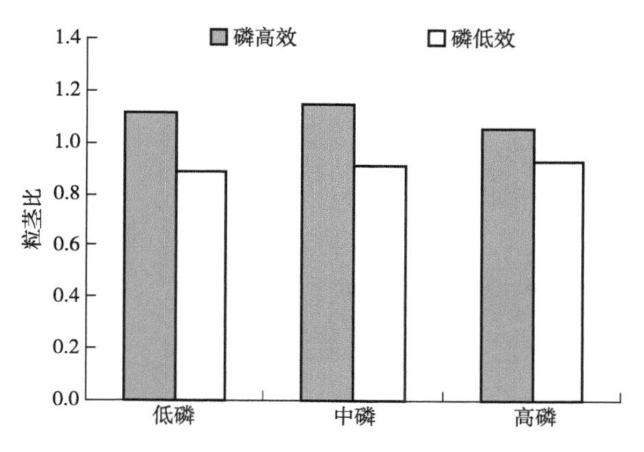

图7-17 各磷处理下不同磷效率品种粒茎比

六、磷素和农艺性状的关系

1. 磷营养效率与生育时期的关系

大豆不同品种的生育时期存在差异，这种差异与其磷效率的差异是否有关呢？图7-18的结果表明生育时期与大豆的磷效率有关。

在磷胁迫时，磷高效基因型和磷低效基因型大豆的始花期都会发生变化，磷高效基因型平均提早0.333d，磷低效基因型平均提早3.0d；终花期磷高效基因型平均提早4.31d，磷低效基因型平均提早3.08d；成熟期磷高效基因型延迟3.59d，磷低效基因型延迟6.74d。可见，低磷胁迫对生育时期的影响程度在不同基因型间存在差异。

Wissuwa等（2001）在水稻上的研究认为生育时期的基因型的差异对水稻的磷累积量影响很小。但也有与此不同的结果，Major等（1993）发现在磷胁迫条件下成熟的天数可用来筛选高产的菜豆基因型。但从总体上讲，在能够正常成熟的情况下，生育时期与磷效率是无关的。本研究证明，缺磷对不同品种大豆成熟期的推迟程度是不同的。由此可推断成熟期推迟的程度与大豆的磷效率有关。原因可能是在土壤供磷充足的情况下，作物幼苗期吸收的磷可达整个生长期吸收磷总量的50%，而此时干物质积累量只有整个生长期的25%，磷供应充足，促进作物的快速发育，提早成熟。由于生长发育的速率不同，缺磷作物比磷供应充足的作物成熟慢，供磷充足的作物提早成熟。由于磷在植物生长和代谢中的功能，所以缺磷导致，包括细胞分裂和扩展、呼吸作用和光合作用等大多数代谢过程普遍降低（Terry & Ulrich，1973）。Pi在叶片的光合作用和碳水化合物代谢中的调节功能可看作是限制植物生长的主要因素之一，尤其是在生殖生长时期。在这一时期，供磷水平调节着叶片中淀粉/蔗糖比例和光合产物在源（Source）叶和生殖器官间的分配（Giaquinta & Quebedeaux，1980）。这种生殖生长时期的延长无疑会尽可能多的生成籽粒产量，对作物种的延续有重要意义。

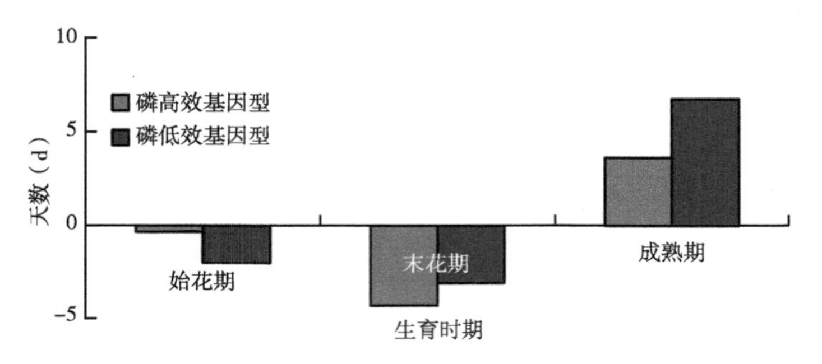

图7-18　大豆生育时期与磷效率的关系

2. 磷营养效率与株高的关系

不同磷效率基因型在不同磷素水平下株高的变化如图7-19所示。由图7-19可知，低磷胁迫下，不同基因型大豆的株高变化趋势不同，磷高效基因型在磷胁迫下的植株高度虽有下降，但下降幅度小于磷低效基因型，两类基因型株高变化的相关程度不同，磷高效基因型相关系数为0.703 3，是极显著相关；磷低效基因型相关系数为0.450，是显著相关。由此可知磷营养效率与大豆的株高有较为密切的关系。

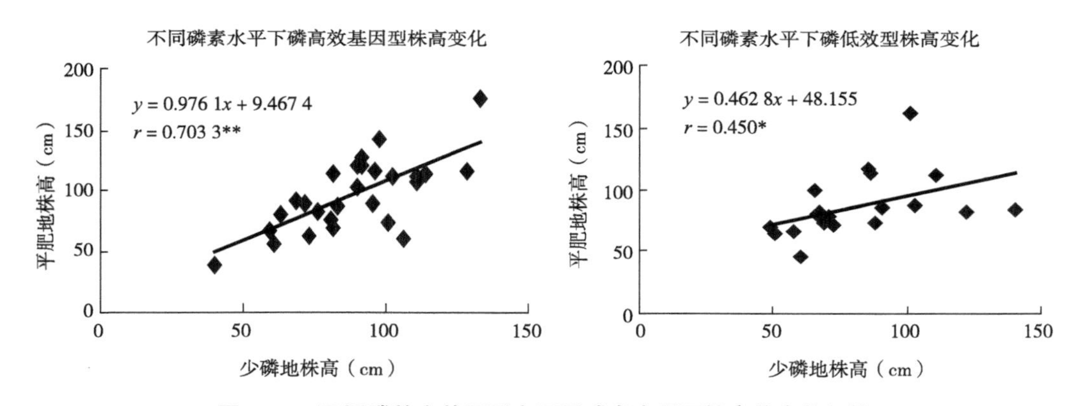

图7-19　不同磷效率基因型在不同磷素水平下株高的变化规律

3. 磷效率与大豆节数的关系

大豆不同磷效率基因型节数与磷效率的关系如图7-20所示。由图7-20可知，低磷胁迫下，不同磷效率基因型在植株节数变化上相关程度不同，磷高效基因型相关系数为0.608，是显著相关；磷低效基因型相关系数为0.013 7，说明磷素水平变化不影响节数的变化。可能是因为磷高效基因型多为亚有限和无限生长类型，这种基因型在磷素缺乏的条件下有主动调节节数的能力，通过降低节数来合理分配光合有机物，最终使产量有所增加；磷低效基因型多为有限生长类型，主动调节主径节数的能力差。

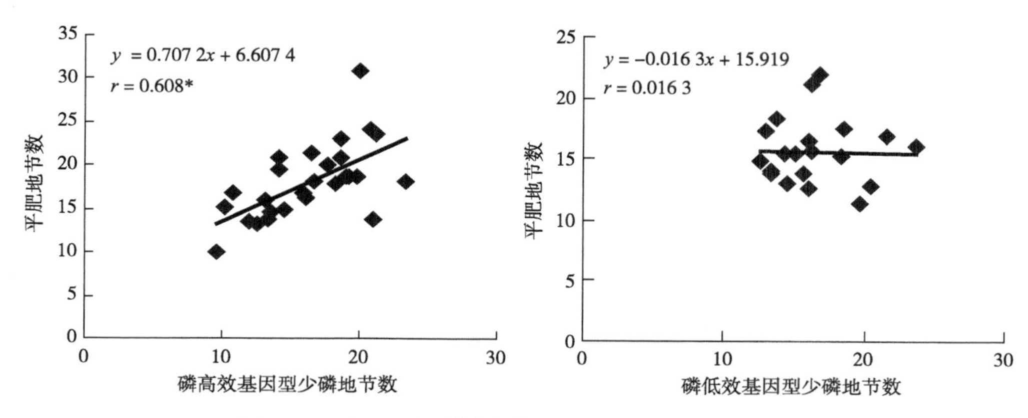

图7-20 大豆不同磷效率基因型节数与磷效率的变化

4. 磷效率与大豆分枝数的关系

不同磷效率基因型大豆的分枝在不同磷素水平下的变化与相互关系如图7-21所示。由图7-21可知，在低磷胁迫下，大豆分枝受影响，磷高效基因型分枝受影响的相关系数为0.253，呈显著相关，而磷低效基因型分枝受磷水平的影响的相关系数为0.640 2，呈极显著相关，这说明磷胁迫下大豆分枝数减少，磷高效基因型减少幅度小于磷低效基因型。分枝数减少的原因可能是，当磷供应不足时，RNA的合成降低，从而影响蛋白质的合成，影响植物营养生长，因此缺磷植株矮小，茎细，根系发育也差，禾谷类作物分蘖受影响，例如水稻缺磷时，新叶色深，呈墨绿色，俗称“一枝香”“锅刷”。

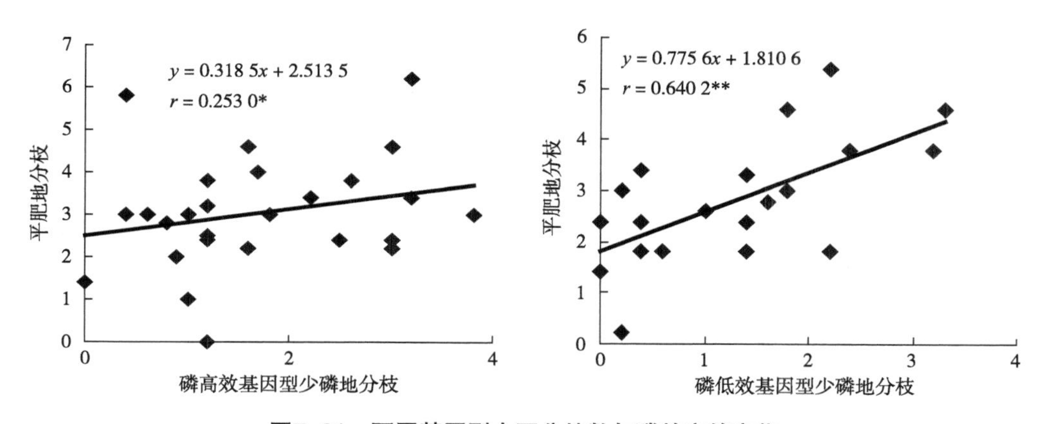

图7-21 不同基因型大豆分枝数与磷效率的变化

5. 磷效率与大豆百粒重的关系

不同磷效高基因型大豆百粒重与磷效率的变化如图7-22所示。由图7-22可知，低磷胁迫下，大豆百粒重呈现出明显的变化一致性，磷高效基因型在低磷胁迫下，百粒重的变化相关系数为0.752 3，为极显著相关；磷低效基因型在低磷胁迫下，百粒重的变化相关系数为0.752 3，也为极显著相关。磷是核酸、核蛋白和磷脂的主要成分，它与蛋白质合成、细胞分裂、细胞生长有密切关系；磷是许多辅酶如NAD^+、$NADP^+$等的成分，它们参与了光合、呼吸过程，磷是AMP、ADP和ATP的成分；磷还参与碳水化合物的代谢和运输，如在光合作用和呼吸作用过程中，糖的合成、转化、降解大多是在磷酸化后才起反应的；磷对氮代谢也有重要作用，如硝酸还原有NAD^+和FAD的参与，而磷酸吡哆醛和磷酸吡哆胺则参与氨基酸的转化，磷与脂肪转化也有关系，脂肪代谢需要ATP、CoA和NAD^+的参与。因此，磷胁迫对粒重的影响程度不同基因型间表现一致。

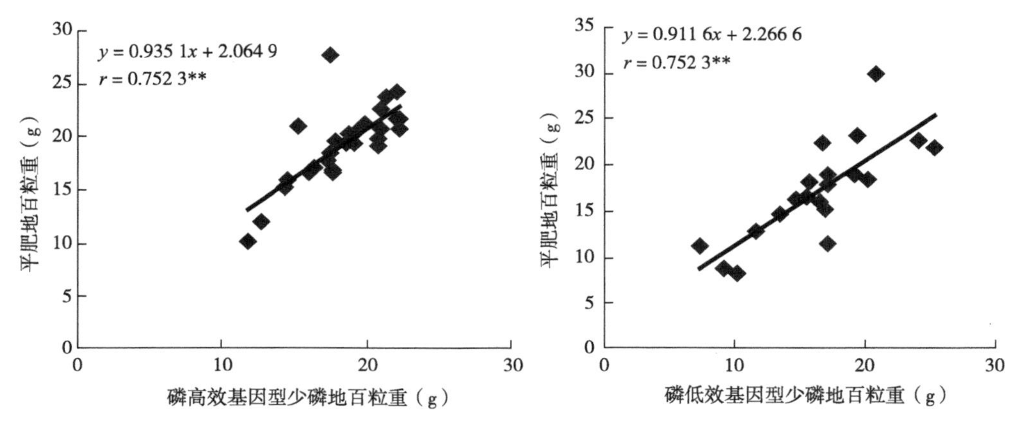

图7-22　不同磷效高基因型大豆百粒重与磷效率的变化

七、不同磷素水平下农艺性状对产量贡献的通径分析

低磷胁迫下，大豆产量是选择不同磷效率基因型的重要目标性状。但产量是一个综合性状，每个单一性状不仅对产量产生直接的效果，而且会通过其他性状而对产量产生作用。因此，筛选不同磷素基因型大豆时，很难直接通过对某一性状的选择获得理想的效果（李志刚，2004）。从产量、百粒重和单株粒重（表7-10）可以看出，在低磷条件下，磷高效品种极显著高于磷低效品种。随着施磷量的增加，磷高效品种和磷低效品种的这3项指标都有不同程度的增加，且增加的幅度有明显的差异。从产量来看，与低磷处理相比，在中磷和高磷处理下磷高效品种都有极显著的增加，分别增加13.6%（$P<0.001$）和15.3%（$P=0.001$），但中、高磷之间差异未达显著水平（$P=0.274$）。磷低效品种在中磷和高磷处理下比低磷处理分别增加13.4%和34.8%，差异均达极显著水平（$P\leqslant0.001$），且中磷和高磷处理间差异也达极显著水

平（$P<0.001$）。说明磷高效品种在相对较低的磷浓度下就能满足高产需要，而磷低效品种在较高磷浓度下，才能发挥较好的产量水平（敖雪等，2009）。

表7-10　不同磷效率基因型大豆品种的产量比较

类型	品种	产量（kg·hm^{-2}）			百粒重（g）			单株粒重（g）		
		低磷	中磷	高磷	低磷	中磷	高磷	低磷	中磷	高磷
磷高效	锦豆33号	2 327	2 861	2 721	21.7	23.9	23.6	28.1	32.2	26.7
	大黄豆	2 176	2 625	2 712	21.7	22.3	22.5	25.6	33.3	25.9
	辽豆13号	2 929	3 004	3 068	23.7	23.8	24.3	33.6	34.5	35.6
	辽豆18号	2 383	2 661	3 090	22.9	25.1	25.1	22.6	24.0	23.8
	平均值	2 454A	2 788A	2 898A	22.5A	23.8A	23.9A	27.5A	31.0A	28.0a
	SD	333	279	286	1.6	1.4	1.1	4.7	5.3	5.3
磷低效	铁丰3号	1 741	1 972	2 471	17.4	17.3	18.4	17.9	19.6	22.5
	锦8-14	1 832	2 079	2 344	18.0	18.4	18.8	21.8	21.5	23.1
	平均值	1 787B	2 026B	2 408B	17.7B	17.9B	18.6B	19.9B	20.6B	22.8b
	SD	71	176	178	0.6	0.8	0.4	3.1	2.6	4.0

注：表中数据表示磷效率品种的平均值，不同大小写字母表示在0.01和0.05水平上差异显著

低磷胁迫下，大豆的产量是选择不同磷效率基因型的重要目标性状。但产量是由多个性状构成的复合性，而且这些复合性状之间存在一定的相关性。每个单一性状不仅对产量产生直接的效果，而且会通过其他性状而对产量产生作用。所以，在大豆不同磷素基因型的筛选上，有时很难直接通过对某一性状的选择获得理想的效果。

自20世纪20年代Wright首次提出通径系数的分析方法以来，通径分析在作物育种和栽培研究中得到了广泛应用。通径系数是变量标准化后的偏回归系数，能够表示变量间的因果关系，仍具有回归系数的性质；同时，通径系数又是不带单位的相对数，因而又具有相关系数的性质，是具有方向性的相关系数，表示原因与结果之间的相关关系。所以，通径系数是介于回归系数和相关系数之间的一种统计量。所以，借助通径分析的方法，可以了解各大豆产量构成因素对大豆产量的影响，以及某一性状通过另一性状对大豆产量发生作用的效果，从而为大豆不同磷素基因型筛选提供依据。

1. 磷高效基因型在常磷和低磷地上产量性状的通径分析

将磷胁迫下产量变化率在0%～20%的磷高效基因型（共27个大豆品种）作百粒重（x1）、株高（x2）、节数（x3）、分枝数（x4）的通径分析，分析结果如图7-23和图7-24所示。由图7-23和图7-24可知，磷高效基因型大豆在常磷条件下百粒重与株高负相关，相关系数未达到显著水平；低磷条件下百粒重与株高仍为负相关，相关系数小于常磷条件。常磷条件下株高与节数呈极显著正相关；低磷条件下株高与节数也为极显著正相关，相关系数小于常磷条件；常磷条件下节数与分枝数呈正相关，但相关不显著，而低磷条件下节数与分枝数相关显著，说明低磷胁迫下节数与分枝数是相互影响的关系。常磷条件下百粒重与节数负相关，且达到极显著水平，低磷条件下百粒重与节数也为负相关，但未达到显著水平。百粒重与分枝数常磷条件下呈极显著负相关，低磷条件下呈不显著负相关。株高与分枝数常磷条件下呈不显著负相关，低磷条件下发生了符号的改变，成为显著正相关，这说明了低磷胁迫使株高下降且分枝减少。将图7-23和图7-24的通径系数与相关系数进行计算求出间接通径系数，并共同列于表7-11中，由表7-11可见，磷高效基因型在常磷条件下对产量直接贡献最大的是节数，对产量负的影响最大的是株高，粒重对产量是正的影响，分枝数对产量基本无影响。低磷条件下，节数对产量影响仍是最大因子，但远小于常磷条件下，株高对产量影响仍是负因子，影响幅度也小于常磷条件，粒重对产量的影响已由正变负，但幅度非常小，而分枝对产量的负方向影响大大加强。在对产量的间接通径系数上可知，粒重在常磷条件下的影响为负，在低磷条件下影响为正，但数值很小；株高对产量的间接通径系数在常磷和缺磷条件下均为负值，但缺磷时负向影响更显著；常磷和低磷条件下节数和分枝的间接能径变化都不大。

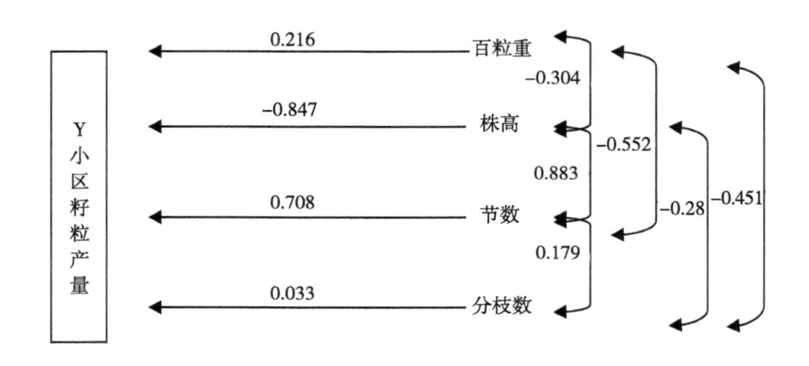

图7-23　常磷地磷高效基因型产量与产量性状的通径分析

注：图中单箭头线即通径，其系数即通径系数；对箭头线即相关线，其系数即相关系数。下同

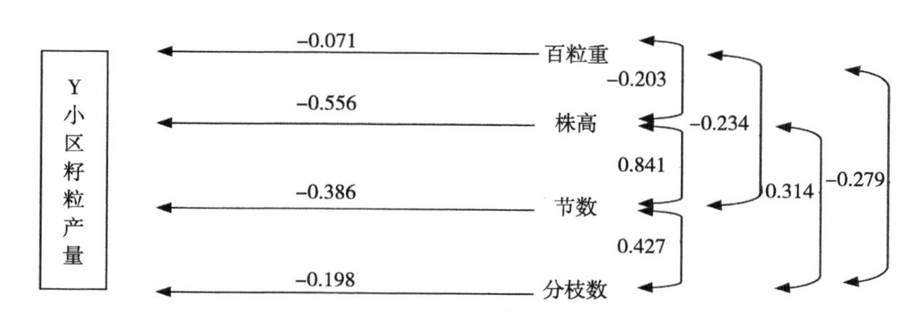

图7-24　低磷地磷高效基因型产量与产量性状的通径分析

表7-11　磷高效基因型大豆4个性状与产量的直接和间接作用分析

性状	单性状间接通径系数（$P_{i\text{-}j\text{-}y}$）				间接通径系数之和		直接通径系数（$P_{i\text{-}y}$）	
	x1	x2	x3	x4	P（常磷）	P（低磷）	P（常磷）	P（低磷）
x1		-0.066	-0.119	-0.097	-0.282	0.051	0.216	-0.071
x2	0.113		-0.748	0.237	-0.253	-0.529	-0.847	-0.556
x3	-0.090	0.325		0.127	0.361	0.399	0.708	0.386
x4	0.055	-0.062	-0.085		-0.018	-0.091	0.033	-0.198

2. 磷低效基因型在常磷和低磷地上产量性状的通径分析

由图7-25和图7-26可知，磷低效基因型在常磷条件下百粒重与株高负相关，相关系数达到显著水平；低磷条件下百粒重与株高仍为负相关，相关系数未能达到显著水平。常磷条件下株高与节数呈极显著正相关；低磷条件下株高与节数也为极显著正相关，相关系数小于常磷条件；常磷条件下节数与分枝数呈负相关，且达到极显著水平，而低磷条件下节数与分枝数为正相关且达到极显著水平，说明磷低效基因型在低磷胁迫下节数与分枝数是相互影响的关系。常磷条件下百粒重与节数负相关，但没达到显著水平，低磷条件下百粒重与节数也为负相关，未达到显著水平。百粒重与分枝数常磷条件下呈极显著负相关，低磷条件下呈显著负相关。株高与分枝数常磷条件下呈极显著正相关，低磷条件也为极显著正相关。

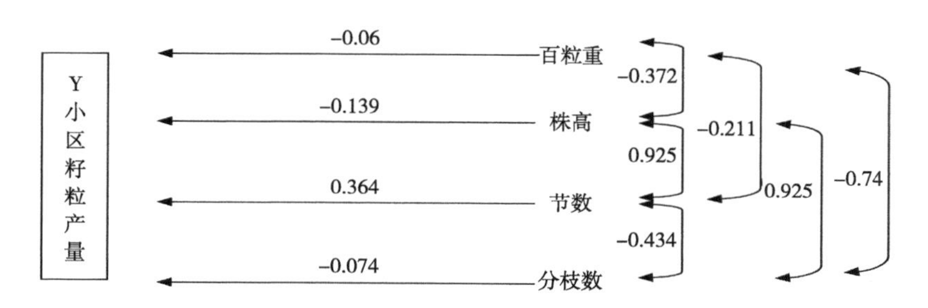

图7-25　常磷地磷低效基因型产量与产量性状的通径分析

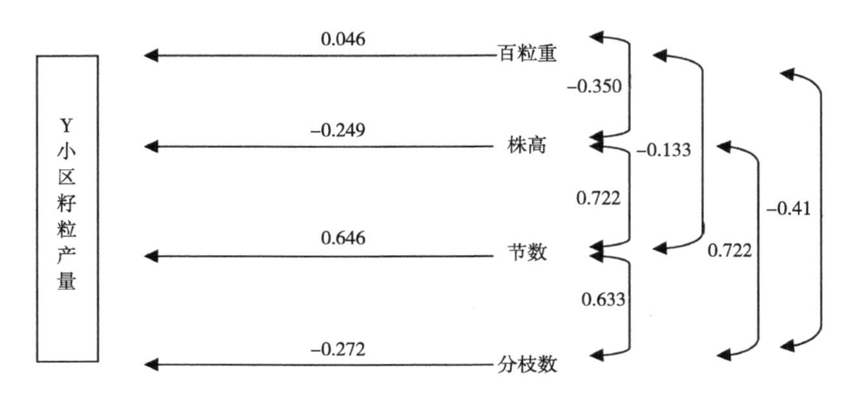

图7-26 低磷地磷低效基因型产量与产量性状的通径分析

由表7-12可见，磷低效基因型在常磷条件下对产量直接贡献最大的是节数，对产量负的影响最大的是分枝，粒重对产量是正的影响，株高对产量影响为负，低磷条件下，节数对产量影响仍是最大因子，但远小于常磷条件下，株高对产量影响仍是负因子，影响幅度也小于常磷条件，粒重对产量的影响已由负变正，但幅度非常小，而分枝对产量的负方向影响大大减弱。在对产量的间接通径系数上可知，粒重在常磷条件下的影响为负，在低磷条件下影响为正，但数值很小；株高对产量的间接通径系数在常磷和缺磷条件下均为负值，但缺磷时负向影响变小；常磷条件下节数的间接通径非常大，在磷胁迫时大大减弱，常磷条件下分枝的间接通径为负，且影响较大，低磷条件下分枝的间接通径符号发生变化，但影响不大。

表7-12 磷低效基因型大豆4个性状与产量的直接和间接作用分析

性状	单性状间接通径系数（$P_{i\text{-}j\text{-}y}$）				间接通径系数之和		直接通径系数（$P_{i\text{-}y}$）	
	x1	x2	x3	x4	P（常磷）	P（低磷）	P（常磷）	P（低磷）
x1		-0.016	-0.006	-0.019	-0.041	0.079	0.046	-0.061
x2	0.052		-0.180	-0.180	-0.272	-0.205	-0.249	-0.139
x3	-0.077	0.337		0.409	0.789	0.102	0.646	0.364
x4	0.055	-0.068	0.032		-0.257	0.018	-0.272	-0.074

第八章　磷处理下不同大豆品种氮、磷、钾含量

养分之间存在交互作用，如磷钾、氮磷、氮钾间表现正交互作用，从而提高植株对养分的吸收利用（徐国伟等，2008；沈玉芳等，2008）。施用磷肥也可促进作物对土壤中氮素的吸收（袁新民等，2000）。大豆植株对氮、磷、钾积累量间以及氮、磷、钾与干物质积累量间均呈极显著的直线相关（高聚林等，2004；王政，2008）。磷肥单独施用尽管能够增产，但与氮、钾配合施用效果会更好。据郭庆元（1993）报道，黄淮地区22次大豆氮磷钾肥效试验结果表明，磷与氮、磷与氮钾配合施用的效果超过等量磷肥单独施用。磷与氮、磷与氮钾配合施用已成为中低产区大豆增产的关键性措施之一。杨孟佩等（1986）采用夏大豆盆栽，结果认为，单施氮肥产量略微降低，磷钾配施产量增加，氮磷钾配施产量增加明显。

磷能促进作物体内铵态氮和硝态的氮同化，有利于氮素的吸收和利用。大豆的营养特点之一是能与根瘤菌共生，固定空气中游离的分子态氮，供应其生长发育中需求的氮素，因而可以少施或不施氮肥，有良好的经济和生态效应（Wilcox，1987）。磷肥能促进大豆对氮肥的吸收利用和大豆的固氮能力（丁洪等，1998）。氮磷钾适量配施，可显著提高大豆磷素的吸收量与吸收速度，并能显著提高大豆的籽粒产量（王立刚等，2007）。丁洪等（1998）在水培条件下，对不同基因型大豆研究结果表明，磷素对大豆地上部分、根系生长均有影响。磷素营养对大豆结瘤固氮也有明显影响，在适宜的磷素营养条件下可以促进大豆结瘤和固氮，但过多则对促进结瘤效果不大，甚至减少结瘤，同时对固氮活性有较强的抑制作用。根瘤是植株中磷素营养优先供应的部位之一，因而根瘤的磷积累量较高。在满足磷素营养之后，大豆生产的最大限制因子之一是氮素营养，而磷素营养只有在能提高大豆氮素营养积累时才有效。

磷和钾对大豆的产量和品质皆有良好的作用，但也不是越多越好。施磷量对不同大豆品种植株及各器官钾素含量有较大影响。整个生育时期高磷或不施磷都会影响钾素含量，只有适宜的施磷才能促进钾素含量达到最高峰（蔡柏岩，2006）。在速效

钾含量属于中等偏低的土壤上施用化学钾肥，能有效改善大豆钾素营养，提高钾素含量（赵丽琴，2005）。大豆地上部分、根系、根瘤及全株中的磷积累量几乎都是随施磷量增加而增加，其中根系中的积累量增幅最大（丁洪，1998）。唐梅等（2006）以大豆品种桂早2号为材料，在盆栽条件下进行研究，结果表明苗期轻度缺水处理条件下，磷钾肥施用相同时，对大豆干物质积累及产量的提高效果最佳。

第一节　氮素营养

一、植株各器官的氮百分含量

1.茎秆

低磷处理下（图8-1），磷高效和磷低效品种的茎秆的氮百分含量随生育进程呈逐渐下降的趋势，开花期后，磷高效品种均高于磷低效品种，且差异多达显著。中磷处理下，磷高效品种的茎秆的氮百分含量在结荚期有明显提高后逐渐下降，且此时期显著高于磷低效品种。高磷处理下，整个生育时期，磷高效品种的茎秆的氮百分含量呈逐渐下降趋势，磷低效品种在鼓粒期有明显增高后又逐渐下降。

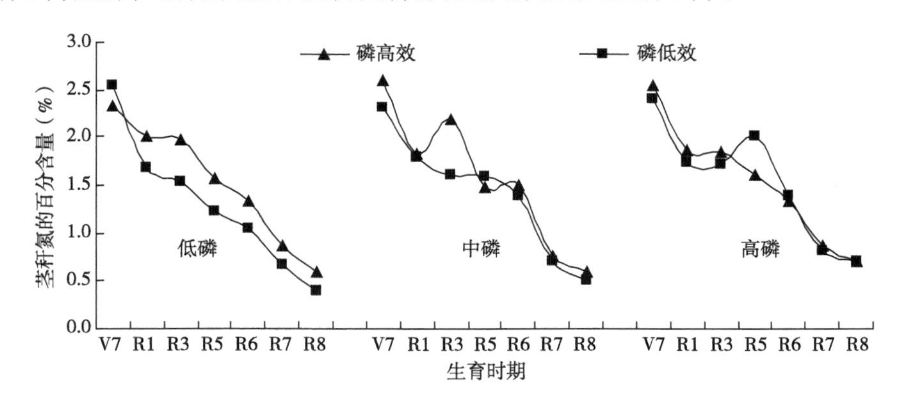

图8-1　不同磷效率品种茎秆的氮百分含量比较

注：V7. 分枝期；R1. 开花期；R3. 结荚期；R5. 鼓粒期；R6. 鼓粒末期；R7. 始熟期；R8. 成熟期。下同

从不同磷处理来看（表8-1），与低磷处理相比，在中磷和高磷处理下，磷高效品种的茎秆的氮百分含量受磷处理影响较小，在不同生育时期处理间差异均未达显

著；磷低效品种的茎秆的氮百分含量在结荚期到成熟期有所增长，且在高磷处理下差异达显著，表明随磷浓度的增加，磷高效品种的茎秆的氮百分含量变化幅度较小，而磷低效品种在生育后期茎秆氮的百分含量受磷处理影响较大。

表8-1　不同生育时期磷高效和磷低效品种茎秆的氮百分含量比较（%）

类型	磷水平	分枝期	开花期	结荚期	鼓粒期	鼓粒末期	始熟期	成熟期
磷高效	低磷	2.3ns a	2.0ns a	2.0a a	1.6 a a	1.3a a	0.9ns a	0.6a a
	中磷	2.6ns a	1.8ns a	2.2a a	1.5ns a	1.5ns a	0.8ns a	0.6ns a
	高磷	2.6ns a	1.9ns a	1.9ns a	1.6ns a	1.3ns a	0.9ns a	0.7ns a
磷低效	低磷	2.5ns a	1.7ns a	1.5b a	1.2b b	1.0 b b	0.7ns b	0.4b c
	中磷	2.3ns a	1.8ns a	1.6b a	1.6ns ab	1.4ns a	0.7ns b	0.5ns b
	高磷	2.4ns a	1.7ns a	1.7ns a	2.0ns a	1.4ns a	0.8ns a	0.7ns a

注：表中数据表示同类磷效率品种的平均值；第一列不同大小写字母表示在0.01和0.05水平上差异显著；ns表示在相同磷处理下不同磷效率品种平均值间差异不显著；数字后第二列字母表示同一磷效率品种在不同磷处理下0.05水平上的差异显著性。下同

2. 叶片

不同生育时期不同磷效率品种叶片的氮百分含量如图8-2所示，从整个生育时期来看，3种磷处理下，磷高效和磷低效品种叶片的氮百分含量均随生育进程逐渐下降。低磷处理下，除结荚期外，磷高效品种叶片的氮百分含量均高于磷低效品种，且在鼓粒期、始熟期和成熟期差异达显著。中磷处理下，除始熟期外磷高效品种叶片的氮百分含量高于磷低效品种，且在鼓粒期差异达显著。高磷处理下，开花期、结荚期、始熟期和成熟期磷高效品种叶片的氮百分含量高于磷低效品种，而分枝期和鼓粒末期低于磷低效品种，但差异均未达显著。

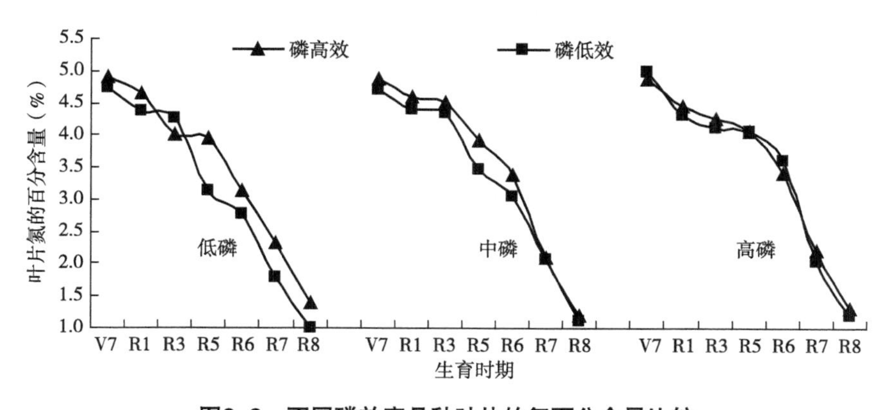

图8-2　不同磷效率品种叶片的氮百分含量比较

从不同磷处理来看（表8-2），与低磷处理相比，中磷处理下，磷高效品种叶片的氮百分含量在开花期、鼓粒期、始熟期和成熟期略有下降，在结荚期和鼓粒末期有所增长，且在结荚期差异达显著，磷低效品种在生育后期（结荚期到成熟期）有所增长；高磷处理下，磷高效品种叶片的氮百分含量在结荚期到鼓粒末期有所增长，但差异未达显著，磷低效品种在开花期和结荚期有所下降，其他生育时期有所增长，且在鼓粒期和鼓粒末期差异达显著。

表8-2 不同生育时期磷高效和磷低效品种叶片的氮百分含量比较（%）

类型	磷水平	分枝期	开花期	结荚期	鼓粒期	鼓粒末期	始熟期	成熟期
磷高效	低磷	4.9ns a	4.7ns a	4.0ns b	4.0a a	3.1ns a	2.3a a	1.4a a
	中磷	4.9ns a	4.6ns a	4.5ns a	3.9a a	3.4ns a	2.1ns a	1.2ns a
	高磷	4.9ns a	4.5ns a	4.3ns ab	4.1ns a	3.4ns a	2.2ns a	1.3ns a
磷低效	低磷	4.7ns a	4.4ns a	4.3ns ab	3.1b b	2.8ns b	1.8b a	1.0b a
	中磷	4.7ns a	4.4ns a	4.4ns a	3.5b ab	3.1ns ab	2.1ns a	1.1ns a
	高磷	5.0ns a	4.3ns a	4.1ns b	4.1ns a	3.6ns a	2.0ns a	1.2ns a

3. 荚皮

不同生育时期不同磷效率品种荚皮的氮百分含量如图8-3所示，3种磷处理下，两类型品种荚皮的氮百分含量均随生育进程呈逐渐下降趋势。低磷处理下，磷高效品种荚皮的氮百分含量均高于磷低效品种且在鼓粒期差异达显著。中磷处理下，磷高效品种的氮百分含量在鼓粒期高于磷低效品种，始熟期和成熟期则低于磷低效品种，高磷处理下，鼓粒期和成熟期磷高效品种的氮百分含量低于磷低效品种，始熟期则相反。

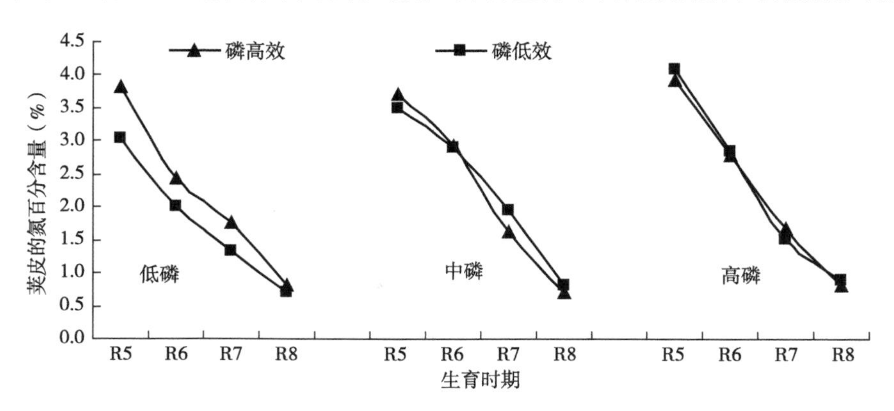

图8-3 不同磷效率品种荚皮的氮百分含量比较

从不同磷处理来看（表8-3），与低磷处理相比，中磷处理下磷高效品种荚皮的氮百分含量除鼓粒末期显著高于低磷外，其他生育时期含量有所下降，而磷低效品种的不同生育时期均有所增长，平均增长30.5%，且在始熟期差异达显著；高磷处理下，磷高效品种荚皮的氮百分含量在鼓粒期和鼓粒末期有所增长，但差异未达显著，磷低效品种的不同生育时期均有所增长，平均增长30.2%，且在鼓粒期、始熟期和成熟期差异达显著。

表8-3　不同生育时期磷高效和磷低效品种荚皮的氮百分含量比较（%）

类型	磷水平	鼓粒期	鼓粒末期	始熟期	成熟期
磷高效	低磷	3.8a a	2.4ns b	1.8ns a	0.8ns a
	中磷	3.7ns a	2.9ns a	1.6ns a	0.7ns a
	高磷	3.9ns a	2.8ns ab	1.7ns a	0.8ns a
磷低效	低磷	3.0b b	2.0ns a	1.3ns c	0.7ns b
	中磷	3.5ns ab	2.9ns a	1.9ns a	0.8ns ab
	高磷	4.1ns a	2.8ns a	1.5ns b	0.9ns a

4. 籽粒

不同生育时期不同磷效率品种籽粒的氮百分含量如图8-4所示，低磷处理下，磷高效品种籽粒的氮百分含量不同生育时期波动较小，磷低效品种在始熟期下降，而后升高，磷高效品种不同生育时期均高于磷低效品种，且在鼓粒末期和始熟期差异达显著和极显著。中磷处理下，磷高效品种籽粒的氮百分含量在始熟期下降后升高，而磷低效品种在始熟期增长后下降，在鼓粒末期和成熟期，磷高效品种高于磷低效品种。高磷处理下，磷高效品种籽粒的氮百分含量不同生育时期均高于磷低效品种，且不同生育时期保持平稳。

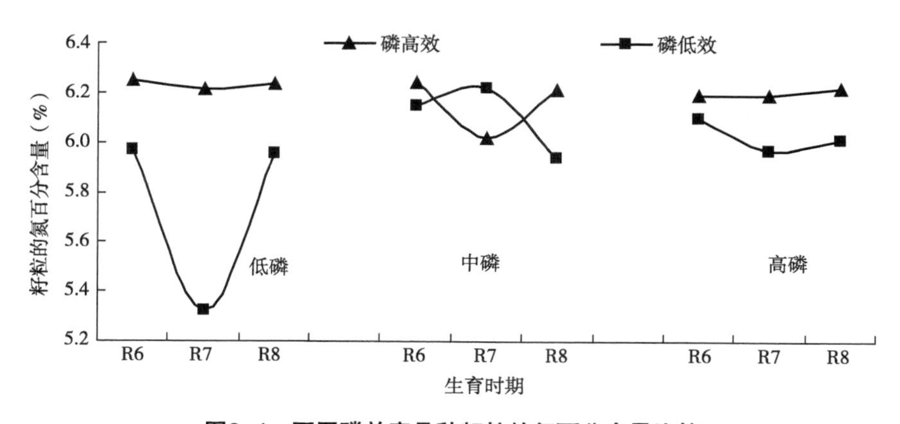

图8-4　不同磷效率品种籽粒的氮百分含量比较

从不同磷处理来看（表8-4），与低磷处理相比，中、高磷处理下，不同生育时期磷高效品种籽粒的氮百分含量变化较小，差异均未达显著；磷低效品种在鼓粒末期和始熟期有所增长，尤其在始熟期增长幅度较大，并且中磷处理下差异达显著。在成熟期，中磷处理使磷低效品种籽粒的氮百分含量有所下降，但差异未达显著。

表8-4　不同生育时期磷高效和磷低效品种籽粒的氮百分含量比较（%）

类型	磷水平	鼓粒末期	始熟期	成熟期
磷高效	低磷	6.2a a	6.2A a	6.2ns a
	中磷	6.2ns a	6.0ns a	6.2ns a
	高磷	6.2ns a	6.2ns a	6.2ns a
磷低效	低磷	6.0b a	5.3B b	6.0ns a
	中磷	6.1ns a	6.2ns a	5.9ns a
	高磷	6.1ns a	6.0ns ab	6.0ns a

5. 整株

不同生育时期不同磷效率品种整株的氮百分含量如图8-5所示，低磷处理下，两类型品种整株的氮百分含量整个生育时期均呈下降的趋势，从开花期到成熟期磷高效品种高于磷低效品种，且差异多达显著或极显著。中磷处理下，从整个生育时期来看，磷高效品种整株的氮百分含量呈阶梯状下降趋势，磷低效品种在鼓粒期前逐渐下降，且磷高效品种多高于磷低效品种。高磷处理下，两类型品种整株的氮百分含量整个生育时期又呈下降的趋势，磷低效品种的生育后期下降较剧烈，磷高效品种多高于磷低效品种，且在始熟期和成熟期差异达极显著或显著。

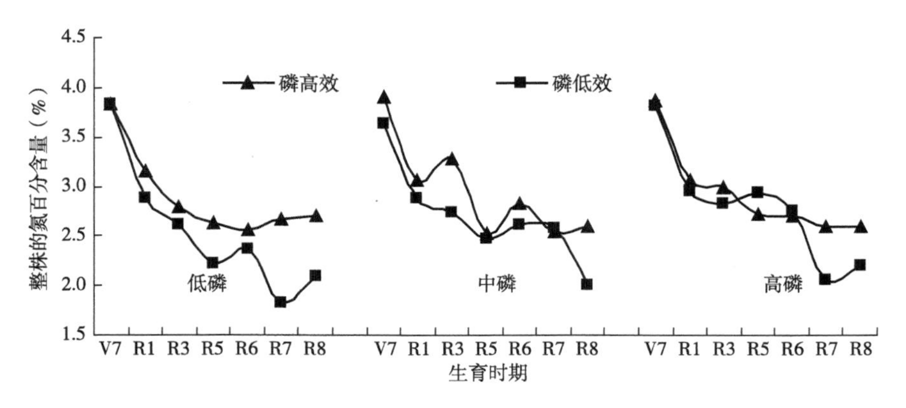

图8-5　不同磷效率品种整株的氮百分含量比较

从不同磷处理来看（表8-5），与低磷处理相比，中磷和高磷处理下，不同生育时期磷高效品种整株的氮百分含量对磷处理响应有所不同，但相对于中磷处理，高磷处理下其整株的氮百分含量除开花期、始熟期和成熟期外不同生育时期均有所增长。中磷处理下磷低效品种整株的氮百分含量多数生育时期比低磷有所增长，且在结荚期和始熟期差异达显著，而高磷处理下，其氮百分含量在开花期到始熟期均有所增长，且在始熟期差异达显著。与低磷处理相比，中磷处理下磷高效品种整株的氮百分含量在结荚期增长最多为17.9%，磷低效品种则在始熟期增长最多为44.4%；高磷处理下，磷高效品种整株的氮百分含量在结荚期增长最多为7.1%，磷低效品种则在鼓粒期增长最多为31.8%。

表8-5 不同生育时期磷高效和磷低效品种整株的氮百分含量比较（%）

类型	磷水平	分枝期	开花期	结荚期	鼓粒期	鼓粒末期	始熟期	成熟期
磷高效	低磷	3.8ns a	3.2a a	2.8a b	2.6A ab	2.6ns a	2.7A a	2.7a a
	中磷	3.9a a	3.1ns a	3.3a a	2.5ns b	2.8ns a	2.5ns a	2.6a a
	高磷	3.9ns a	3.1ns a	3.0ns ab	2.7ns a	2.7ns a	2.6A a	2.6a a
磷低效	低磷	3.8ns a	2.9b a	2.6b c	2.2B b	2.4ns b	1.8B c	2.1b ab
	中磷	3.6b a	2.9ns a	2.7b b	2.5ns b	2.6ns ab	2.6ns a	2.0b b
	高磷	3.8ns a	3.0ns a	2.8ns a	2.9ns a	2.8ns a	2.1B b	2.2b a

二、植株各器官的氮积累量

1. 茎秆

不同生育时期不同磷效率品种茎秆的氮积累量如图8-6所示，可以看出，低磷处理下，磷高效品种的茎秆的氮积累量均高于磷低效品种，且在结荚期、鼓粒期和鼓粒末期差异达显著；中磷处理下，除始熟期和成熟期外，其他不同生育时期磷高效品种的氮积累量高于磷低效品种，但磷高效品种生育后期（鼓粒期到成熟期）茎秆的氮积累量下降较快，达68.2%，磷低效品种则下降了61.0%；高磷处理下，磷高效品种的茎秆的氮积累量只在分枝期和鼓粒期高于磷低效品种，且在始熟期，磷高效品种显著低于磷低效品种。

从不同磷处理来看（表8-6），与低磷处理相比，在中磷和高磷处理下，不同生育时期磷高效品种的茎秆的氮积累量有所增长，平均分别增长了29.2%和29.3%，且在分枝期和鼓粒期差异达显著；磷低效品种茎秆的氮积累量随磷处理浓度增加而逐渐增加，平均分别增长了56.1%和84.7%，且差异均达显著。磷高效品种的氮积累量在中磷和高磷处理下分别在鼓粒末期和分枝期受磷处理影响最大，而磷低效品种在鼓粒期受中磷处理影响最大，鼓粒末期受高磷影响增幅最大。

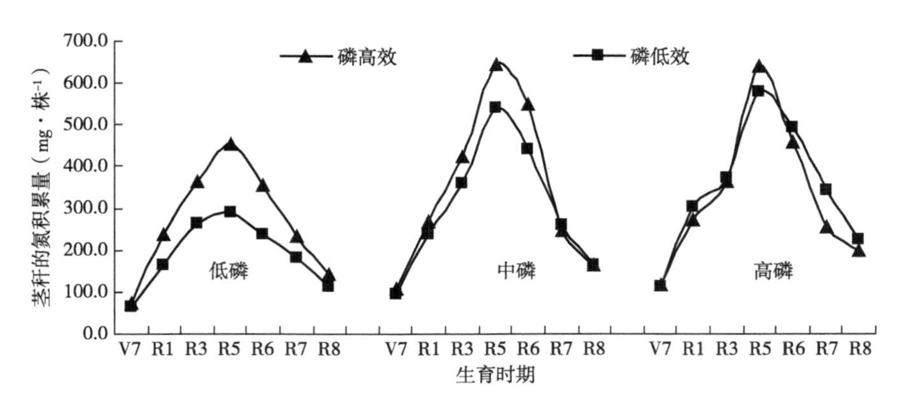

图8-6　不同磷效率品种茎秆的氮积累量的比较

表8-6　不同生育时期磷高效和磷低效品种茎秆的氮积累量的比较（mg·株$^{-1}$）

类型	磷水平	分枝期	开花期	结荚期	鼓粒期	鼓粒末期	始熟期	成熟期
磷高效	低磷	71.6ns b	238.7ns a	361.7a a	454.8a b	356.1a a	213.9ns a	144.4ns b
	中磷	107.9ns a	269.2ns a	422.8ns a	644.1ns a	550.4ns a	246.15ns a	162.7ns ab
	高磷	117.3ns a	270.5ns a	364.3ns a	640.5ns a	457.3ns a	255.5b a	199.8ns a
磷低效	低磷	63.9ns c	165.8ns b	264.6b b	287.6b b	237.8b b	182.0ns c	112.3ns c
	中磷	96.0ns b	239.6ns ab	360.0ns a	541.0ns a	439.1ns a	257.7ns b	165.6ns b
	高磷	110.8ns a	302.6ns a	372.0ns a	579.1ns a	490.5ns a	343.1a a	224.7ns a

2. 叶片

不同生育时期不同磷效率品种叶片的氮积累量如图8-7所示，低磷处理下，磷高效品种叶片的氮积累量不同生育时期均高于磷低效品种，且在开花期和鼓粒期差异达显著或极显著；中磷处理下，磷高效品种的氮积累量也均高于磷低效品种，且在鼓粒期差异达显著；高磷处理下，磷高效品种的氮积累量在一些生育时期高于磷低效品种，如在鼓粒期和始熟期显著高于磷低效品种，而在开花期和结荚期其的氮积累量低于磷低效品种。

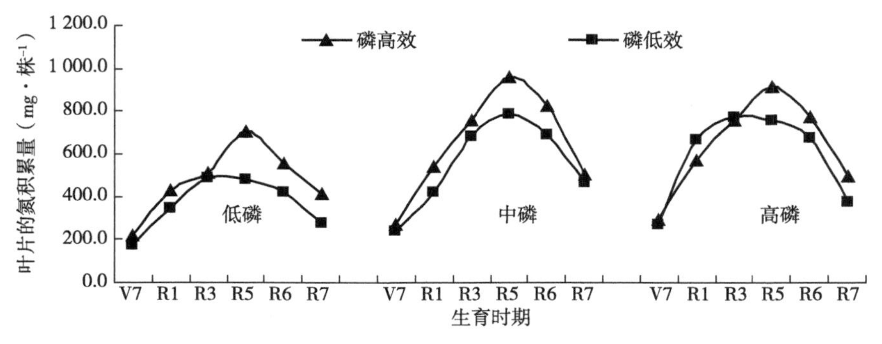

图8-7　不同磷效率品种叶片的氮积累量的比较

从不同磷处理来看（表8-7），与低磷处理相比，在中磷和高磷处理下，磷高效和磷低效品种的氮积累量不同生育时期均有所增长，磷高效品种平均分别增长了34.2%和34.3%，且其叶片的氮积累量从结荚期到鼓粒末期中磷处理与低磷处理差异达显著，从分枝期到鼓粒末期高磷处理与低磷处理差异达显著；磷低效品种平均增长50.4%和61.4%，其叶片的氮积累量除开花期外其他生育时期中磷处理与低磷处理差异达显著，除始熟期外其他生育时期高磷处理与低磷处理均达显著。

表8-7 不同生育时期磷高效和磷低效品种叶片的氮积累量的比较（$mg \cdot 株^{-1}$）

类型	磷水平	分枝期	开花期	结荚期	鼓粒期	鼓粒末期	始熟期
磷高效	低磷	217.1ns b	429.3a b	509.9ns b	707.1A b	557.1ns b	414.7ns a
	中磷	273.4ns ab	538.3ns ab	755.1ns a	962.4a a	823.6ns a	505.8ns a
	高磷	295.1ns a	572.1ns a	759.2ns a	917.2a a	771.0ns a	497.5a a
磷低效	低磷	171.6ns c	342.5b b	484.9ns c	480.0B b	422.6ns b	274.1ns b
	中磷	241.9ns b	419.7ns b	684.5ns b	791.1b a	691.7ns a	464.4ns a
	高磷	271.6ns a	669.1ns a	772.5ns a	757.7b a	674.9ns a	378.3b ab

3. 荚皮

不同生育时期不同磷效率品种荚皮的氮积累量如图8-8所示，低磷处理下，磷高效品种的氮积累量在鼓粒期低于磷低效品种，从鼓粒末期到成熟期高于磷低效品种，且在成熟期差异达极显著。中磷处理下，磷高效品种荚皮的氮积累量整个生育时期变化较剧烈，而磷低效品种从鼓粒期到始熟期变化平缓，在鼓粒期、鼓粒末期磷高效品种的氮积累量高于磷低效品种，在始熟期和成熟期显著低于磷低效品种。高磷处理下，整个生育时期磷高效品种的氮积累量呈逐渐下降趋势，磷低效品种则呈单峰曲线，鼓粒期，磷高效品种显著高于磷低效品种。

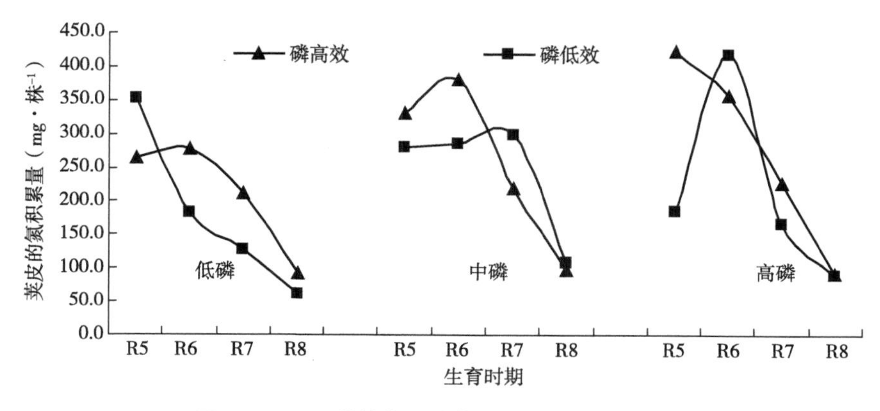

图8-8 不同磷效率品种荚皮的氮积累量的比较

从不同磷处理来看（表8-8），与低磷处理相比，中磷和高磷处理下，磷高效品种的氮积累量不同生育时期多有增长，平均增长17.2%和31.8%，在鼓粒末期中磷处理与低磷处理下荚皮的氮积累量差异达显著；而磷低效品种的氮积累量在鼓粒期有所下降，且在高磷处理时下降最多，从鼓粒末期到成熟期氮积累量有所增长，差异达显著。与低磷处理相比，中磷处理下在始熟期，磷低效品种荚皮的氮积累量提高最多，而高磷处理明显增加了磷低效品种鼓粒末期荚皮的氮积累量。

表8-8　不同生育时期磷高效和磷低效品种荚皮的氮积累量的比较（mg·株$^{-1}$）

类型	磷水平	鼓粒期	鼓粒末期	始熟期	成熟期
磷高效	低磷	263.9ns a	279.1ns b	212.9ns a	93.5A a
	中磷	330.1ns a	380.1ns a	219.6b a	97.7b a
	高磷	423.3a a	356.6ns ab	228.6ns a	92.8ns a
磷低效	低磷	351.9ns a	181.9ns b	127.5ns c	59.8B c
	中磷	280.4ns ab	287.1ns ab	299.2a a	109.0a b
	高磷	185.5b b	417.4ns a	167.3ns b	89.9nsa

4. 籽粒

不同生育时期不同磷效率品种籽粒的氮积累量如图8-9所示，低磷处理下，两类型品种的氮积累量均随生育进程呈逐渐增加趋势，在始熟期和成熟期磷高效品种的氮积累量高于磷低效品种，且差异达极显著和显著。中磷处理下，磷高效品种的氮积累量仍为逐渐增加趋势，磷低效品种则在成熟期下降，磷高效品种的氮积累量均高于磷低效品种，且在成熟期达极显著。高磷处理下，两类型品种的氮积累量随生育进程而逐渐增加，且除鼓粒末期外磷高效品种的氮积累量高于磷低效品种。

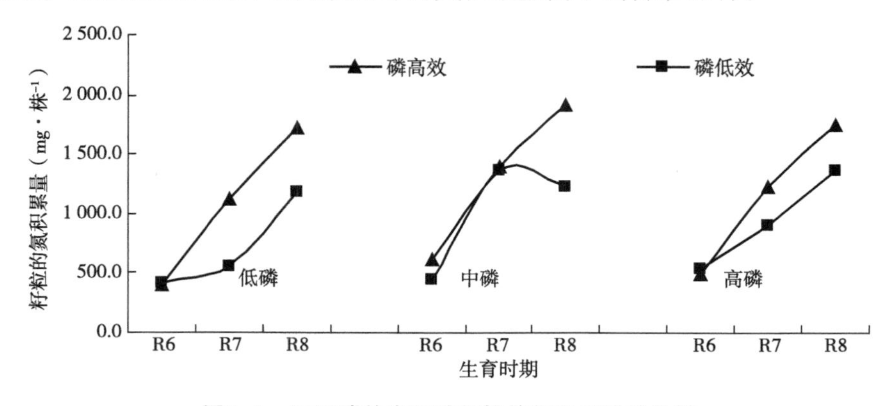

图8-9　不同磷效率品种籽粒的氮积累量的比较

从不同磷处理来看（表8-9），与低磷处理相比，中磷和高磷处理下，整个生育时期两类型品种的氮积累量均有所增长，其中磷高效品种平均增加了30.2%和10.8%，磷低效品种平均增加了53.0%和36.5%，磷高效品种的氮积累量在鼓粒末期增加最多，磷低效品种则在始熟期增加最多。

表8-9 不同生育时期磷高效和磷低效品种籽粒的氮积累量的比较（mg·株$^{-1}$）

类型	磷水平	鼓粒末期	始熟期	成熟期
磷高效	低磷	399.2ns b	1 122.5A a	1 713.4a a
	中磷	617.5ns a	1 392.9ns a	1 918.0A a
	高磷	486.8ns ab	1 220.8ns a	1 744.4ns a
磷低效	低磷	414.8ns a	549.6B c	1 184.7b a
	中磷	440.7ns a	1 372.1ns a	1 222.2B a
	高磷	532.3ns a	909.1ns b	1 370.2ns a

5. 整株

低磷处理下，磷高效品种整株的氮积累量高于磷低效品种（表8-10），且差异多达显著或极显著。中磷处理下，分枝期到鼓粒末期和成熟期磷高效品种整株的氮积累量高于磷低效品种，在开花期、鼓粒末期和成熟期差异达显著。高磷处理下，磷高效品种整株的氮积累量在分枝期、鼓粒期、始熟期和成熟期高于磷低效品种，其他生育时期其含量低于磷低效品种。从不同磷处理来看，与低磷处理相比，中磷和高磷处理下，整个生育时期两类型品种整株的氮积累量均有所增长，磷高效品种平均增长了29.3%和26.4%，磷低效品种平均增长了49.7%和56.4%；中磷处理下，磷高效品种整株的氮积累量在鼓粒末期增长最多，达49.0%，磷低效品种在始熟期增长最多，达127.6%；高磷处理下，磷高效品种整株的氮积累量在分枝期增长最多，达42.9%，磷低效品种在开花期增长最多为91.1%。

表8-10 不同生育时期磷高效和磷低效品种整株的氮积累量的比较（mg·株$^{-1}$）

类型	磷水平	分枝期	开花期	结荚期	鼓粒期	鼓粒末期	始熟期	成熟期
磷高效	低磷	288.7ns b	667.9a b	871.6A b	1 425.8a b	1 591.5a b	1 982.0A b	2 190.6a a
	中磷	381.2ns a	807.6a ab	1 178.0ns a	1 936.6ns a	2 371.7a a	2 364.4ns a	2 468.1A a
	高磷	412.5ns a	842.6ns a	1 123.5ns a	1 981.0a a	2 071.7ns a	2 202.5ns ab	2 332.6nsa

（续表）

类型	磷水平	分枝期	开花期	结荚期	鼓粒期	鼓粒末期	始熟期	成熟期
磷低效	低磷	235.5ns c	508.3b b	749.5B c	1 119.4b b	1 257.1b b	1 133.2B b	1 510.2bb
	中磷	338.0ns b	659.3b b	1 044.5ns b	1 612.6ns a	1 858.6b a	2 579.3ns a	1 746.9B a
	高磷	382.4ns a	971.6ns a	1 144.5ns a	1 522.3b a	2 115.1ns a	1 797.8ns ab	1 899.6nsa

为了探讨不同磷效率基因型大豆品种氮素积累速率的差异，根据两类型品种单株的氮积累量，用Logistic方程进行了动态模拟（表8-11），低磷处理下，磷高效品种单株的氮最终积累量为2.3g，而磷低效品种为1.6g，磷高效品种的氮平均积累速率和最大积累速率比磷低效品种高45.1%和50.5%。中磷处理下，磷高效品种单株的氮最终积累量为2.5g，而磷低效品种为3.3g，磷高效品种的氮平均积累速率比磷低效品种低18.1%，而最大积累速率比磷低效品种高59.8%。高磷处理下，磷低效品种单株的氮最终积累量较高，磷高效品种的氮平均积累速率比磷低效品种低21.3%，而最大积累速率比磷低效品种高101.0%。

表8-11　不同磷效率品种氮素的积累动态方程及参数的比较

类型	磷水平	动态方程	相关系数	平均积累速率（mg·株$^{-1}$·d^{-1}）	最大积累速率（mg·株$^{-1}$·d^{-1}）
磷高效	低磷	w=2.3/（1+14.3e$^{-0.051t}$）	0.992**	20.9	29.2
	中磷	w=2.5/（1+15.7e$^{-0.066t}$）	0.987**	23.5	41.4
	高磷	w=2.4/（1+15.0e$^{-0.067t}$）	0.980**	22.2	39.2
磷低效	低磷	w=1.6/（1+10.5e$^{-0.050t}$）	0.942**	14.4	19.4
	中磷	w=3.3/（1+9.7e$^{-0.032t}$）	0.900**	28.7	25.9
	高磷	w=2.8/（1+5.5e$^{-0.028t}$）	0.900**	28.2	19.5

与低磷处理相比，中磷处理下，两类型品种全株的氮积累量、平均积累速率和最大积累速率均有所增长，其中磷高效品种分别增长了8.7%、12.4%和41.8%，磷低效品种分别增长了106.3%、99.3%和33.5%；高磷处理下，磷高效品种分别增长了4.3%、6.2%和34.2%，磷低效品种分别增长了75.0%、95.8%和0.5%。说明磷高效品种随着磷浓度增加氮积累量、平均积累速率和最大积累速率的变化幅度相对磷低效品种较小，中磷处理对两类型品种影响最大。

第二节　磷素营养

一、酸性磷酸酶（Apase）

酸性磷酸酶普遍存在于植物体中，这类酶可以催化磷酸单脂分解成Pi和相应的脂肪酸。Pi在植物体内易于移动，是磷素再利用的重要形式。植物根分泌的酸性磷酸酶可水解介质中的磷脂，使其中的磷活化为植物所吸收利用。植物细胞内的酸性磷酸酶则参与细胞内的磷“库”的运转，所以，酸性磷酸酶对磷的吸收、活化、体内磷的再利用有重要作用（Duffetal，1994）。

在大豆生长到六片复叶期（出苗后50d），测定其根部、新出生叶、全展开叶和最下部的单叶中的酸性磷酸酶活性，变化结果如图8-10所示，低磷胁迫下大豆不同部位Apase活性均有变化。根系酸性磷酸酶活性变化如图8-10（1）所示，低磷胁迫下，酸性磷酸酶活性均有升高，但升高幅度差异很大，M1活性上升27.3%，M2活性上升9.1%，K1活性上升114.3%，K2活性上升113.1%。可见在根系的酸性磷酸酶活性变化上，磷高效基因变化幅度大于磷低效基因型，大多数的研究表明，酸性磷酸酶活性在缺磷条件下升高，且认为与植物的耐低磷能力有关，低磷胁迫下植物根系合成和排出Apase，使生长介质中的有机态磷释放出来供植物利用。上部叶片的酸性磷酸酶的活性变化如图8-10（2）所示，M1活性上升38.15%，M2活性上升20.77%，K1活性下降31.9%，K2活性下降46.9%。中部叶片的酸性磷酸酶的活性变化如图8-10（3）所示，M1活性上升30.7%，M2活性上升31.8%，K1活性上升66.3%，K2活性上升88.27%。下部叶片的酸性磷酸酶的活性变化如图8-10（4）所示，M1活性上升36.8%，M2活性上升61.8%，K1活性上升125.3%，K2活性上升191.4%。

测定不同部位酸性磷酸酶的活性发现，缺磷条件下，植物体内的酶活性呈上升的趋势，植物组织衰老程度越大，活性增加越多，而且叶片中的活性大于根部，这是符合养分库源规律的。品种间的差异主要体现在随供磷量的减少酶活性变化的程度上。在缺磷条件下，磷低效品种新叶片中酶活性增长较大，说明其体内有机磷分解的程度很高；磷高效品种新叶片中酶活性呈现下降趋势，说明其体内有机磷利用的程度高。已有研究表明，植物酸性磷酸酶与植物磷营养状况之间有密切联系（Mclachlan，1984；Goldstein，1988），有研究者认为，酸性磷酸酶活性可以作为耐低磷品种筛选的一个生化指标（丁洪等，1997），酸性磷酸酶活性在不同甘蔗品种（种）之间有很大差异（叶振邦，1987），但由于酸性磷酸酶的底物的相对非特异性，植物体内含磷有机物的多样性，酸性磷酸酶参与许多生理过程。

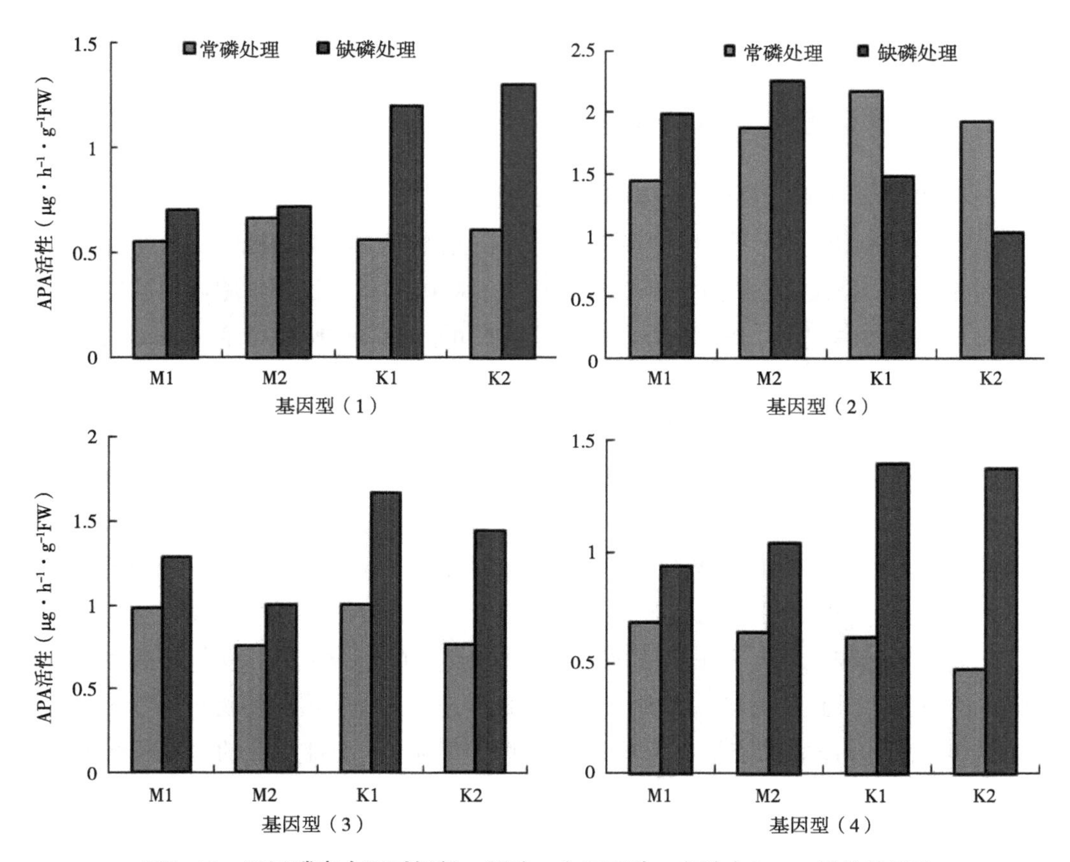

图8-10　不同磷素水平对根部、新叶、全展开叶、老叶中Apase活性的影响

注：图（1）为根部；（2）为新叶；（3）为全展开叶；（4）老叶

二、植株各器官的磷百分含量

1. 茎秆

不同生育时期不同磷效率品种茎秆磷百分含量如图8-11所示，低磷处理下，两类型品种茎的磷百分含量在整个生育时期呈下降趋势，除分枝期外磷高效品种茎的磷百分含量均高于磷低效品种，且在开花期、始熟期和成熟期差异达显著或极显著。中磷处理下，两类型品种茎的磷百分含量先增加后下降，磷高效品种茎的磷百分含量在分枝期、开花期、结荚期和鼓粒期均高于磷低效品种，在始熟期和成熟期磷低效品种茎的磷百分含量较高。高磷处理下，磷高效品种茎的磷百分含量在开花期和鼓粒期分别

出现两个小峰后呈下降趋势，磷低效品种呈双峰趋势，从鼓粒末期到成熟期磷高效品种茎的磷百分含量高于磷低效品种，且后期磷的百分含量下降较缓慢，磷高效品种磷的百分含量下降20.7%，磷低效品种下降48.1%。

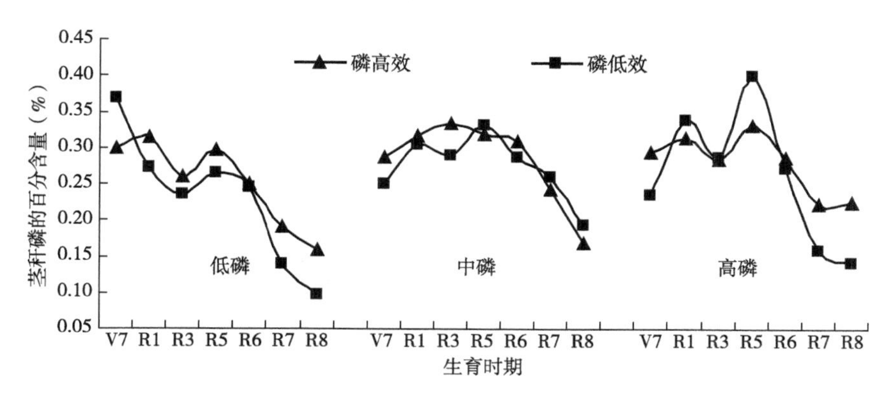

图8-11　不同磷效率品种茎秆的磷百分含量比较

从不同磷处理来看（表8-12），与低磷处理相比，中磷和高磷处理下，两类型品种茎秆的磷百分含量在分枝期有所下降；在开花期，磷高效品种变化较小，磷低效品种有所增长，且在中磷处理下差异显著；结荚期到成熟期，两类型品种茎秆的磷百分含量均有所增长，磷高效品种分别平均增长18.8%和19.4%，磷低效品种分别平均增长48.9%和28.3%。说明中磷和高磷处理能显著增加磷低效品种茎的磷百分含量，而磷高效品种则变化幅度较小。

表8-12　不同生育时期磷高效和磷低效品种茎秆的磷百分含量比较（%）

类型	磷水平	分枝期	开花期	结荚期	鼓粒期	鼓粒末期	始熟期	成熟期
磷高效	低磷	3.0b a	3.1a a	2.6ns b	3.0ns a	2.5ns b	1.9a b	1.6A b
	中磷	2.9ns a	3.2ns a	3.4ns a	3.2ns a	3.1ns a	2.4ns a	1.7ns b
	高磷	2.9ns a	3.1ns a	2.9ns b	3.3b a	2.9ns a	2.2A ab	2.3A a
磷低效	低磷	3.7a a	2.7b b	2.4ns b	2.6ns c	2.4ns b	1.4b b	1.0B c
	中磷	2.5ns b	3.0ns ab	2.9ns a	3.3ns b	2.9ns a	2.6ns a	1.9ns a
	高磷	2.3ns b	3.4ns a	2.9ns a	4.0a a	2.7ns ab	1.6B b	1.4B b

2. 叶片

不同生育时期不同磷效率品种叶片的磷百分含量如图8-12所示，低磷处理下，磷高效品种叶片的磷百分含量在开花期、鼓粒期到成熟期高于磷低效品种，且差异多达显著，磷高效品种叶片的磷百分含量从鼓粒期开始下降，而磷低效品种叶片的磷百分含量从结荚期就开始下降，且最终降幅较大。中磷处理下，开花期到鼓粒末期，磷高效品种叶片的磷百分含量高于磷低效品种。高磷处理下，整个生育时期，磷高效品种叶片的磷百分含量多低于磷低效品种，但差异均未达显著。

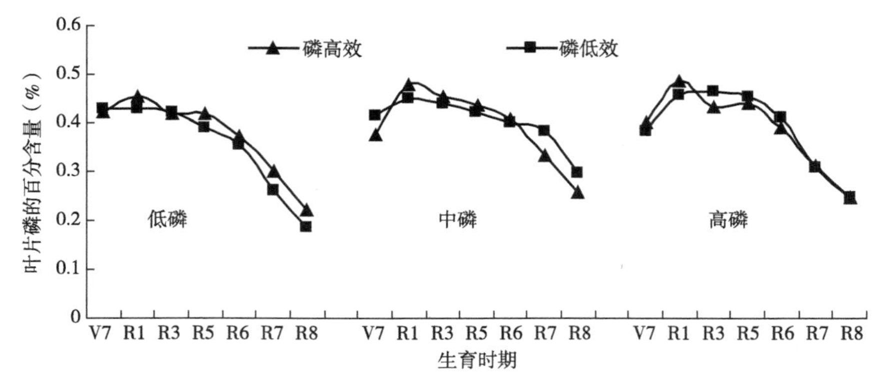

图8-12　不同磷效率品种叶片磷的百分含量比较

从不同磷处理来看（表8-13），与低磷处理相比，中磷和高磷处理下，两类型品种叶片的磷积累量除分枝期外不同生育时期均有所增长，磷高效品种叶片的磷百分含量平均增长9.2%和6.4%，磷低效品种平均增长22.6%和17.5%；分枝期，磷高效品种叶片的磷百分含量中磷处理下降较多达9.5%，而磷低效品种的高磷处理下降较多达11.6%。

表8-13　不同生育时期磷高效和磷低效品种叶片的磷百分含量比较（%）

类型	磷水平	分枝期	开花期	结荚期	鼓粒期	鼓粒末期	始熟期	成熟期
磷高效	低磷	4.2ns a	4.5a b	4.2ns a	4.2ns a	3.7a b	3.0a b	2.2a a
	中磷	3.8ns b	4.8ns ab	4.5ns a	4.3ns a	4.1ns a	3.3ns a	2.6b a
	高磷	4.0ns ab	4.9ns a	4.3ns a	4.4ns a	3.9ns ab	3.1ns ab	2.5ns a
磷低效	低磷	4.3ns a	4.3b a	4.2ns a	3.9ns b	3.5b b	2.6b b	1.9b c
	中磷	4.1ns a	4.5ns a	4.4ns a	4.2ns b	4.0ns a	3.8ns a	3.0a a
	高磷	3.8ns a	4.6ns a	4.7ns a	4.6ns a	4.1ns a	3.1ns ab	2.5ns b

3. 荚皮

不同生育时期不同磷效率品种荚皮的磷百分含量如图8-13所示，3种磷处理下，各品种荚皮的磷百分含量随生育进程均呈逐渐下降趋势，且磷高效和磷低效品种的差异较小，只在高磷处理下，鼓粒期磷高效品种荚皮的磷百分含量极显著低于磷低效品种。

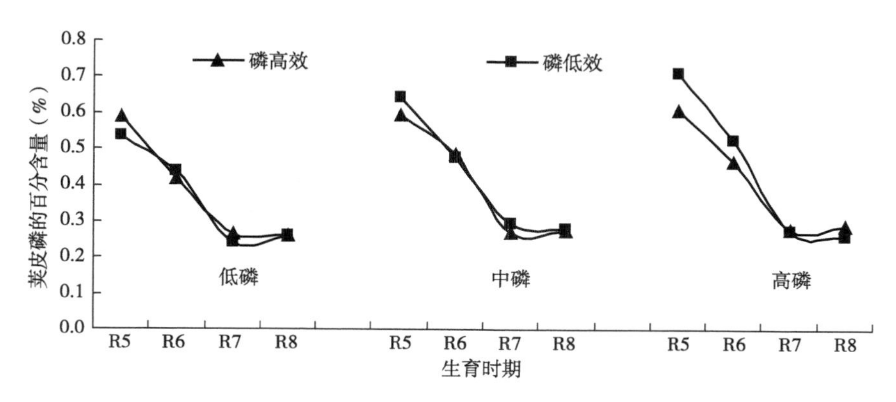

图8-13　不同磷效率品种荚皮的磷百分含量比较

从不同磷处理来看（表8-14），与低磷处理相比，中磷和高磷处理下两类型品种荚皮的磷百分含量在整个生育时期有所增长，磷高效品种增长了6.5%和7.6%，磷低效品种增长了14.0%和16.7%，在中磷处理下，磷高效品种荚皮的磷百分含量在鼓粒末期增长最多，达16.7%，而磷低效品种在始熟期增长最多，达20.8%，高磷处理下，磷高效品种在鼓粒末期增长最多达11.9%，磷低效品种在鼓粒期增长最多达34.0%。

表8-14　不同生育时期磷高效和磷低效品种荚皮的磷百分含量比较（%）

类型	磷水平	鼓粒期	鼓粒末期	始熟期	成熟期
磷高效	低磷	5.9ns a	4.2ns b	2.7ns a	2.6ns a
	中磷	6.0ns a	4.9ns a	2.7ns a	2.8ns a
	高磷	6.1B a	4.7ns a	2.8ns a	2.9ns a
磷低效	低磷	5.3ns b	4.4ns b	2.4ns b	2.6ns a
	中磷	6.4ns a	4.7ns ab	2.9ns a	2.8ns a
	高磷	7.1A a	5.3ns a	2.7ns a	2.6ns a

4. 籽粒

不同生育时期不同磷效率品种籽粒的磷百分含量如图8-14所示，低磷和中磷处理下，在始熟期磷高效品种籽粒的磷百分含量高于磷低效品种，鼓粒末期和成熟期均低于磷低效品种。高磷处理下，磷高效品种籽粒的磷百分含量在鼓粒末期极显著低于磷低效品种。

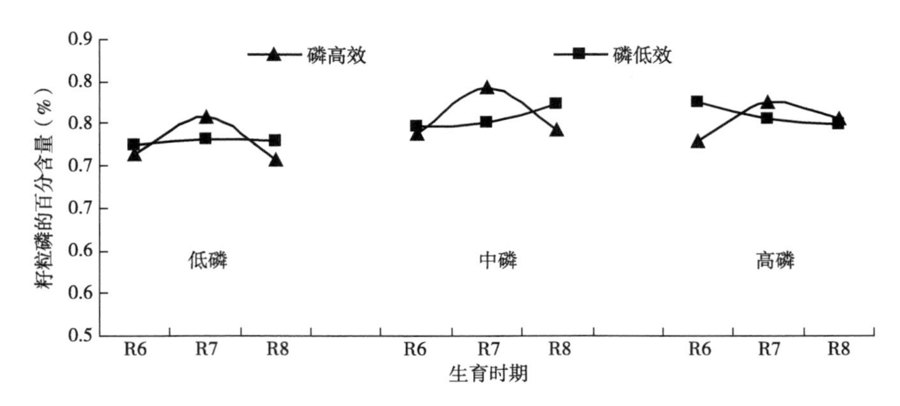

图8-14　不同磷效率品种籽粒的磷百分含量比较

从不同磷处理来看（表8-15），与低磷处理相比，中磷和高磷处理下两类型品种籽粒的磷百分含量在整个生育时期均有所增长，磷高效品种平均增长4.1%和3.7%，磷低效品种平均增长4.1%和4.6%，高磷处理可以显著增加鼓粒末期和成熟期磷低效品种籽粒的磷百分含量。

表8-15　不同生育时期磷高效和磷低效品种籽粒的磷百分含量比较（%）

类型	磷水平	鼓粒末期	始熟期	成熟期
磷高效	低磷	7.1ns a	7.6ns b	7.1ns b
	中磷	7.4ns a	7.9a a	7.4b a
	高磷	7.3B a	7.7ns ab	7.6ns a
磷低效	低磷	7.2ns b	7.3ns a	7.3ns b
	中磷	7.5ns ab	7.5b a	7.7a a
	高磷	7.7A a	7.6ns a	7.5ns a

5. 整株

不同生育时期不同磷效率品种整株的磷百分含量如图8-15所示，低磷处理下，除分枝期和鼓粒末期，其他生育时期磷高效品种整株的磷百分含量高于磷低效品种，平均高13.7%，且在开花期、始熟期和成熟期差异达显著或极显著。中磷处理下，磷高效品种整株的磷百分含量与磷低效品种相差较小，且两类型品种整株的磷百分含量波动较小。中磷处理可以显著增加始熟期和成熟期磷高效品种籽粒的磷百分含量和磷低效品种成熟期的磷百分含量。高磷处理下，分枝期到鼓粒末期，磷高效品种整株的磷百分含量多低于磷低效品种，始熟期到成熟期磷高效品种极显著高于磷低效品种，平均高21.7%。

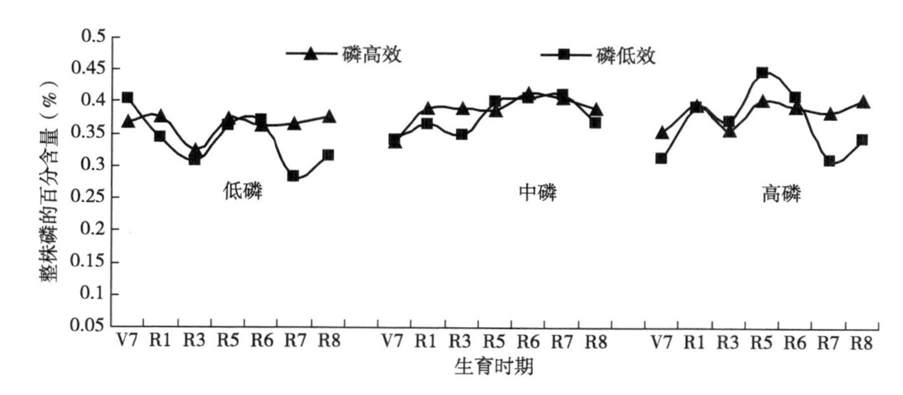

图8-15　不同磷效率品种全株的磷百分含量比较

从不同磷处理来看（表8-16），与低磷处理相比，中、高磷处理下，两类型品种在分枝期整株的磷百分含量均有所下降，磷高效品种分别下降8.1%和5.4%，磷低效品种分别下降15.0%和22.5%；开花期到成熟期，两类型品种整株的磷百分含量有所增长，磷高效品种平均增长9.5%和7.5%，磷低效品种平均增长17.6%和14.5%。中磷处理使磷高效品种整株的磷百分含量有较高增长，而使磷低效品种生育后期尤其是始熟期的磷百分含量增长较快。

表8-16　不同生育时期磷高效和磷低效品种全株的磷百分含量比较（%）

类型	磷水平	分枝期	开花期	结荚期	鼓粒期	鼓粒末期	始熟期	成熟期
磷高效	低磷	3.7ns a	3.8A a	3.2ns b	3.7ns a	3.6ns c	3.7A b	3.8a a
	中磷	3.4ns a	3.9ns a	3.9ns a	3.9ns a	4.1ns a	4.1ns a	3.9ns a
	高磷	3.5ns a	3.9ns a	3.6ns ab	4.1ns a	3.9ns b	3.9A ab	4.0A a
磷低效	低磷	4.0ns a	3.4B a	3.1ns b	3.6ns c	3.7ns a	2.8B b	3.2b a
	中磷	3.4ns b	3.7ns ab	3.5ns a	4.0ns b	4.1ns a	4.1ns a	3.7ns a
	高磷	3.1ns b	3.9ns a	3.7ns a	4.5ns a	4.1ns a	3.1B ab	3.4B a

三、植株各器官的磷积累量

1. 茎秆

不同生育时期不同磷效率品种茎秆的磷积累量如图8-16所示，低磷处理下，磷高效品种茎秆的磷积累量除分枝期略低于磷低效品种之外其他生育时期均高于磷低效品种，平均高达32.3%，且差异达显著或极显著。中磷处理下，磷高效品种茎秆的磷积累量在分枝期、开花期、鼓粒期和鼓粒末期高于磷低效品种，且在开花期、鼓粒期和鼓粒末期差异达显著或极显著。高磷处理下，两类型品种茎秆的磷积累量在整个生育时期多相差较小，仅在成熟期磷高效品种显著高于磷低效品种。

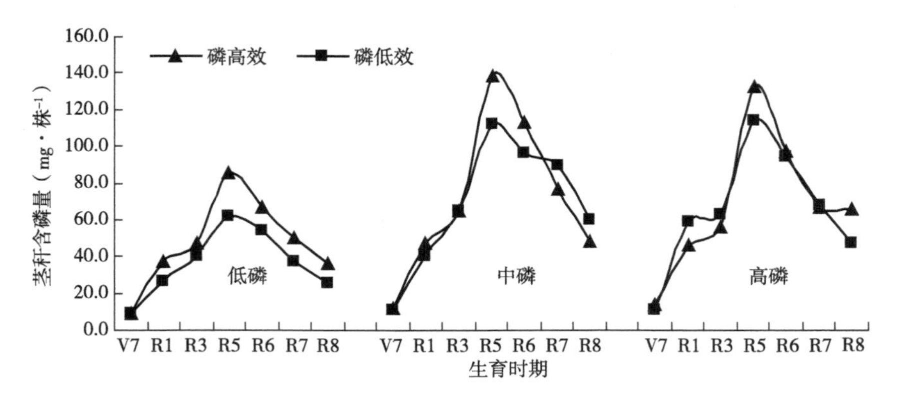

图8-16　不同磷效率品种茎秆的磷积累量的比较

从不同磷处理来看（表8-17），与低磷处理相比，中磷和高磷处理下，两类型品种茎秆的磷积累量在整个生育时期均有所增长，磷高效品种分别在鼓粒末期和鼓粒期增长最多达69.3%和55.2%，而整个生育时期平均增长了43.7%和43.9%；磷低效品种分别在始熟期和开花期增长最多达136.1%和121.8%，平均增长了79.9%和74.2%。说明磷处理能大幅度提高磷低效品种的茎秆磷百分含量，而磷高效品种增加的幅度相对较小。

表8-17　不同生育时期磷高效和磷低效品种茎秆的磷积累量的比较（$mg \cdot 株^{-1}$）

类型	磷水平	分枝期	开花期	结荚期	鼓粒期	鼓粒末期	始熟期	成熟期
磷高效	低磷	9.1ns c	37.4A b	47.5a b	85.2A b	66.4A c	50.1a b	35.9a b
	中磷	11.7ns b	46.8a a	64.3ns a	138.8a a	112.4A a	76.1ns a	47.7b b
	高磷	13.5ns a	46.4ns a	56.0ns a	132.2ns a	97.3ns b	66.3ns a	65.8a a
磷低效	低磷	9.2ns a	26.6B b	40.6b b	62.2B b	54.2B b	37.7b c	25.0b c
	中磷	10.7ns a	40.3b b	64.8ns a	112.0b a	96.3B a	89.0ns a	59.6a a
	高磷	10.8ns a	59.0ns a	62.4ns a	113.8ns a	94.4ns a	68.1ns b	47.1b b

2. 叶片

不同生育时期不同磷效率品种叶片的磷积累量如图8-17所示，低磷处理下，磷高效品种叶片的磷积累量在不同生育时期均高于磷低效品种，平均高26.1%，且差异达显著或极显著。中磷处理下，磷高效品种叶片的磷积累量从开花期到鼓粒末期高于磷低效品种，且在开花期差异显著和极显著。高磷处理下，开花期和结荚期磷高效品种叶片的磷积累量低于磷低效品种，而在鼓粒期和始熟期，磷高效品种叶片的磷积累量显著高于磷低效品种。

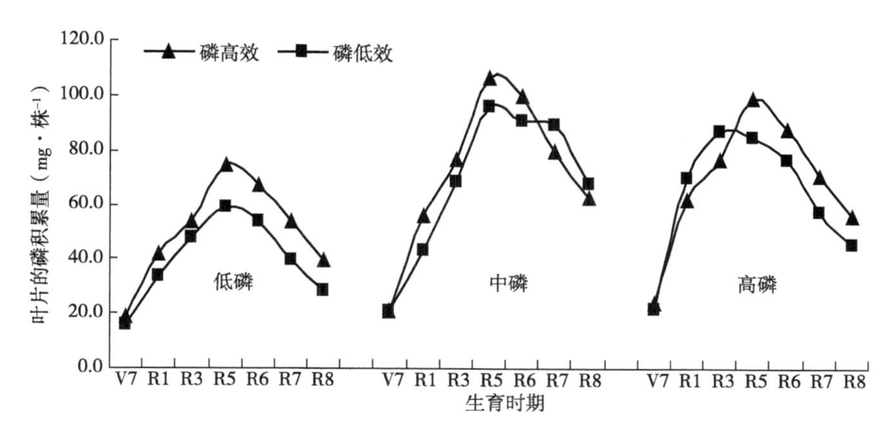

图8-17　不同磷效率品种叶片的磷积累量的比较

从不同磷处理来看（表8-18），与低磷处理相比，中磷和高磷处理下，磷高效和磷低效品种叶片的磷积累量在整个生育时期均有所增长，磷高效品种平均增长41.2%和36.7%，磷低效品种平均增长72.2%和60.2%，中磷和高磷处理使两类型品种叶片的磷积累量分别在成熟期期和开花期增长最多，其中磷高效品种增长47.2%和47.0%，磷低效品种增长139.0%和109.9%。

表8-18　不同生育时期磷高效和磷低效品种叶片的磷积累量的比较（$mg \cdot 株^{-1}$）

类型	磷水平	分枝期	开花期	结荚期	鼓粒期	鼓粒末期	始熟期	成熟期
磷高效	低磷	18.7a b	41.9A c	53.6ns b	74.6A b	66.9A b	53.5a a	39.6a b
	中磷	21.2ns ab	55.9a b	76.4ns a	106.7ns a	99.9ns a	80.1ns a	62.3ns a
	高磷	24.1ns a	61.6ns a	77.1ns a	98.9a a	88.1ns a	70.5A a	55.8ns a
磷低效	低磷	15.5b b	33.5B b	47.8ns c	59.2B c	54.0B b	39.7b c	28.3b c
	中磷	21.2ns a	43.3b b	68.9ns b	96.5ns a	91.1ns a	89.1ns a	67.6ns a
	高磷	21.3ns ab	70.3ns a	87.2ns a	85.1b b	76.6ns ab	57.1B b	45.8ns b

3. 荚皮

不同生育时期不同磷效率品种荚皮的磷积累量如图8-18所示，低磷处理下，磷高效品种荚皮的磷积累量在鼓粒期极显著低于磷低效品种，而在鼓粒末期到成熟期高于磷低效品种，且差异多达显著。中磷处理下，磷高效品种只在鼓粒末期极显著高于磷低效品种，其他生育时期低于磷低效品种。高磷处理下，除鼓粒末期，其他生育时期磷高效品种荚皮的磷积累量均显著或极显著高于磷低效品种。

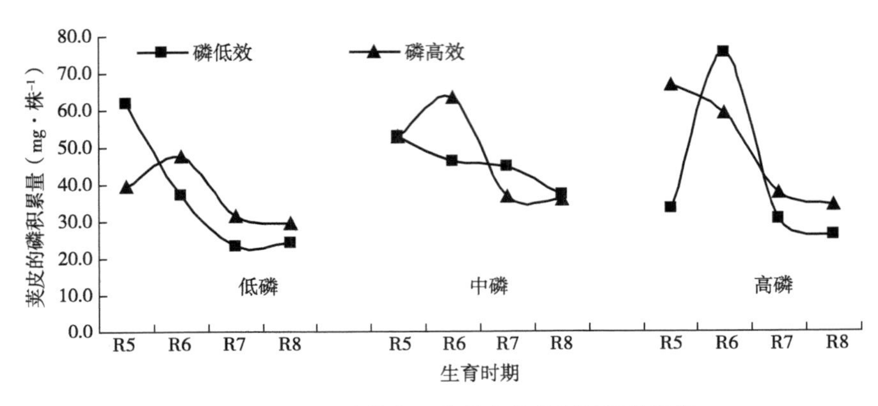

图8-18　不同磷效率品种荚皮的磷积累量的比较

从不同磷处理来看（表8-19），与低磷处理相比，中磷和高磷处理下磷高效品种荚皮的磷积累量在整个生育时期均有所增长，平均增长25.3%和31.4%，磷低效品种除鼓粒期外，也有所增长，平均增长56.5%和46.8%。与低磷处理相比，中磷和高磷处理对磷高效品种鼓粒期荚皮磷含量影响最大，分别增长了32.7%和67.8%，对磷低效品种始熟期和鼓粒末期荚皮的磷积累量影响最大，分别增长了92.7%和101.6%。

表8-19　不同生育时期磷高效和磷低效品种荚皮的磷积累量的比较（$mg \cdot 株^{-1}$）

类型	磷水平	鼓粒期	鼓粒末期	始熟期	成熟期
磷高效	低磷	39.8B c	47.8a b	31.6a a	29.6ns b
	中磷	52.8ns b	63.2A a	36.6B a	35.7ns a
	高磷	66.8A a	59.1B a	37.5a a	34.2A ab
磷低效	低磷	61.9A a	37.4b b	23.3b c	24.3ns b
	中磷	53.0ns a	46.3B b	44.9A a	37.2ns a
	高磷	33.2B b	75.4A a	30.5b b	26.2B ab

4. 籽粒

不同生育时期不同磷效率品种籽粒的磷积累量如图8-19所示，低磷和高磷处理下，磷高效品种籽粒的磷积累量在始熟期和成熟期高于磷低效品种，且差异达显著或极显著。中磷处理下，磷高效品种磷积累量均高于磷低效品种，且在鼓粒末期和成熟期差异达显著。籽粒磷利用效率反映了籽粒单位的磷积累量所能产生的籽粒重。磷高效品种各处理的籽粒磷效率都显著高于磷低效品种，且在低磷条件下籽粒磷效率最高，而磷低效品种则在中磷条件下籽粒磷效率达到最高。

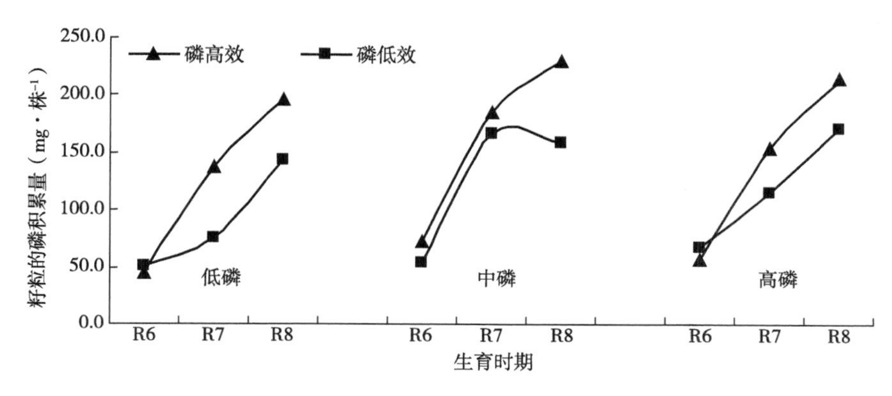

图8-19　不同磷效率品种籽粒的磷积累量的比较

从不同磷处理来看（表8-20），与低磷处理相比，中磷和高磷处理下磷高效和磷低效品种籽粒的磷积累量在整个生育时期均有所增长，磷高效品种平均增长了37.3%和15.7%，其中在鼓粒末期对磷高效品种籽粒的磷积累量影响最大，使其含量增加了59.3%和26.2%，磷低效品种平均增长了45.0%和34.6%，且在始熟期对磷低效品种籽粒的磷积累量影响较大，分别增长了119.6%和52.2%。

表8-20　不同生育时期磷高效和磷低效品种籽粒的磷积累量的比较（$mg\cdot株^{-1}$）

类型	磷水平	鼓粒末期	始熟期	成熟期	籽粒磷利用效率
磷高效	低磷	45.4ns c	137.7A b	195.2a a	42.8a a
	中磷	72.3a a	185.5ns a	230.5a a	36.0a b
	高磷	57.3ns b	153.7a b	213.1a a	35.0a b
磷低效	低磷	51.0ns a	75.7B c	144.1b a	27.3b ab
	中磷	53.6b a	166.2ns a	158.9b a	28.5b a
	高磷	67.7ns a	115.2b b	171.2b a	25.4b b

5. 整株

低磷处理下，磷高效品种整株的磷积累量在整个生育时期均高于磷低效品种（表8-21），平均高24.7%，且差异多达显著或极显著。中磷处理下，除始熟期外其他生育时期磷高效品种整株的磷积累量高于磷低效品种，平均高13.8%，且在开花期、鼓粒末期、成熟期差异达显著或极显著。高磷处理下，分枝期、鼓粒期、始熟期和成熟期磷高效品种整株磷积累量高于磷低效品种，且在鼓粒期和成熟期差异达显著。

从不同磷处理来看，与低磷处理相比，中磷和高磷处理磷高效和磷低效品种整株的磷积累量在整个生育时期均有所增长，磷高效品种不同生育时期平均增长了36.3%

和32.6%，分别在鼓粒末期和鼓粒期增长最多，为53.6%和48.7%，磷低效品种平均增长了55.3%和55.0%，分别在始熟期和开花期增长最多，分别为133.2%和114.8%。

表8-21　不同生育时期磷高效和磷低效品种整株的磷积累量的比较

类型	磷水平	分枝期	开花期	结荚期	鼓粒期	鼓粒末期	始熟期	成熟期
磷高效	低磷	27.8ns c	79.3A b	101.1a b	199.5a b	226.4A b	272.8A b	300.4A b
	中磷	32.9ns b	102.7a a	140.8ns a	298.4ns a	347.8A a	378.3ns a	376.2a a
	高磷	37.5ns a	108.0ns a	133.1ns a	297.9a a	301.9ns a	328.1ns a	369.0a a
磷低效	低磷	24.7ns a	60.2B b	88.4b c	183.3b b	196.5B c	176.4B c	221.8B b
	中磷	31.9ns a	83.6b a	133.6ns b	261.5ns a	287.3B b	411.3ns a	323.3b a
	高磷	32.1ns a	129.3ns a	149.6ns a	232.1b a	314.1ns a	271.0ns b	290.3b a

为了探讨不同磷效率基因型大豆品种磷素积累速率的差异，根据各类型品种的磷积累量，用Logistic方程进行了动态模拟（表8-22），低磷处理下，磷高效品种单株P的最终积累量高于磷低效品种，磷高效品种的磷平均积累速率和最大积累速率比磷低效品种高33.3%和23.7%。中磷处理下，磷高效品种的磷平均积累速率低于磷低效品种，但最大积累速率比磷低效品种高75.0%。高磷处理下，磷高效品种的平均积累速率仍低于磷低效品种，最大积累速率高于磷低效品种。

与低磷处理相比，中磷处理下，两类型品种的磷积累量、平均积累速率和最大积累速率均有所增长，其中磷高效品种分别增长了22.4%、50.0%和93.6%，磷低效品种分别增长了109.1%、119.0%和36.8%；高磷处理下，磷高效品种分别增长了20.1%、25.0%和38.3%，磷低效品种分别增长了72.4%、100.0%和13.2%。说明中磷和高磷处理能明显提高磷低效品种的磷积累量、平均积累速率，对磷高效品种的影响幅度相对较小。

表8-22　不同磷效率品种磷素积累动态方程及参数的比较

类型	磷水平	动态方程	相关系数	平均积累速率（mg·株$^{-1}$·d^{-1}）	最大积累速率（mg·株$^{-1}$·d^{-1}）
磷高效	低磷	$w=309.4/(1+24.3e^{-0.060t})$	0.989**	2.8	4.7
	中磷	$w=378.8/(1+60.3e^{-0.096t})$	0.946**	4.2	9.1
	高磷	$w=371.5/(1+27.5e^{-0.070t})$	0.960**	3.5	6.5
磷低效	低磷	$w=223.1/(1+24.0e^{-0.068t})$	0.931**	2.1	3.8
	中磷	$w=466.5/(1+18.0e^{-0.045t})$	0.980**	4.6	5.2
	高磷	$w=384.7/(1+19.8e^{-0.059t})$	0.975**	4.2	4.3

第三节　钾素营养

一、植物器官的钾百分含量

1. 茎秆

不同生育时期不同磷效率品种茎秆的钾百分含量如图8-20所示，3种磷处理下，供试品种茎秆的钾百分含量在整个生育时期均呈下降趋势。低磷处理下，磷高效品种茎的钾百分含量均高于磷低效品种，平均高39.0%，且在分枝期和开花期差异达显著。中磷处理下，除分枝期、始熟期和成熟期外，其他生育时期磷高效品种茎秆的钾百分含量均高于磷低效品种，且在开花期差异达显著。高磷处理下，磷高效品种茎的钾百分含量多高于磷低效品种，但差异均未达显著，且两类型品种茎秆的钾百分含量的差值减小。

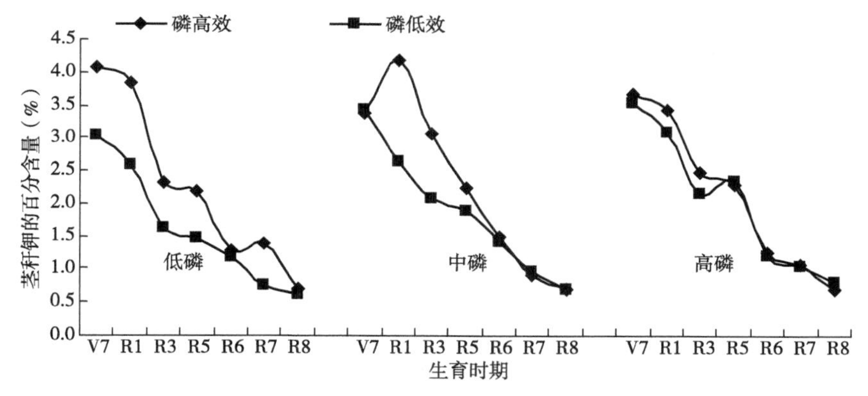

图8-20　不同磷效率品种茎秆的钾百分含量的比较

从不同磷处理来看（表8-23），与低磷处理相比，在中磷和高磷处理下，磷高效品种茎秆的钾百分含量对磷处理反应不同，如中磷处理使磷高效品种茎秆的钾百分含量在分枝期和始熟期有所下降，高磷处理使分枝期、开花期、鼓粒末期和始熟期的磷高效品种的钾百分含量有所下降，但差异较小均未达显著。而磷低效品种茎秆的钾百分含量多有所增长，平均分别增长21.6%和26.4%。

表8-23　不同生育时期磷高效和磷低效品种茎秆的钾百分含量的比较（%）

类型	磷水平	分枝期	开花期	结荚期	鼓粒期	鼓粒末期	始熟期	成熟期
磷高效	低磷	4.1a a	3.8a a	2.3ns a	2.2ns a	1.3ns a	1.4ns a	0.7ns a
	中磷	3.4ns a	4.2a a	3.1ns a	2.2ns a	1.5ns a	0.9ns a	0.7ns a
	高磷	3.7ns a	3.4ns a	2.5ns a	2.3ns a	1.2ns a	1.1ns a	0.7ns a

（续表）

类型	磷水平	分枝期	开花期	结荚期	鼓粒期	鼓粒末期	始熟期	成熟期
磷低效	低磷	3.0b a	2.6b a	1.6ns a	1.5ns b	1.2ns a	0.8ns a	0.6ns a
	中磷	3.4ns a	2.6b a	2.1ns a	1.9ns ab	1.4ns a	1.0ns a	0.7ns a
	高磷	3.5ns a	3.1ns a	2.2ns a	2.3ns a	1.2ns a	1.0ns a	0.8ns a

2. 叶片

不同生育时期不同磷效率品种叶片钾百分含量如图8-21所示，整个生育时期，磷高效和磷低效品种叶片的钾百分含量呈下降趋势，且两类型品种叶片的钾百分含量差异很小。低磷处理下，除结荚期外磷高效品种叶片的钾百分含量高于磷低效品种。中磷处理下，在开花期磷高效品种的钾百分含量显著高于磷低效品种，高磷处理下，两类型品种叶片的钾百分含相差较小。

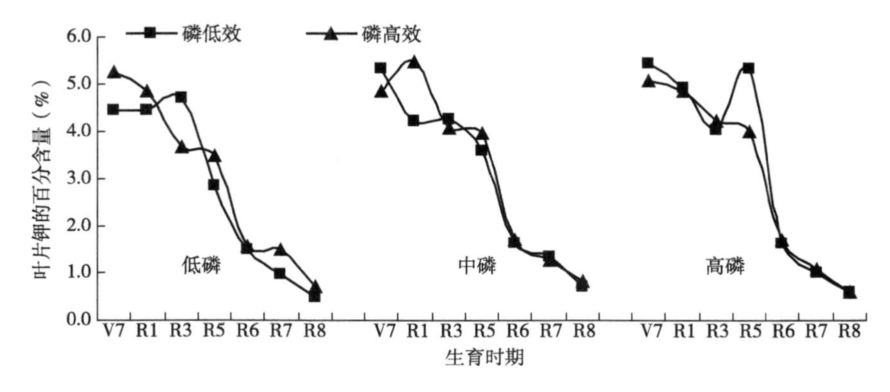

图8-21　不同磷效率品种叶片的钾百分含量的比较

从不同磷处理来看（表8-24），与低磷处理相比，中磷和高磷处理下，磷高效品种叶片的钾百分含量在分枝期和始熟期有所下降，在开花期中磷处理使钾百分含量有所增长，在结荚期到鼓粒末期中磷和高磷处理使钾百分含量有所增长；磷低效品种叶片的钾百分含量在结荚期有所下降，在开花期中磷处理使钾百分含量有所下降，而高磷处理使钾百分含量增长，在分枝期、鼓粒期到始熟期磷低效品种叶片的钾百分含量有所增长。

表8-24　不同生育时期磷高效和磷低效品种叶片的钾百分含量的比较（%）

类型	磷水平	分枝期	开花期	结荚期	鼓粒期	鼓粒末期	始熟期	成熟期
磷高效	低磷	5.3ns a	4.9ns a	3.7ns a	3.5ns a	1.6ns a	1.5ns a	0.7ns a
	中磷	4.8ns a	5.5a a	4.1ns a	3.9ns a	1.7ns a	1.3ns a	0.8ns a
	高磷	5.1ns a	4.9ns a	4.2ns a	4.0ns a	1.7ns a	1.1ns a	0.6ns a

（续表）

类型	磷水平	分枝期	开花期	结荚期	鼓粒期	鼓粒末期	始熟期	成熟期
磷低效	低磷	4.4ns b	4.4ns a	4.7ns a	2.9ns b	1.5ns a	1.0ns a	0.5ns a
	中磷	5.3ns a	4.2b a	4.3ns a	3.6ns b	1.6ns a	1.3ns a	0.7ns a
	高磷	5.4ns a	4.9ns a	4.0ns a	5.3ns a	1.6ns a	1.0ns a	0.6ns a

3. 荚皮

不同生育时期不同磷效率品种荚皮的钾百分含量如图8-22所示，3种磷处理下，两类型品种荚皮的钾百分含量均呈先增加后降低的趋势。低磷处理下，磷高效品种荚皮的钾百分含量高于磷低效品种，且在始熟期和成熟期差异达显著。中磷处理下，鼓粒期、始熟期和成熟期磷高效品种荚皮的钾百分含量高于磷低效品种，鼓粒末期磷高效品种的钾百分含量低于磷低效品种。高磷处理下，鼓粒末期磷高效品种荚皮的钾百分含量高于磷低效品种。

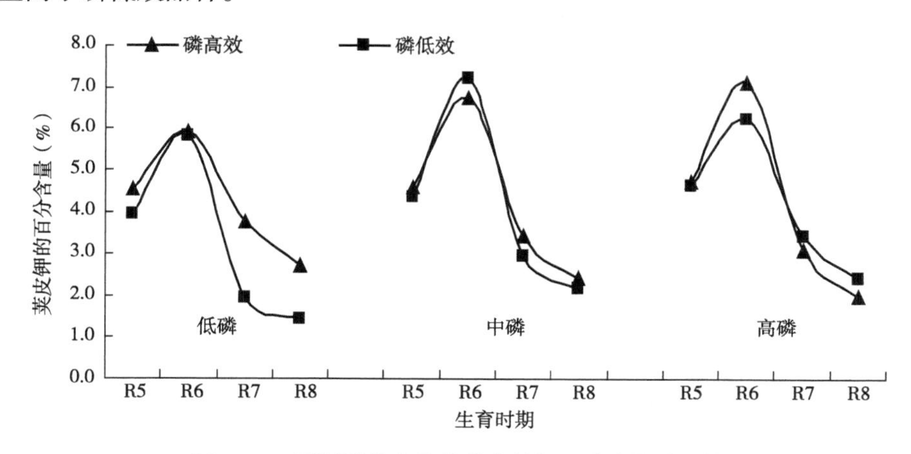

图8-22　不同磷效率品种荚皮的钾百分含量的比较

从不同磷处理来看（表8-25），与低磷处理相比，中磷和高磷处理下，磷高效品种荚皮的钾百分含量多有所增长，仅在始熟期随磷处理浓度增加而降低，但差异并未达显著。磷低效品种均有所增长，平均增长36.7%和44.9%，在鼓粒末期中磷处理与低磷差异达显著，始熟期和成熟期中磷和高磷处理与低磷差异均达显著。说明磷高效品种荚皮的钾百分含量受磷处理影响较小，而中磷和高磷处理可以增加磷低效品种荚皮的钾百分含量，高磷处理能进一步增加始熟期和成熟期磷低效品种钾百分含量。

表8-25　不同生育时期磷高效和磷低效品种荚皮的钾百分含量的比较（%）

类型	磷水平	鼓粒期	鼓粒末期	始熟期	成熟期
磷高效	低磷	4.5ns a	5.9ns a	3.8a a	2.7a a
	中磷	4.6ns a	6.8ns a	3.4ns a	2.4ns a
	高磷	4.7ns a	7.1ns a	3.1ns a	2.0ns a
磷低效	低磷	3.9ns a	5.8ns b	1.9b b	1.4b b
	中磷	4.4ns a	7.2ns a	2.9ns a	2.2ns a
	高磷	4.7ns a	6.3ns ab	3.4ns a	2.4ns a

4. 籽粒

不同生育时期不同磷效率品种籽粒的钾百分含量如图8-23所示，低磷处理下，磷高效品种籽粒的钾百分含量在鼓粒末期和成熟期低于磷低效品种，始熟期磷高效品种的钾百分含量较高。中磷处理下，磷高效品种籽粒的钾百分含量均低于磷低效品种，且在始熟期差异达显著。高磷处理下，鼓粒末期到始熟期磷高效品种籽粒的钾百分分含量低于磷低效品种，成熟期两者相差较小。

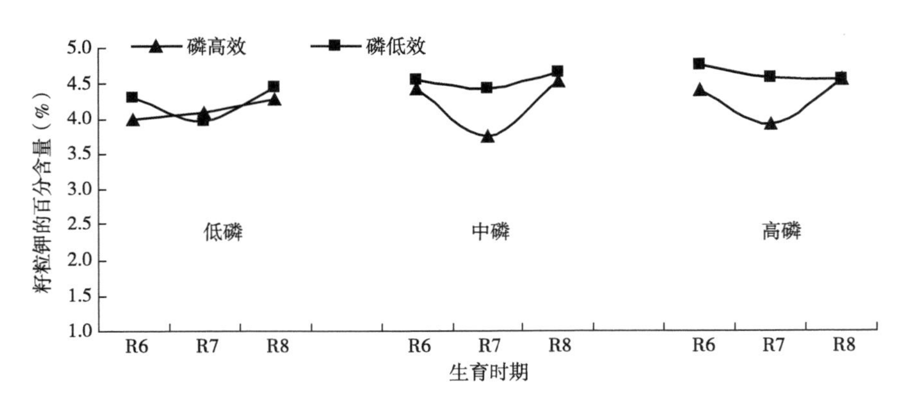

图8-23　不同磷效率品种籽粒的钾百分含量的比较

从不同磷处理来看（表8-26），与低磷处理相比，中磷和高磷处理下，磷高效品种籽粒的钾百分含量在鼓粒末期和成熟期有所增长，平均分别增长7.3%和8.5%，在始熟期钾百分含量有所下降但差异均未达显著，磷低效品种籽粒的钾百分含量有所增长，平均增长了6.7%和8.7%，并在鼓粒末期和始熟期高磷处理与低磷处理下差异达显著。

表8-26　不同生育时期磷高效和磷低效品种籽粒的钾百分含量的比较（%）

类型	磷水平	鼓粒末期	始熟期	成熟期
磷高效	低磷	4.0ns a	4.1ns a	4.3ns a
	中磷	4.4ns a	3.7b a	4.5ns a
	高磷	4.4ns a	3.9ns a	4.6ns a
磷低效	低磷	4.3ns b	4.0ns b	4.5ns a
	中磷	4.5ns ab	4.4a ab	4.7ns a
	高磷	4.7ns a	4.6ns a	4.5ns a

5. 整株

不同生育时期不同磷效率品种整株钾含量百分比如图8-24所示，两类型品种整株的钾百分含量在整个生育时期呈下降趋势，低磷处理下，磷高效品种整株的钾百分含量高于磷低效品种，平均高25.0%，且在分枝期、开花期、始熟期和成熟期差异达显著。中磷处理下，磷高效品种整株的钾百分含量在开花期到鼓粒末期和成熟期高于磷低效品种，且在开花期差异达显著。高磷处理下，两类型品种整株的钾百分含量相差较小，差异均未达显著。

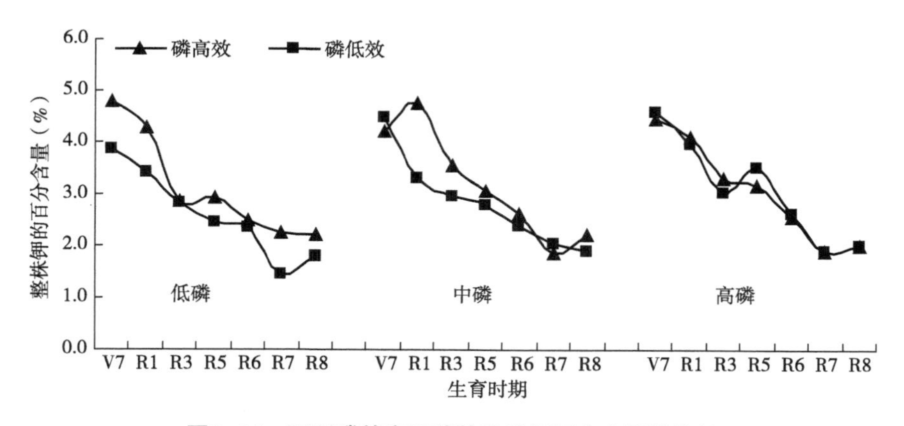

图8-24　不同磷效率品种整株的钾百分含量的比较

从不同磷处理来看（表8-27），与低磷处理相比，中、高磷处理下磷高效品种整株的钾百分含量在分枝期和始熟期有所下降，结荚期到鼓粒末期含量有所增长，但差异未达显著；磷低效品种的钾百分含量除中磷处理下开花期和鼓粒末期略有下降外，中磷和高磷处理下其钾百分含量均有所增长，平均分别增长了15.6%和20.6%，且在结荚期、鼓粒期和始熟期高磷处理与低磷处理钾百分含量差异达显著。中高磷对磷高效品种整株的钾百分含量来说各个生育时期影响不同，并不都是正效应，而磷胁迫下其也可保持较高的钾百分含量。对磷低效品种来说，中磷和高磷处理多增加其整株的钾百分含量。

表8-27　不同生育时期磷高效和磷低效品种整株的钾百分含量的比较（%）

类型	磷水平	分枝期	开花期	结荚期	鼓粒期	鼓粒末期	始熟期	成熟期
磷高效	低磷	4.8a a	4.3a a	2.8ns a	2.9ns a	2.5ns a	2.3a a	2.2a a
	中磷	4.2ns a	4.8a a	3.5ns a	3.1ns a	2.6ns a	1.9ns a	2.2ns a
	高磷	4.5ns a	4.1ns a	3.3ns a	3.2ns a	2.6ns a	1.9ns a	2.0ns a
磷低效	低磷	3.9b a	3.4b a	2.8ns b	2.4ns b	2.4ns a	1.5b b	1.8b a
	中磷	4.5ns a	3.3b a	3.0ns ab	2.8ns ab	2.4ns a	2.0ns a	1.9ns a
	高磷	4.6ns a	4.0ns a	3.0ns a	3.5ns a	2.6ns a	1.9ns a	2.0ns a

二、植株各器官的钾积累量

1. 茎秆

不同生育时期不同磷效率品种茎秆的钾积累量如图8-25所示，磷高效和磷低效品种茎秆的钾积累量在整个生育时期呈单峰曲线趋势。低磷处理下，从分枝期到始熟期磷高效品种茎的钾积累量高于磷低效品种，平均高64.1%，且差异多达显著。中磷处理下，除分枝期、始熟期和成熟期外磷高效品种茎的钾积累量高于磷低效品种，且在开花期和鼓粒期差异达显著。高磷处理下，磷高效品种茎的钾积累量在分枝期、结荚期、鼓粒期和成熟期高于磷低效品种，且在鼓粒期差异达显著。

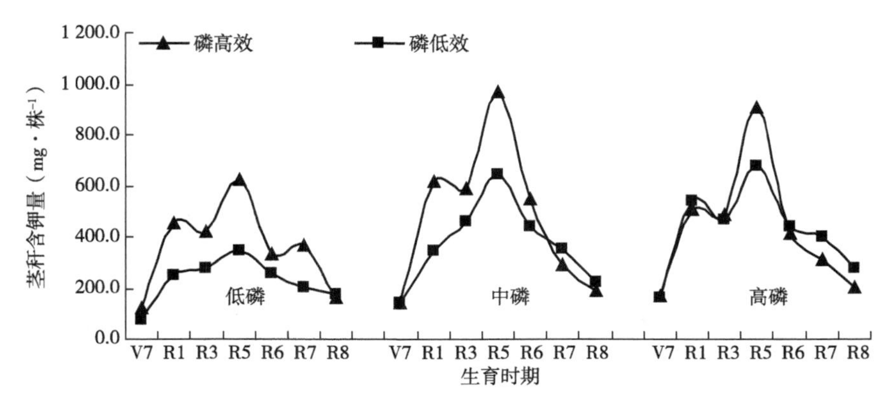

图8-25　不同磷效率品种茎秆的钾积累量的比较

从不同磷处理来看（表8-28），与低磷处理相比，在中磷和高磷处理下，整个生育时期除始熟期外，磷高效品种茎秆的钾积累量均有所增长，其中分别在鼓粒末期和鼓粒期增长最多达63.2%和44.7%，而整个生育时期总体平均增长40.0%和30.0%，磷低效品种茎秆的钾积累量在中磷和高磷处理下均有所增长，分别在鼓粒期增长最多，达87.6%和96.6%，整个生育时期平均增长64.1%和87.4%，且中磷和高磷处理与低磷处理差异多达显著。

表8-28　不同生育时期磷高效和磷低效品种茎秆的钾积累量的比较（mg·株$^{-1}$）

类型	磷水平	分枝期	开花期	结荚期	鼓粒期	鼓粒末期	始熟期	成熟期
磷高效	低磷	124.7a a	453.0a a	420.9a a	625.9a b	335.0ns b	368.0ns a	164.8nsa
	中磷	139.4ns a	618.0a a	588.2ns a	968.3a a	546.6ns a	292.1ns a	188.3ns a
	高磷	169.7ns a	509.4ns a	488.6ns a	905.4a ab	413.8ns a	308.9ns a	205.3ns a
磷低效	低磷	76.7b c	254.1b b	278.5b b	343.2b b	256.7ns b	204.6ns b	174.7ns b
	中磷	143.1ns b	345.8b ab	459.7ns a	644.0b a	443.2ns a	351.4ns a	224.9ns ab
	高磷	161.4ns a	542.3ns a	466.1ns a	674.9b a	439.3ns a	398.1ns a	276.2ns a

2. 叶片

不同生育时期不同磷效率品种叶片的钾积累量如图8-26所示，两类型品种的钾积累量整个生育时期呈单峰曲线趋势。低磷处理下，除结荚期外，磷高效品种叶片的钾积累量高于磷低效品种，平均高47.4%，且在开花期、鼓粒期和成熟期差异达显著。中磷处理下，磷高效品种叶片的钾积累量除始熟期外其他生育时期均高于磷低效品种，且在开花期差异达显著。高磷处理下，除分枝期、鼓粒末期和成熟期外，磷高效品种叶片的钾积累量低于磷低效品种，但差异未达显著。

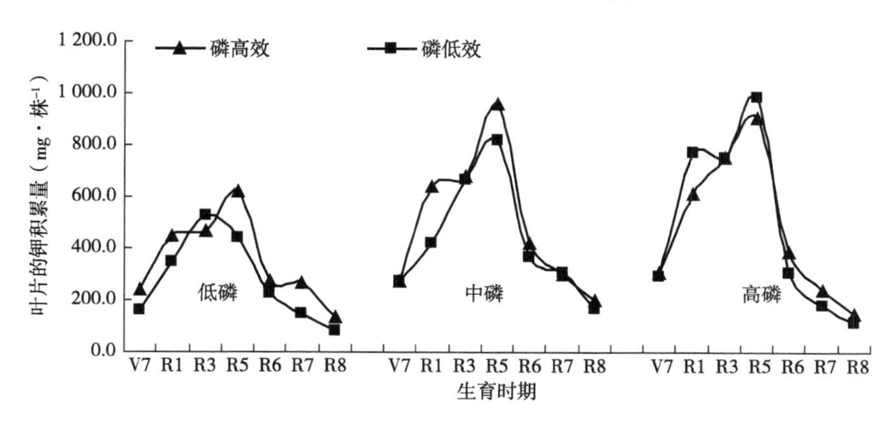

图8-26　不同磷效率品种叶片的钾积累量的比较

从不同磷处理来看（表8-29），与低磷处理相比，中磷和高磷处理下，磷高效品种叶片的钾积累量除中磷处理的始熟期外其他生育时期均有所增长，平均增长

38.9%和36.8%，其中分别在鼓粒期和结荚期增长最多为54.8%和61.3%；磷低效品种叶片的钾积累量则均有所增长，平均增长68.3%和67.3%，中磷和高磷处理使其钾积累量分别在始熟期和鼓粒期增长最多为109.5%和125.6%。

表8-29 不同生育时期磷高效和磷低效品种叶片的钾积累量的比较（mg·株$^{-1}$）

类型	磷水平	分枝期	开花期	结荚期	鼓粒期	鼓粒末期	始熟期	成熟期
磷高效	低磷	238.9ns a	446.8a b	466.7ns b	621.2a b	275.4ns a	265.0ns a	134.5a a
	中磷	272.6ns a	641.0a a	681.3ns ab	961.9ns a	421.9ns a	298.7ns a	198.6ns a
	高磷	307.8ns a	616.3ns a	752.7ns a	903.4ns a	386.1ns a	237.1ns a	144.1ns a
磷低效	低磷	161.1ns b	346.0b b	529.3ns b	437.1b b	227.4ns a	147.9ns a	81.6b a
	中磷	272.1ns a	417.6b b	668.5ns a	821.3ns a	366.5ns a	309.9ns a	166.3ns a
	高磷	293.9ns a	772.6ns a	756.2ns a	986.0ns a	303.7ns a	180.6ns a	115.3ns a

3. 荚皮

不同生育时期不同磷效率品种荚皮的钾积累量如图8-27所示，生育时期内两类型品种荚皮的钾积累量基本呈单峰曲线变化趋势。低磷处理下，除鼓粒期外磷高效品种荚皮的钾积累量都高于磷低效品种，且在始熟期和成熟期差异达显著。中磷处理下，磷高效品种荚皮的钾积累量均高于磷低效品种，但差异未达显著。高磷处理下，除鼓粒末期和成熟期外，磷高效品种荚皮的钾积累量高于磷低效品种，并在鼓粒期差异达显著。

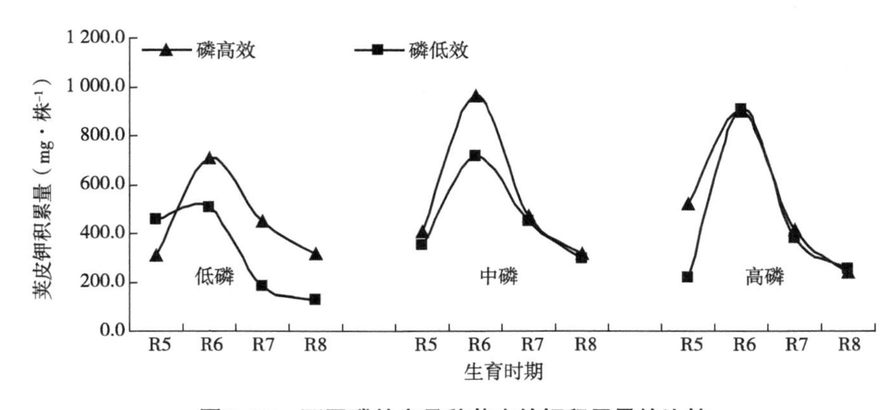

图8-27 不同磷效率品种荚皮的钾积累量的比较

从不同磷处理来看（表8-30），与低磷处理相比，在中磷和高磷处理下，磷高效品种荚皮的钾积累量在鼓粒期和鼓粒末期有所增长，平均分别增长34.1%和47.3%，但差异未达显著；磷低效品种荚皮的钾积累量在鼓粒期含量有所下降，从鼓粒末期到成熟期含量有所增长，平均分别增长103.6%和92.4%。

表8-30　不同生育时期磷高效和磷低效品种荚皮的钾积累量的比较（mg·株$^{-1}$）

类型	磷水平	鼓粒期	鼓粒末期	始熟期	成熟期
磷高效	低磷	309.0ns a	707.3ns a	448.3a a	314.9a a
	中磷	409.2ns a	961.0ns a	470.4ns a	314.2ns a
	高磷	516.7a a	901.4ns a	413.1ns a	237.8ns a
磷低效	低磷	455.9ns a	503.3ns b	185.6b b	128.7b b
	中磷	352.5ns ab	712.5ns ab	448.1ns a	293.2ns a
	高磷	215.7b b	901.8ns a	376.7ns a	251.1ns ab

4. 籽粒

不同生育时期不同磷效率品种籽粒的钾积累量如图8-28所示，低磷处理下，两类型品种籽粒的钾积累量均呈逐渐增加的趋势，磷高效品种籽粒的钾积累量在始熟期和成熟期高于磷低效品种，且差异达显著。中磷处理下，磷高效品种籽粒的钾积累量在鼓粒末期和成熟期高于磷低效品种，在成熟期差异达显著。高磷处理下，磷高效品种籽粒的钾积累量在始熟期和成熟期高于磷低效品种，但差异未达显著。

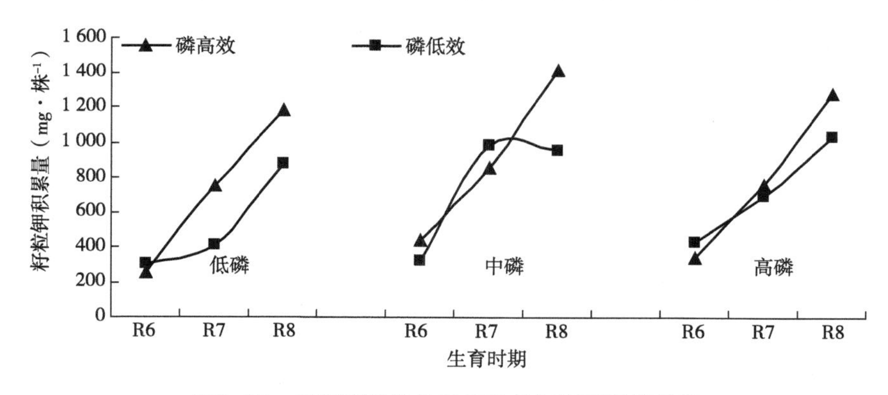

图8-28　不同磷效率品种籽粒的钾积累量的比较

从不同磷处理来看（表8-31），与低磷处理相比，中磷和高磷处理下磷高效和磷低效品种籽粒的钾积累量在整个生育时期均有所增长，磷高效品种平均增长35.4%和14.7%，并在鼓粒末期中磷处理与低磷处理的钾积累量差异达显著，磷低效品种平均增长51.8%和43.2%，且在始熟期和成熟期不同磷处理下差异均达显著。说明磷高效品种籽粒的钾积累量受磷处理影响较小，在磷胁迫条件下也能保持较高的钾积累量，而磷低效品种在生育后期其钾积累量受磷处理影响较大，中磷和高磷处理能显著增加其籽粒的钾积累量。

表8-31　不同生育时期磷高效和磷低效品种籽粒的钾积累量的比较（mg·株$^{-1}$）

类型	磷水平	鼓粒末期	始熟期	成熟期
磷高效	低磷	257.3ns b	746.5a a	1 183.2a a
	中磷	439.9ns a	862.6ns a	1 414.8a a
	高磷	345.2ns ab	763.0ns a	1 275.8ns a
磷低效	低磷	301.1ns a	409.8b c	882.6b c
	中磷	321.9ns a	984.1ns a	955.4b b
	高磷	428.2ns a	696.9ns b	1 036.2ns a

5. 整株

低磷处理下（表8-32），磷高效品种整株钾的积累量不同生育时期均高于磷低效品种，平均高42.2%，且差异多达显著。中磷处理下，除分枝期和始熟期外，其他生育时期磷高效品种整株的钾积累量高于磷低效品种，平均高32.7%，在开花期、鼓粒期和成熟期差异达显著，高磷处理下，磷高效品种整株的钾积累量和磷低效品种的相差较小，且差异均未达显著。

表8-32　不同生育时期磷高效和磷低效品种全株钾积累量的比较（mg·株$^{-1}$）

类型	磷水平	分枝期	开花期	结荚期	鼓粒期	鼓粒末期	始熟期	成熟期
磷高效	低磷	363.6ns a	899.8a b	887.6ns a	1 556.1a b	1 575.0a a	1 827.8a a	1 797.4a a
	中磷	412.0ns a	1 259.0a a	1 269.5ns a	2 339.4a a	2 369.4ns a	1 923.7ns a	2 115.9a a
	高磷	477.5ns a	1 125.7ns a	1 241.4ns a	2 325.6nsa	2 046.5ns a	1 722.1ns a	1 863.1ns a
磷低效	低磷	237.8ns c	600.0b b	807.8ns c	1 236.2b b	1 288.6b b	984.0b c	1 267.7b a
	中磷	415.2ns b	763.4b b	1 128.1ns b	1 817.9b a	1 844.0ns a	2 217.5ns a	1 639.8b a
	高磷	455.3ns a	1 314.9ns a	1 222.4ns a	1 876.6ns a	2 073.0ns a	1 652.4ns b	1 678.7ns a

从不同磷处理来看，与低磷处理相比，在中磷和高磷处理下磷高效品种整株的钾积累量在整个生育时期多有所增长，平均分别增长31.4%和29.9%，磷低效品种整株的钾积累量不同生育时期均有所增长，平均分别增长56.4%和68.8%。中磷和高磷处理在鼓粒期对磷高效品种整株的钾积累量影响最大，而在始熟期和开花期对磷低效品种整株的钾积累量影响最大。

为了探讨不同磷效率基因型大豆品种钾素积累速率的差异，根据各类型品种的钾积累量，用Logistic方程进行了动态模拟（表8-33），低磷处理下，磷高效品种单株的钾最终积累量为1.9g，而磷低效品种为1.4g，磷高效品种的钾平均积累速率和最大积累速率比磷低效品种高18.0%和14.7%。中磷处理下，磷高效品种的钾平均积累速率和最大积累速率比磷低效品种高28.5%和12.0%。高磷处理下，磷高效品种的钾平均积累速率略低于磷低效品种，而最大积累速率比磷低效品种高。

与低磷处理相比，中磷处理下，两类型品种钾的平均积累速率和最大积累速率均有所增长，其中磷高效品种分别增长55.7%和48.3%，磷低效品种分别增长43.0%和51.9%；高磷处理下，磷高效品种分别增长29.6%和67.5%，磷低效品种分别增长60.5%和26.0%。表明高磷处理能促进磷高效品种钾最大积累速率的进一步提高，且促进磷低效品种钾平均积累速率的进一步提高，中磷处理相对最大限度提高了磷高效品种平均积累速率和磷低效品种的最大积累速率。

表8-33　不同磷效率品种钾素积累动态方程及参数的比较

类型	磷水平	动态方程	相关系数	平均积累速率（mg·株$^{-1}$·d^{-1}）	最大积累速率（mg·株$^{-1}$·d^{-1}）
磷高效	低磷	$w=1.9/(1+8.9e^{-0.056t})$	0.970**	20.3	26.5
	中磷	$w=3.2/(1+10.5e^{-0.050t})$	0.948*	31.6	39.3
	高磷	$w=2.4/(1+14.2e^{-0.074t})$	0.971**	26.3	44.4
磷低效	低磷	$w=1.4/(1+11.5e^{-0.064t})$	0.984*	17.2	23.1
	中磷	$w=2.3/(1+13.0e^{-0.061t})$	0.977**	24.6	35.1
	高磷	$w=2.7/(1+6.7e^{-0.044t})$	0.944**	27.6	29.1

第四节　氮、磷、钾积累量间的相互关系

为了探讨磷素对不同磷效率基因型大豆品种氮、磷、钾含量间的相互关系的影响，根据各类型品种的营养元素含量，首先进行了相关分析，从表8-34可以看出，不同磷处理下，两类型品种的大量营养元素含量间均呈极显著正相关。由图8-28至图8-30回归分析看出，两类型品种对氮素与磷素吸收量的比值大于钾素与磷素吸收量的比值，说明两类型品种生育时期间吸收氮、磷、钾量为氮>钾>磷。

低磷处理下（图8-29），磷高效品种植株每吸收积累1mg磷素，需协调吸收积累氮素6.5mg、钾素5.9mg，N：P_2O_5：K_2O=1：0.154：0.908，磷低效品种植株每吸收积累1mg磷素，则需协调吸收积累氮素5.4mg，钾5.3mg，N：P_2O_5：K_2O=1：0.185：0.981，磷高效品种每吸收单位磷素量所协调吸收的氮素和钾素均高于磷低效品种。

表8-34　不同磷效率品种氮、磷、钾积累量间的相关分析

类型	营养成分	磷水平								
		低磷			中磷			高磷		
		N	P	K	N	P	K	N	P	K
磷高效	N	1			1			1		
	P	0.997**	1		0.994**	1		0.997**	1	
	K	0.985**	0.985**	1	0.927**	0.913**	1	0.933**	0.930**	1
磷低效	N	1			1			1		
	P	0.988**	1		0.996**	1		0.998**	1	
	K	0.969**	0.952**	1	0.976**	0.984**	1	0.948**	0.955**	1

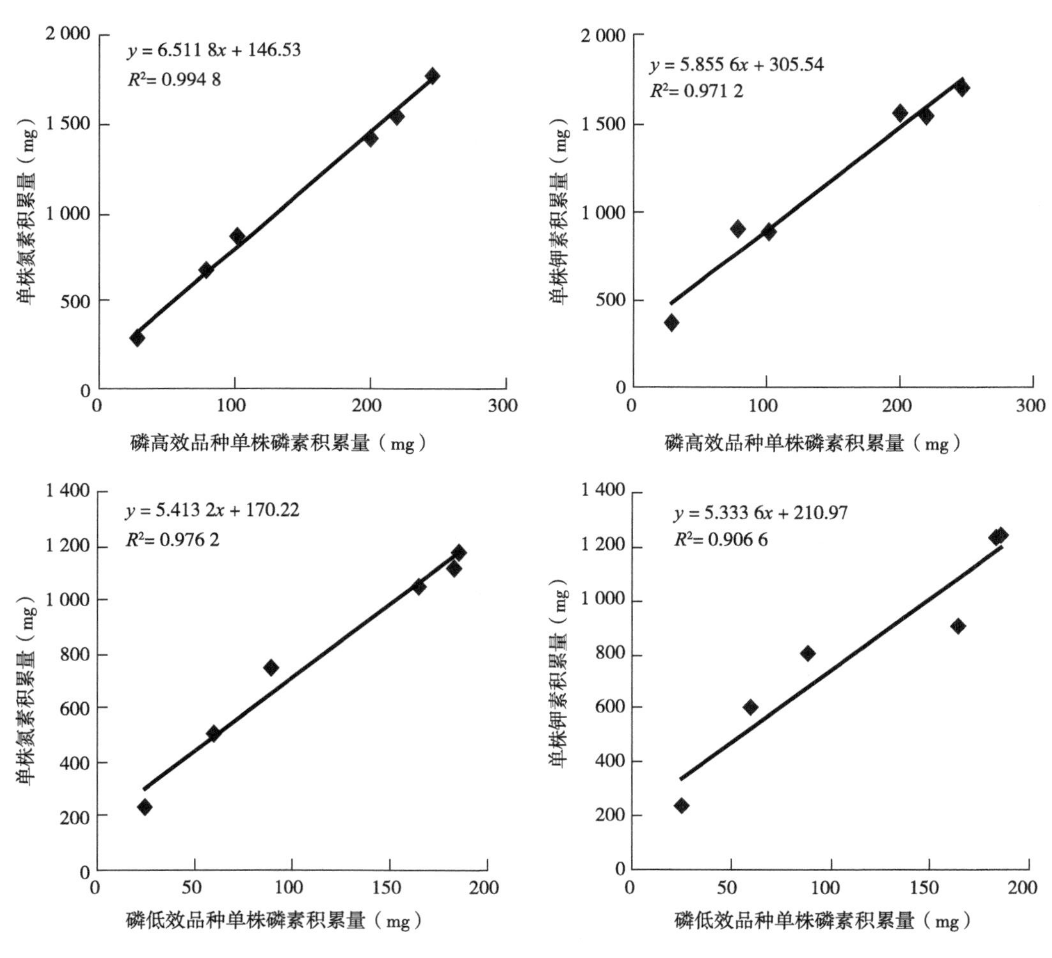

图8-29　低磷处理下不同磷效率品种氮、磷、钾积累量间的关系

中磷处理下（图8-30），磷高效品种植株每吸收积累1mg磷素，需协调吸收积累氮素5.7mg、钾素5.1mg，N：P_2O_5：K_2O=1：0.175：0.895，磷低效品种植株每吸收积累1mg磷素，则需协调吸收积累氮素5.8mg，钾5.1mg，N：P_2O_5：K_2O=1：0.172：0.879，表明磷高效品种吸收单位磷素量协调吸收的氮素低于磷低效品种。

高磷处理下（图8-31），磷高效品种植株每吸收积累1mg磷素，需协调吸收积累氮素5.9mg、钾素5.4mg，N：P_2O_5：K_2O=1：0.169：0.915，磷低效品种植株每吸收积累1mg磷素，则需协调吸收积累氮素5.8mg，钾5.3mg，N：P_2O_5：K_2O=1：0.172：0.914，磷高效品种每吸收单位磷素量所协调吸收的氮素和钾素高于磷低效品种。

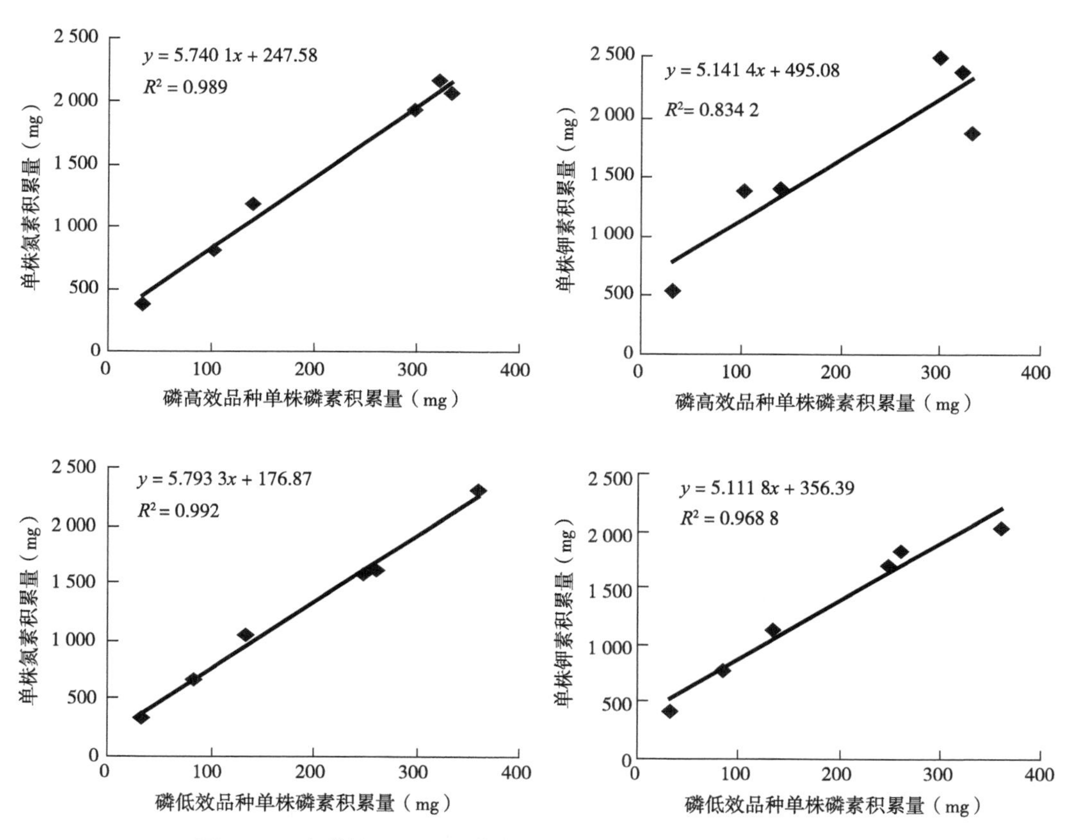

图8-30　中磷处理下不同磷效率品种氮、磷、钾积累量间的关系

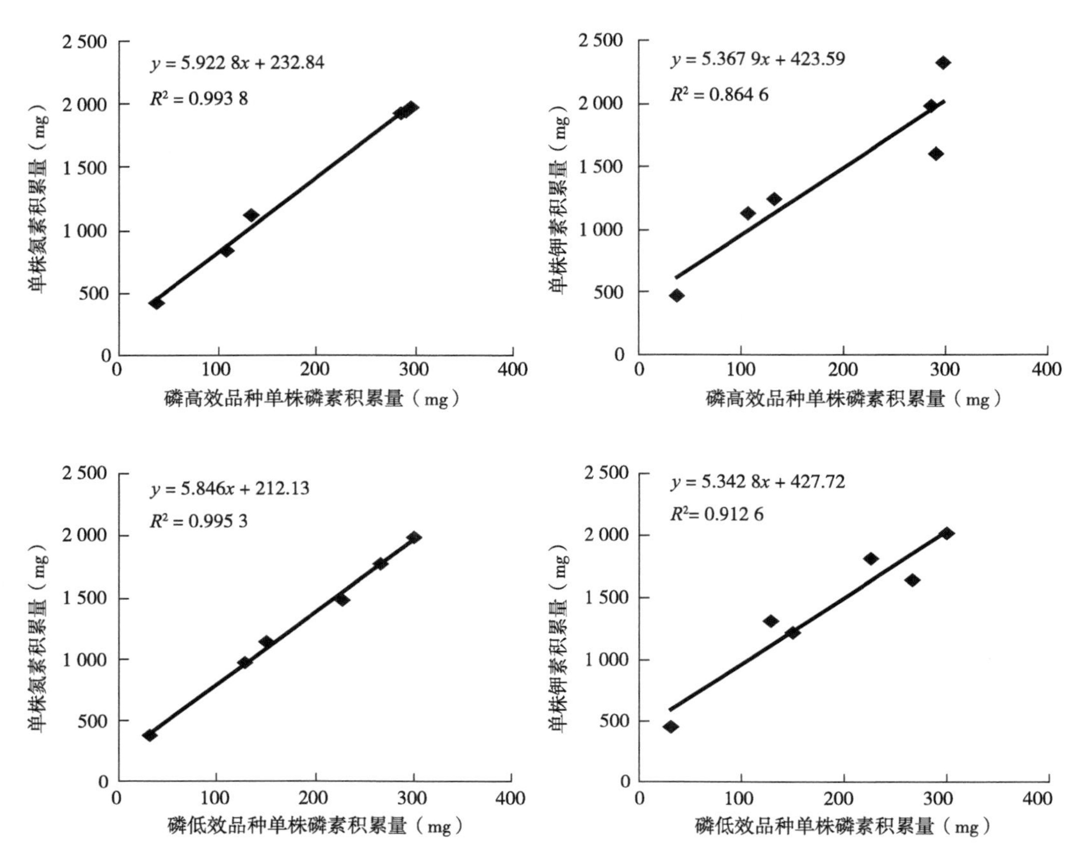

图8-31　高磷处理下不同磷效率品种氮、磷、钾积累量间的关系

与低磷处理相比，中磷处理下，磷高效品种单位磷素积累量所需的氮素量和钾素量有所下降，而磷低效品种单位磷素累积量所需的氮素量有所增长，钾素量有所下降；高磷处理下，磷高效品种单位磷素积累量所需的氮素和磷素量有所下降，而磷低效品种所需的氮素量有所增长。说明低磷处理下，磷高效品种氮素积累也较高。磷素处理可以降低磷高效品种氮素的需求，有助于磷低效品种磷素增长的同时，氮素含量有所增长。

第九章　磷与蔗糖交互作用对苗期大豆的影响

第一节　植物中蔗糖作用的研究现状

一、蔗糖的信号作用

蔗糖是在植物的叶片内合成，再分配到非光合作用的器官或组织，蔗糖不单是作物光合同化产物的主要运输形式和储藏单位，而且它还作为信号分子参与“源—库”关系的调控，激活不同组织中相关基因的表达（Koch，1996；武维华，1998），蔗糖信号还和其他物质相偶联，比如可代谢的蔗糖、蛋白磷酸化酶（PP）、蔗糖载体、细胞壁上的转化酶、乙酸盐、Ca^{2+}信号或呼吸代谢丙酮酸（Takeda et al，1994；Koch，1996；Vitrac et al，2000）。植物细胞核或细胞器中目标基因接收到这些物质转导的信号，调控基因的转录，植物响应这些信号后可能伴随着磷素、能量、植物激素和酶的变化等（Andrea et al，1995），从而影响植物的生长发育（王治，2011）。植物蔗糖特异的信号传导途径也能影响相关基因的转录和翻译（贾海峰，2013），例如在甜菜叶器官中发现，特异蔗糖信号传导途径能诱导糖代谢酶基因如蔗糖合成酶基因的表达（Vauglm et al，2002）。植物体内存在很多受蔗糖调控的基因，Wenzler等（1989）发现在300～400mM的蔗糖培养基上，马铃薯叶和茎中的基因的表达活性很高，因此认为蔗糖具有信号转导作用。蔗糖能特异地调节蔗糖同向转运体的转录和翻译，而其他糖没有这种调节作用，如马铃薯细胞中蔗糖合成酶的基因的表达只能受蔗糖诱导（金荣，2013）。Atanassove等（2003）的研究表明，蔗糖和葡萄糖的含量增加会促进参与葡萄己糖积累基因*VvHTl*的表达。也有研究者认为基因表达的变化是由于跨膜的糖流而非恒态的糖水平，跨膜的糖流可能是影响基因表达的关键信号。Fan等（2009）利用酵母系统建立了一个蔗糖感知模型，即质膜上的蔗糖转运蛋白SUT1能与内质网锚定的细胞色素b5（CYB5）互作，形成SUT1-CYB5复合体，该复合体可以作为蔗糖的感受器。当外源的蔗糖浓度较低时，SUT1-CYB5复合体的互作加强，SUT1的活性提高，增加了细胞对蔗糖的吸收，以维持细胞内部的蔗糖水平，而当蔗糖的供应量增加时，SUT1-CYB5复合体的互作就会减弱，SUT1对蔗糖的亲和力恢复正常水平。这在苹果和拟南芥的基因中都得到了验证（Fan et al，2009）。因此蔗糖转运蛋白和细胞色素b5的互作可能是植物细胞感受蔗糖信号的通用机制。总之无论是糖水平还是糖流都说明，蔗糖可以作为一个信号来调控基因的表达（贾海峰，2013）。

二、蔗糖对低磷胁迫的调控机制

植物在缺磷胁迫时，糖启动了与缺磷信号有关的一系列反应，使得植物响应缺磷胁迫。蔗糖是植物体内的重要信号分子，不仅调节植物的生长、发育，并且调节植物的抗逆境反应。外加蔗糖的条件下，植物选择性地激活或者抑制某些基因的表达以更加有效和精细的方式进行生长发育和代谢（任立刚，2012）。近年来研究发现，蔗糖参与了植物对磷饥饿反应的系统调节，与磷的吸收、转运及信号传导有关（Karthikeyan et al，2007；Hammond & White，2008）。低磷胁迫下植物早期的应激反应之一就是蔗糖含量增加，低磷胁迫对糖信号的调节主要体现于在短期低磷胁迫下，植物根中积累大量淀粉、葡萄糖、果糖和蔗糖。低磷胁迫下，植物地上部碳水化合物能启动根部对低磷的响应（Karthikey et al，2007；Wind et al，2010；Smeekens et al，2010；Hammond & White，2011；）。目前，已研究发现蔗糖信号既受低磷胁迫调节，又反过来影响低磷胁迫反应。在低磷条件下，蔗糖合成、转运和降解基因的表达有所改变（Muller et al，2008）。低磷胁迫下，植株叶片蔗糖量降低。外源蔗糖供应促进低磷胁迫下白羽扇豆簇生根的生长；在拟南芥中的研究也表明蔗糖可以作为信号分子参与磷胁迫响应，同时蔗糖也是代谢产物。外源蔗糖的添加，引起植株磷胁迫响应基因的表达增强。Lei等（2011）的研究表明，蔗糖是一种广谱的调控者，它参与到拟南芥对低磷胁迫的反应中，低磷信号和蔗糖信号不仅协同互作，又各具特异性，植物磷胁迫响应中蔗糖水平的提高改变了大量基因表达。Hammond等（2008）研究结果表明，低磷胁迫条件下，韧皮部蔗糖转运可能参与了根毛的产生、磷的转运、生长素、核糖核酸酶和磷酸酶的分泌的代谢途径。

三、低磷胁迫下，蔗糖对根系的影响

根系是作物吸收养分的主要器官，是光合物质运输的重要通道，也是较先感受并传导养分胁迫信号的器官，其形态和构型在很大程度上决定着根获得营养的能力（Bonser et al，1996）。缺磷条件下，因为植物把更多的碳源分配到根系，因此促进了根系生长，提高根冠比（Mollier & Pellerin，1999）。蔗糖作为一种信号物质从叶片运输到根系中，激发根系中基因表达、新陈代谢和生长发育（Hammond & White，

2011）。Jain等（2007）研究表明磷胁迫下需要蔗糖来实现侧根的增殖和根毛的形成。另外，施加外源蔗糖，如同磷酸盐胁迫一样，促使了簇生根的形成和相关基因的表达（Zhou et al，2008）。Zhou（2008）研究表明，蔗糖促进了簇生根的形成，但不影响簇生根功能。赵建琦等（2013）研究表明，低磷胁迫条件下糖是促进水稻根系重构的关键因素之一，蔗糖的供应提高水稻根部对磷缺乏的耐受性。在植物对低磷胁迫响应中，磷信号和蔗糖之间存在着对话（苏军等，2014）。Li等（2009，2010）研究表明，低磷胁迫早期，水稻根系糖酵解反应明显提高，为侧根和根毛的生长提供必要的碳源和能量。

Hammond和White（2011）研究发现，低磷条件下，多种植物的植株冠部碳水化合物均有所增加，叶片蔗糖含量的增加导致编码蔗糖运输到韧皮部的转运蛋白的上调，促进了蔗糖向根的运输。另外，蔗糖作为一种系统信号分子运输到根系，改变根系生化过程和形态变化。Karthikeyan等（2007）同样也发现缺磷信号调节植物地上部碳水化合物向根系方面运输。因此，低磷胁迫条件下，如果能够增加植株根系的蔗糖供应，改善植物体内光合同化物分配，对提高植物磷素吸收效率有着重要意义。

添加外源蔗糖后，促进磷高效大豆根系的生长，其总根长、根尖数等在磷胁迫条件下表现出增加趋势，却显著降低磷低效大豆的总根长、根表面积等；添加蔗糖后在低磷胁迫的条件下，大豆根系蔗糖磷酸合成酶和酸性转化酶以及中性转化酶的活性均发生了显著性变化，且在处理后期活性均表现出增加的趋势，并且植株的可溶性糖、蔗糖以及果糖含量均表现出增加趋势；同时添加外源蔗糖后，无磷胁迫下磷低效大豆地上部的氮含量，会随着处理时间的增加表现出增加的趋势，并促使低磷胁迫下磷高效大豆的地上部磷含量增加，同时显著增加了两类型大豆根系的磷素营养分配比；单株干重和根系干重在处理后期时，加入蔗糖后在各个磷水平上均表现出增加趋势，并促进两类型大豆的根冠比显著增加，其中对磷低效大豆增加的幅度更为显著。总体来看，施加蔗糖增强了两类型大豆幼苗对低磷胁迫的忍耐度，借助这种可控的糖、磷空间得出的结论有助于今后生产上育种的定向选择。

第二节 不同处理对大豆根系形态的影响

一、总根长的变化

两品种的总根长，随着处理时间的增加，蔗糖×磷，蔗糖×品种间的互作效应差异，均达到极显著水平（$P<0.000\ 1$）；而磷×品种间的互作差异达到显著水平（$P=0.002$）。添加外源蔗糖后，对磷高效大豆的总根长来说，在处理后的1～9d无磷（P0）处理下基本上表现出显著高于常磷（P2）处理的趋势。而低磷（P1）处理下的总根长仅在处理的后第3d和第5d显著高于常磷（P2）处理，分别高16.5%和19.9%，其他天数差异不明显。磷高效大豆在处理后第9d，总根长在无磷（P0）处理下会显著高于低磷（P1）和常磷（P2）处理下，分别高23.4%和22%（图9-1a）；而磷低效大豆在处理后的1～7d，其总根长在不同处理下均无显著差异，仅在处理后第9d总根长在低磷（P1）处理时，表现出显著低于常磷（P2）处理和无磷（P0）处理的趋势，分别低18.7%和27.5%（图9-1b）。

与不加糖处理相比，增加蔗糖处理后，磷高效大豆在常磷（P2）处理下的总根长变化最大，并且在处理后的1～7d差异均达到显著水平，在处理后的第1d、第5d和第9d，总根长在无磷（P0）处理下显著增加，增加蔗糖处理后磷低效大豆表现出降低趋势。

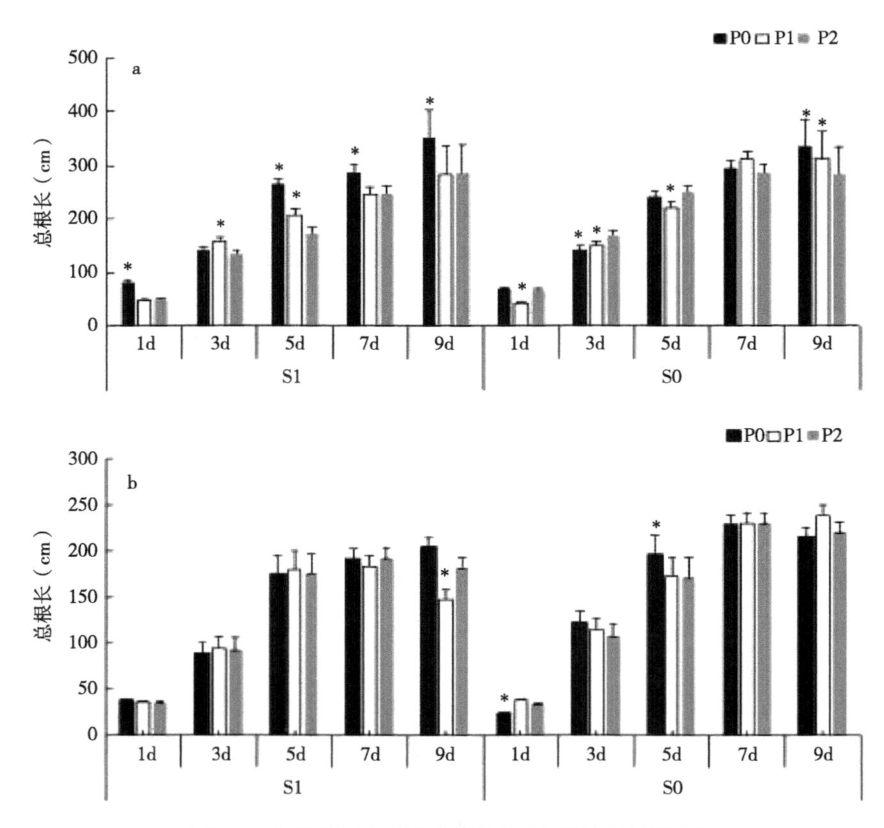

图9-1　不同处理对不同磷效率大豆总根长的影响

注：不同磷水平处理，磷浓度设置3个水平，即无磷（0mmol·$L^{-1}KH_2PO_4$，P0），低磷（0.05mmol·$L^{-1}KH_2PO_4$，P1）和正常磷（0.5mmol·$L^{-1}KH_2PO_4$，P2）；S1表示添加蔗糖处理，S0为未添加蔗糖处理；a图为磷高效大豆的，b图为磷低效大豆的；*代表5%水平差异显著。下同

二、根表面积的变化

两品种的根表面积，随着处理时间的增加，蔗糖×磷（P=0.001），蔗糖×品种间（P=0.021）的互作效应差异均达到显著差异水平。添加外源蔗糖后，对于磷高效大豆的根表面积来说，随着处理天数增加，在处理第7d后，根表面积表现出在低磷（P1）处理下增加到最大值而后下降的趋势。且在处理后的第1d、第5d、第9d根表面积均表现出无磷（P0）处理显著高于常磷（P2）处理的趋势，分别高42.5%、21.4%和22.8%（图9-2a）；而磷低效大豆的根表面积在添加蔗糖处理后不同磷水平处理间差异均未达到显著水平（图9-2b）。

和不加糖处理相比，增加蔗糖处理后，对于磷高效大豆来说根表面积变化较小；磷低效大豆在增加蔗糖后，在低磷（P1）处理后第9d根表面积显著下降，表现出降低趋势。

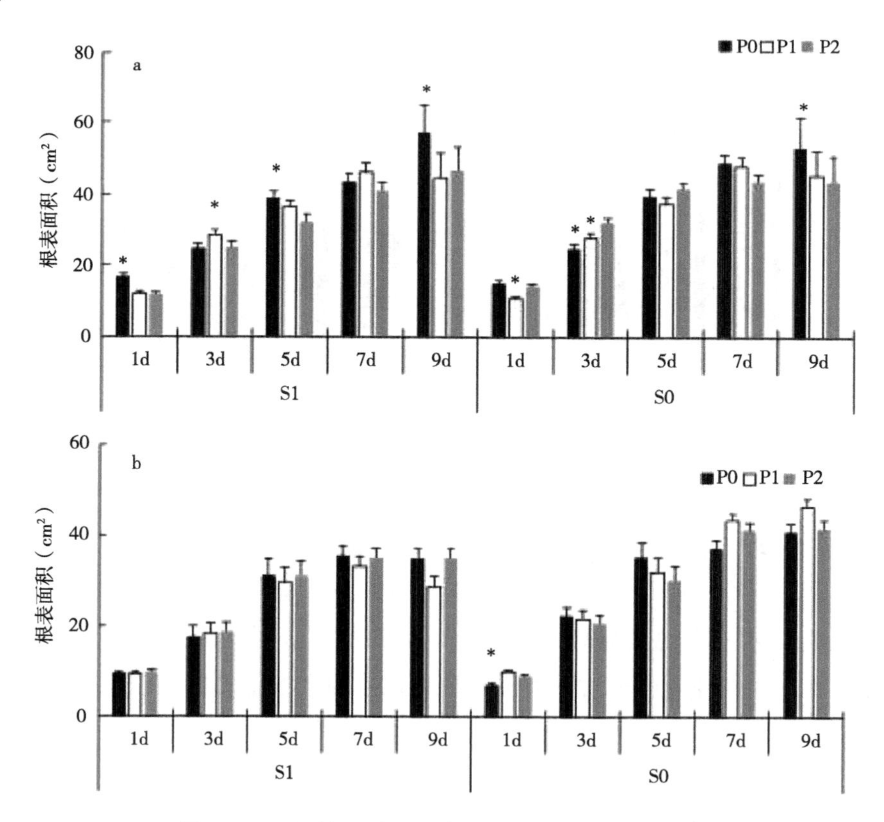

图9-2　不同处理对不同磷效率大豆根表面积的影响

三、平均根直径的变化

测定了添加处理后培养不同天数的大豆平均根直径。添加外源蔗糖后，对于磷高效大豆平均根直径而言，在处理后的第1d、5d和7d，平均根直径在无磷（P0）处理下表现出显著低于常磷（P2）处理的趋势，分别低14.7%、20.3%和9.4%（图9-3a）；而磷低效大豆在处理后的第1d，平均根直径表现出在无磷（P0）处理下显著低于常磷（P2）处理的趋势，而其他处理天数时不同处理间的平均根直径均未表现出显著差异（图9-3b）。

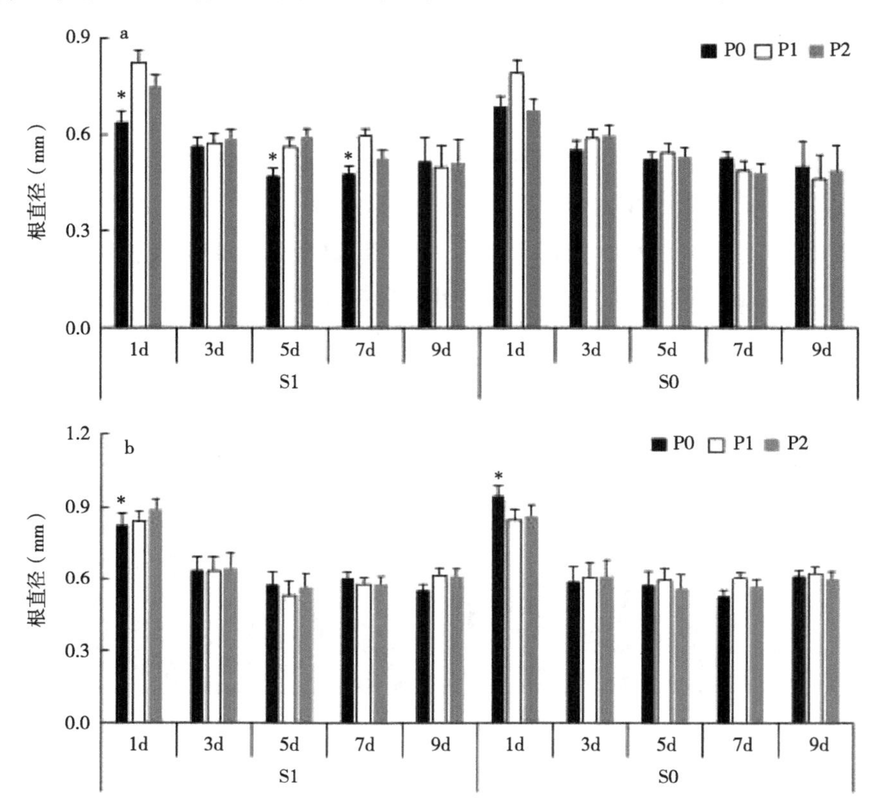

图9-3　不同处理对不同磷效率大豆平均根直径的影响

和不加糖处理相比，增加蔗糖处理后，仅磷低效大豆在无磷（P0）处理后第1d平均根直径显著下降，而在其他磷水平处理下表现的差异均较小。而从平均根直径的均值来看，品种内未表现出显著差异。但品种间的大豆平均根直径差异达到显著水平。由此可得，添加外源蔗糖对两类型大豆的根系粗细程度的影响较小，即大豆平均根直径受蔗糖影响非常小。

四、根体积的变化

两品种大豆的根体积，随着处理时间的增加，蔗糖×品种间（P=0.004）的互作效应差异达到显著水平。添加外源蔗糖后，磷高效大豆在处理后的第1d，根体积在无磷（P0）处理下表现出显著高于常磷（P2）处理的趋势。但随着处理时间的增加，根体积在不同磷水平处理间无显著性差异（图9-4a）；而磷低效大豆的根体积，在不同磷水平处理间未表现出显著差异（图9-4b）。

和不加糖处理相比，增加蔗糖处理后，对于磷高效大豆来说，在常磷（P2）处理后第5d，根体积变化显著；而磷低效大豆在增加蔗糖后，低磷（P1）处理后第9d，根体积变化显著。

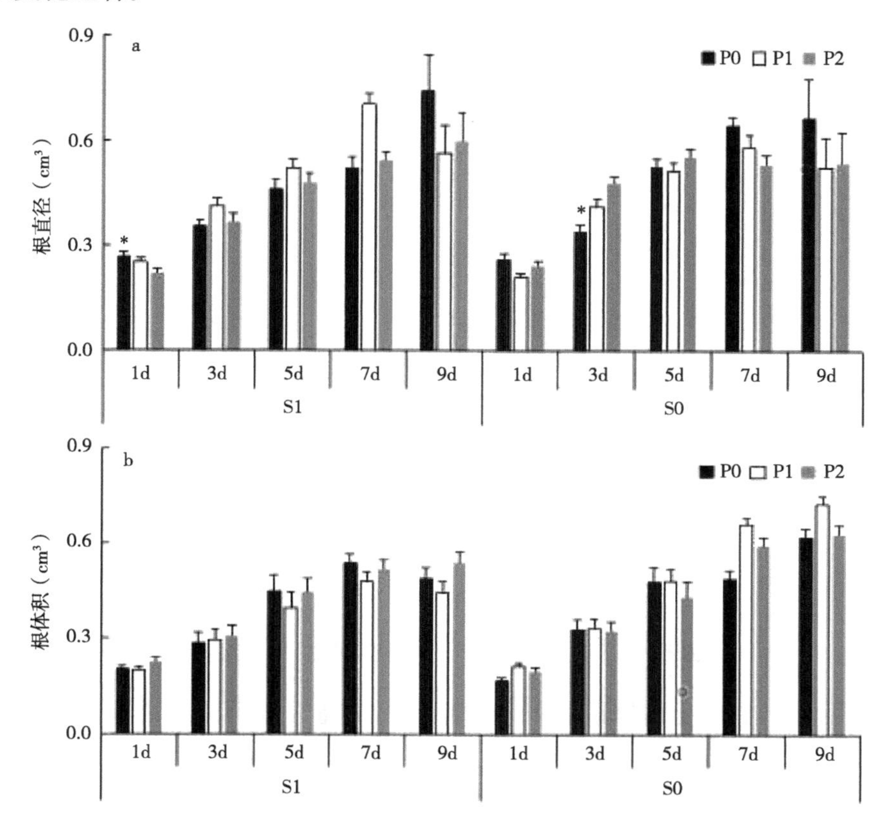

图9-4　不同处理对不同磷效率大豆根体积的影响

五、根尖数的变化

两品种大豆的根尖数，随着处理时间的增加，蔗糖×品种间（P=0.027）的互作效应差异达到显著水平。添加外源蔗糖后，磷高效大豆在处理后的第1d和第7d，无磷（P0）处理下的根尖数均显著高于常磷（P2）处理，分别高37.7%和110.6%（图9-5a）；而磷低效大豆在不同磷水平处理间均没有显著变化（图9-5b）。

和不加糖处理相比，增加蔗糖处理后，对于磷高效大豆来说，在无磷（P0）处理后第1d和第7d，根尖数显著增加，其他处理下差异较小；磷低效大豆在增加蔗糖后，在无磷（P0）处理后第7d，根尖数显著增加。

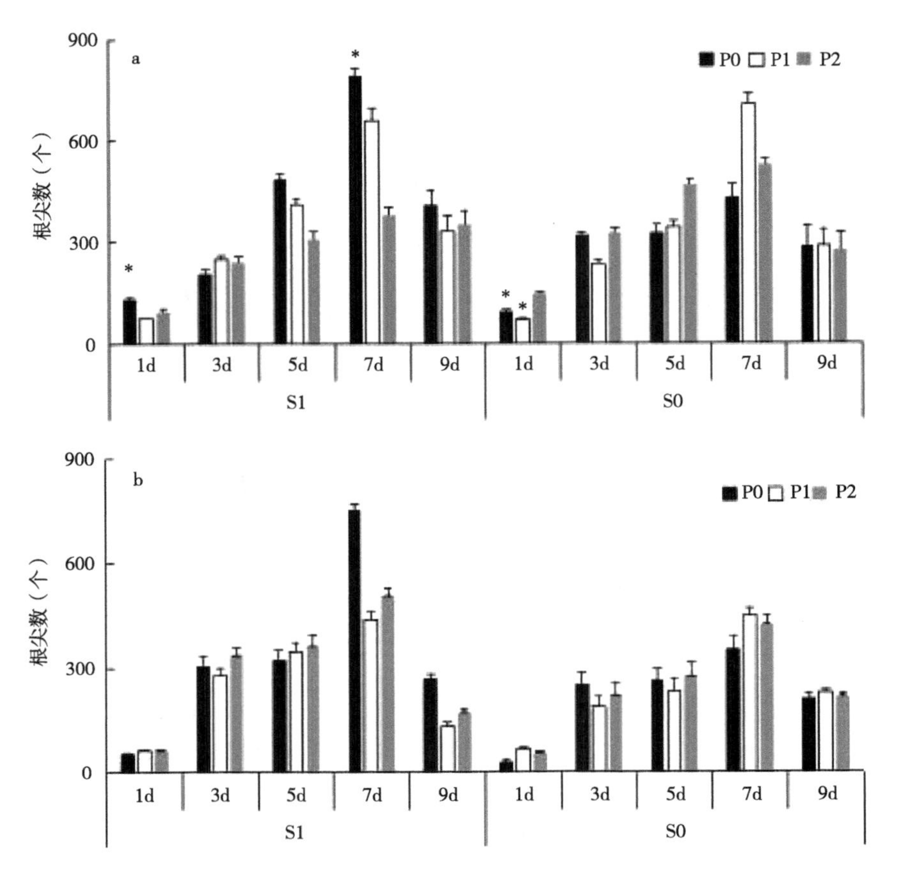

图9-5　不同处理对不同磷效率大豆根尖数的影响

在实际生产中，土壤缺磷是影响大豆产量的重要障碍因子之一（徐青萍等，2003；李庆逵，1986）。在低磷条件下，植物的根系会通过在形态学的变化，如根的长度和粗细、根毛和侧根的数量以及密度等来扩大根系对土壤中磷的接触面积，以此来提高植物对磷的吸收效率。作物的正常发育过程中，是地上部分光合和根系吸收水分以及养分的统一过程。根系形态中最重要指标有总根长、根表面积、平均根直径、根总体积以及总根尖数等。总根长在一定程度上可以反映作物吸收养分特性，尤其是难以移动的元素。尤其是有效磷缺乏的土壤中根长的增加，可以为植物磷素吸收提供保证。主要通过根系从土壤或介质中获得养分。随着处理时间的增加，两类型大豆根系形态会表现出不同的趋势，磷高效大豆在加糖后，总根长在低磷胁迫下表现出增加的趋势；而磷低效大豆则在加糖后表现出降低趋势，根系会受到蔗糖因素的抑制。两品种在加糖后磷高效大豆由原来的高于磷低效大豆的28.5%，升至高88.8%。综上所述，随着处理时间的增加，外源蔗糖会促进磷高效大豆在受到磷胁迫时，根系形态快速重建，通过增加总根长、根尖数等重要的根系形态指标，增加该品种根系对营养物质的吸附面积，进而可缓解受到的低磷胁迫；但加糖后却显著抑制了磷低效大豆的总根长、根表面积以及根尖数等重要指标，对磷低效大豆未表现出促进作用。

第三节　不同处理对大豆根系碳水化合物的影响

一、可溶性糖的变化

测定了添加处理后培养不同天数大豆的可溶性糖含量。添加蔗糖处理后，随着处理时间的增加，不同类型大豆可溶性糖含量有逐渐增加的趋势，其中只有磷高效大豆在处理后第5d时，可溶性糖含量表现出显著差异（图9-6）。和不加糖处理相比，增加蔗糖处理后，对于磷高效大豆来说，在无磷（P0）处理后第9d时可溶性糖含量显著增加，在常磷（P2）处理后1～5d时可溶性糖含量显著增加（图9-6b）。

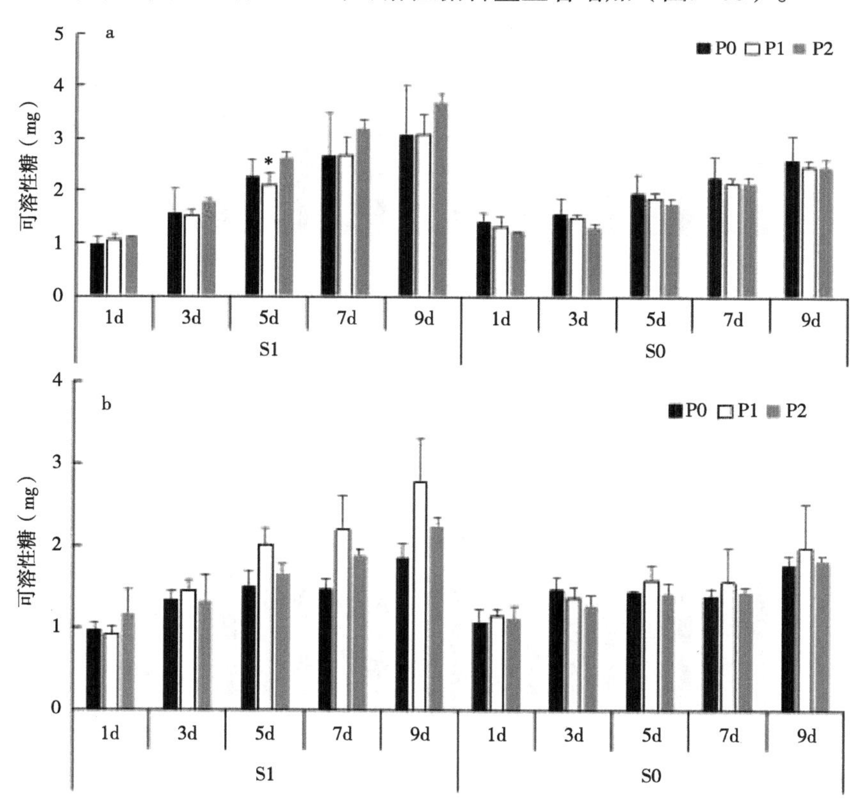

图9-6　不同处理对不同磷效率大豆可溶性糖含量的影响

二、蔗糖含量的变化

两类型大豆的蔗糖含量，磷×品种间（P=0.001）互作效应差异达到显著水平，及蔗糖×磷×品种间（P<0.000 1）互作效应差异达到极显著水平。在添加蔗糖处理后，随着处理时间的增加，磷高效大豆在处理后的3～9d，蔗糖含量在不同磷水平处理间的差异达显著水平。且在处理后的5～9d，磷高效大豆的蔗糖含量表现出在常磷（P2）处理下显著高于其他磷水平处理组合的趋势（图9-7a）；磷低效大豆在处理后的7～9d，蔗糖含量表现出在低磷（P1）处理下显著高于常磷（P2）处理的趋势（图9-7b）。

和不加糖处理相比，增加蔗糖处理后，不同处理下大豆的蔗糖含量均有所增长，添加蔗糖对两类型大豆的蔗糖含量影响的效应相同，均在处理后期显著增加了蔗糖含量。

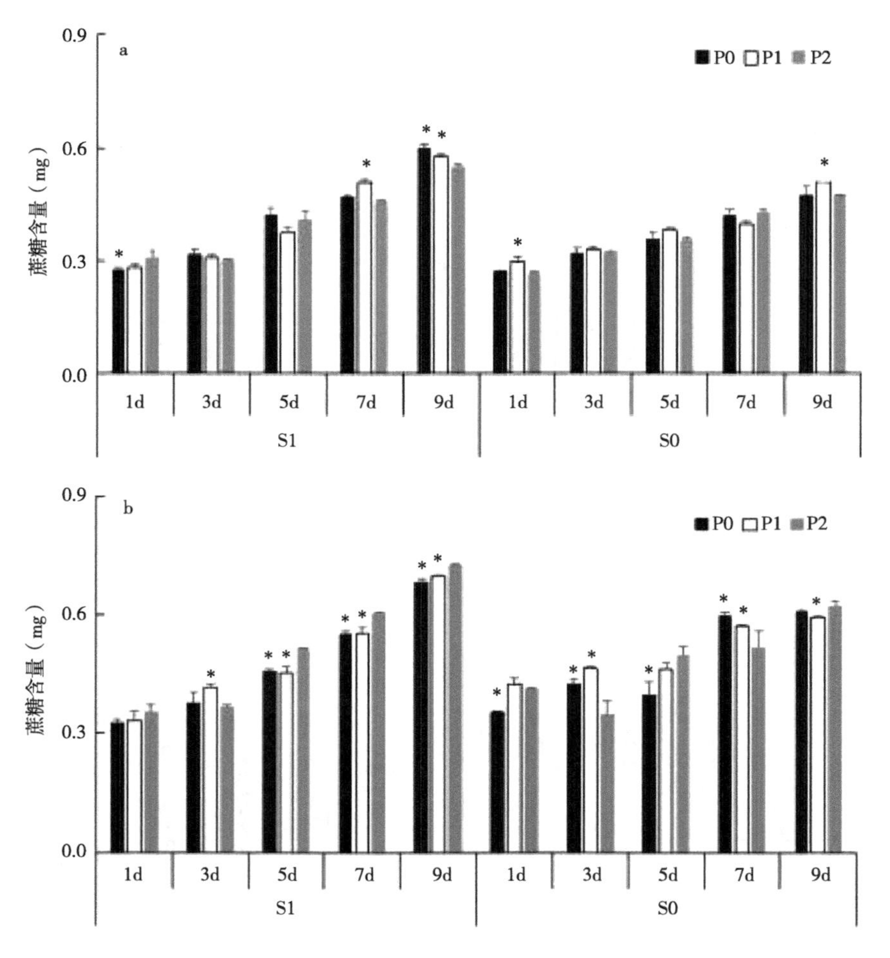

图9-7　不同处理对不同磷效率大豆蔗糖含量的影响

三、果糖含量的变化

两品种大豆的果糖含量，蔗糖×磷（P=0.046）的互作效应达到显著差异水平。测定了添加处理后培养不同天数大豆的果糖含量。添加蔗糖处理后，随着处理时间的增加，磷高效大豆在处理后第1d、3d和7d，果糖含量在不同磷水平处理间差异均达显著水平（图9-8a），而磷低效大豆的果糖含量差异均较小（图9-8b）。

和不加糖处理相比，增加蔗糖处理后，对于磷高效大豆来说，不同磷水平处理下大豆的果糖含量均有所增长，且在无磷（P0）处理后的第1d和第7d，果糖含量变化显著，在低磷（P1）处理后的第7d和第9d果糖含量显著增加，在常磷（P2）处理后第3d和第7d果糖含量显著增加（图9-8a）；对于磷低效大豆而言，在低磷（P1）处理后第3～7d，果糖含量均表现出显著增加趋势。

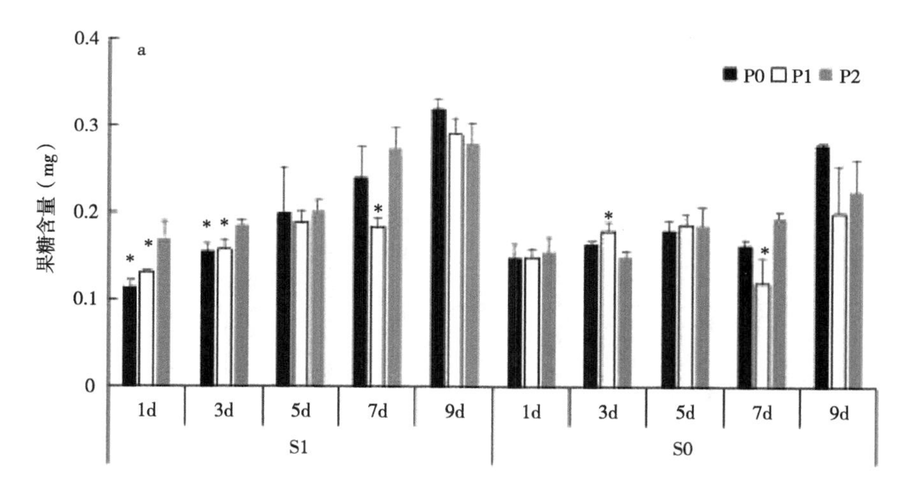

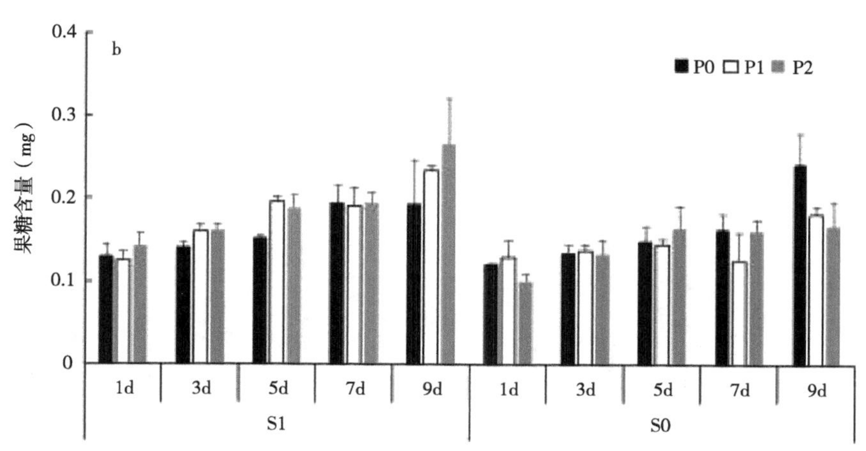

图9-8 不同处理对不同磷效率大豆果糖含量的影响

四、淀粉含量的变化

测定了添加处理后培养不同天数的大豆淀粉含量。添加外源蔗糖后，对磷高效大豆的淀粉含量来说，在处理后的1～9d均发生显著变化。其中在处理后第9d，淀粉含量在低磷（P1）处理下，表现出显著低于常磷（P2）处理的趋势，低出26.4%（图9-9a）；而对于磷低效大豆的淀粉含量而言，在处理后7～9d，淀粉含量在无磷（P0）处理均显著低于常磷（P2）处理，分别低出21.2%和50.4%（图9-9b）。

和不加糖处理相比，增加蔗糖处理后，不同处理天数下，不同磷水平处理下两类型大豆淀粉含量变化趋势并不一致。对于磷高效大豆而言，在处理后第7d，淀粉含量在无磷（P0）处理下发生显著变化。而在处理后的3～5d，淀粉含量在常磷（P2）处理下发生显著变化；而磷低效大豆在处理后的第5d，淀粉含量在无磷（P0）处理表现出显著增加的趋势（图9-9b）。

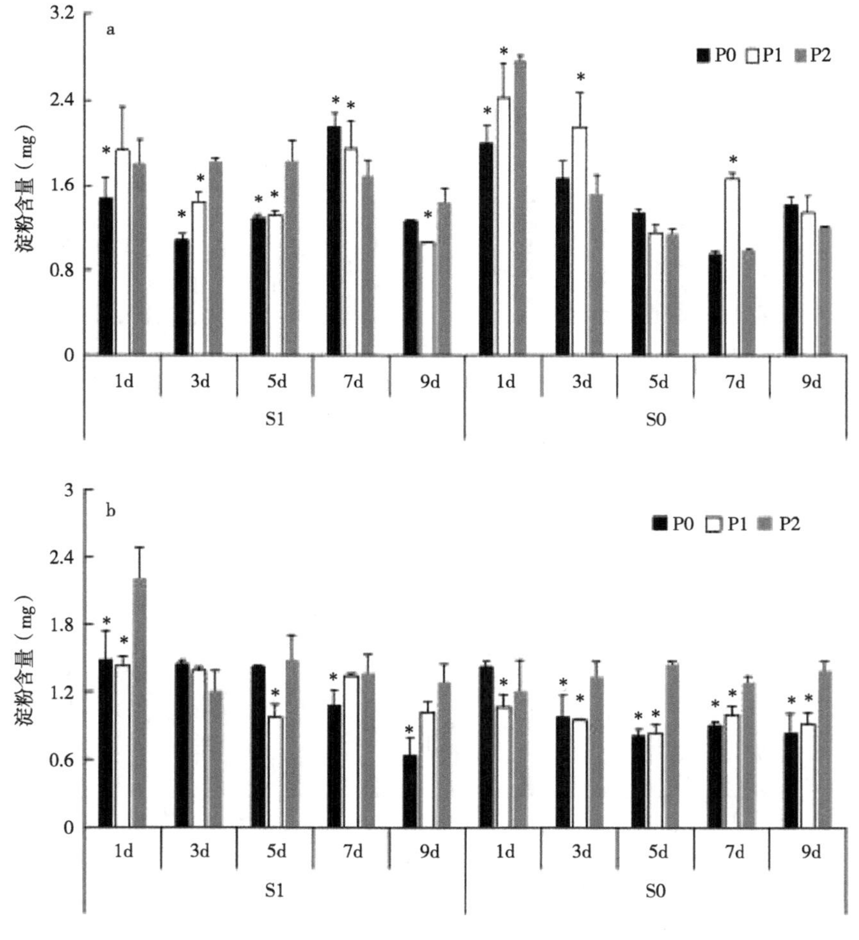

图9-9　不同处理对不同磷效率大豆淀粉含量的影响

在大豆植株营养器官中叶部和根部的蔗糖含量较高，是合成和贮藏蔗糖的主要部位（马春梅等，2010）。可溶性糖在植株生长发育中起到重要的作用，随着处理时间的增加，在不同处理下逐渐表现出差异。两类型品种在加入蔗糖后，可溶性糖含量均有所增加，其中磷高效大豆在常磷处理的调节下增大最为显著，而磷低效大豆则是在低磷处理的因素下变化幅度较大；蔗糖是植物内可溶性糖中重要的糖之一，被用作是植物体内碳水化合物贮存和运输的主要形式，并且还作为信号分子参与协调植物源库关系，参与作物逆境胁迫响应（Karthikeyan et al，2007；Zhou et al，2008）。而两类型大豆的蔗糖含量，主要受到外源蔗糖因素的调节。随着处理时间的增加，两品种均在加入蔗糖后表现出增加趋势，其中磷低效大豆受到无磷胁迫处理时影响幅度较大。果糖在植物生长发育中，同样是不可缺少的一部分，其中随着处理时间的增加，在处理后期大致表现出增加趋势。不同磷效率大豆品种在加糖后，不同的糖含量间均会受到添加蔗糖因素的影响而发生显著变化，但是在不同磷水平处理下相应变化并不一致，所以具体机制有待进一步分析。

第四节　蔗糖代谢相关酶活性

一、蔗糖磷酸合成酶活性变化

从图9-10可以看出，添加外源蔗糖后大豆根系蔗糖磷酸合成酶活性变化较大。与不加蔗糖相比，在增加蔗糖处理之后，磷高效大豆的根系蔗糖磷酸合成酶活性在低磷（P1）处理大致表现出增加的趋势，且在处理后的第1d、3d和9d差异达显著水平，其他处理下根系蔗糖磷酸合成酶活性均下降，且在处理后第9d差异达显著水平。对于磷低效大豆来说，增加外源蔗糖主要影响了无磷（P0）处理下的根系蔗糖磷酸合成酶活性，在处理后的第1～7d，差异达显著增加水平，在无磷（P0）处理后的9d，其蔗糖磷酸合成酶活性显著下降，表明随着处理时间的增加，受到蔗糖和低磷的处理时，会促使磷高效大豆的根系蔗糖磷酸合成酶活性增加。而磷低效大豆在处理后第9d，根系蔗糖磷酸合成酶活性会在磷胁迫和蔗糖调节下受到抑制。

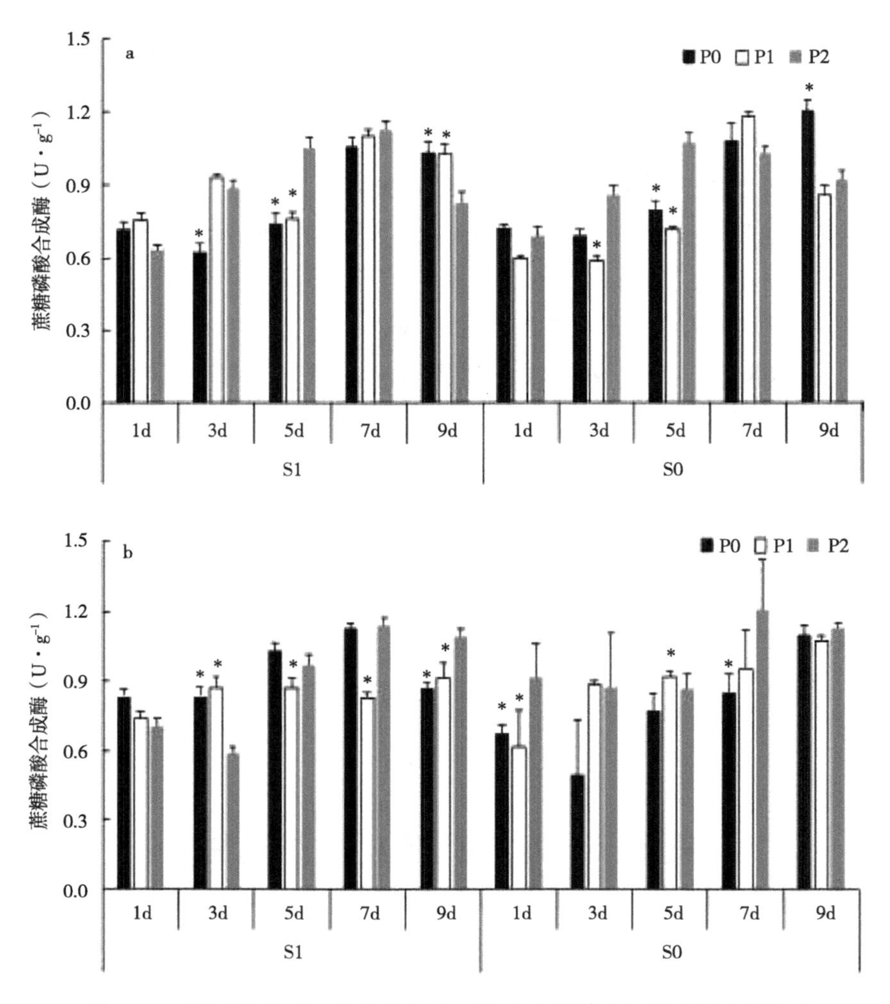

图9-10　不同处理对不同磷效率大豆根系蔗糖磷酸合成酶活性的影响

二、蔗糖合成酶活性的变化

从图9-11可以看出，增加外源蔗糖后的大豆根系蔗糖合成酶活性变化较大。与不加蔗糖相比，在增加蔗糖处理后，主要影响了磷高效大豆在低磷处理下的根系蔗糖合成酶活性。在无磷（P0）处理后的5～9d，其根系蔗糖合成酶活性表现出显著增加的趋势，而在低磷（P1）处理后的1～3d，其根系蔗糖合成酶活性显著增加；磷低效大豆的蔗糖合成酶活性在无磷（P0）处理下大致表现出降低趋势。而随着处理时间的增加，磷低效大豆在处理后的第7d，根系蔗糖合成酶活性显著降低。由此表明两类型大豆的根系蔗糖合成酶活性，受到蔗糖调节的响应并不相同，其中磷高效大豆在处理后的5～9d，均促进了蔗糖合成酶在无磷胁迫下的活性。而磷低效大豆在加糖后，在处理后的5～7d，蔗糖合成酶活性大致表现出下降的趋势。

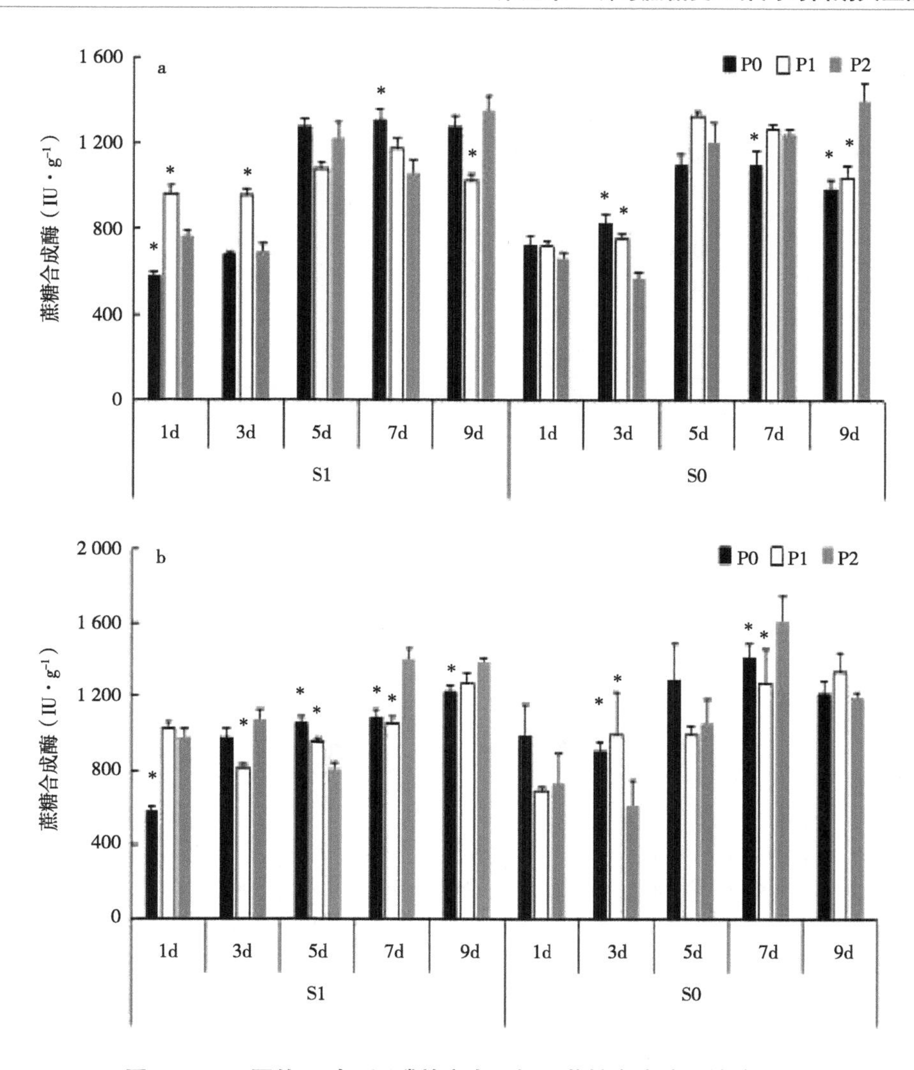

图9-11　不同处理对不同磷效率大豆根系蔗糖合成酶活性的影响

三、酸性转化酶活性的变化

从图9-12可以看出，磷高效大豆根系酸性转化酶活性变化较大。与不加蔗糖相比，在增加蔗糖处理之后，不同处理下磷高效大豆的酸性转化酶活性均有显著变化，其中处理时间越久，对无磷（P0）处理的影响越大，在无磷（P0）处理后的7～9d，其根系酸性转化酶活性显著增加，而在处理后的1～5d主要对低磷（P1）和常磷（P2）处理下的根系酸性转化酶活性影响较大；磷低效大豆的根系酸性转化酶活性的变化趋势在处理不同天数内变化趋势不尽相同。

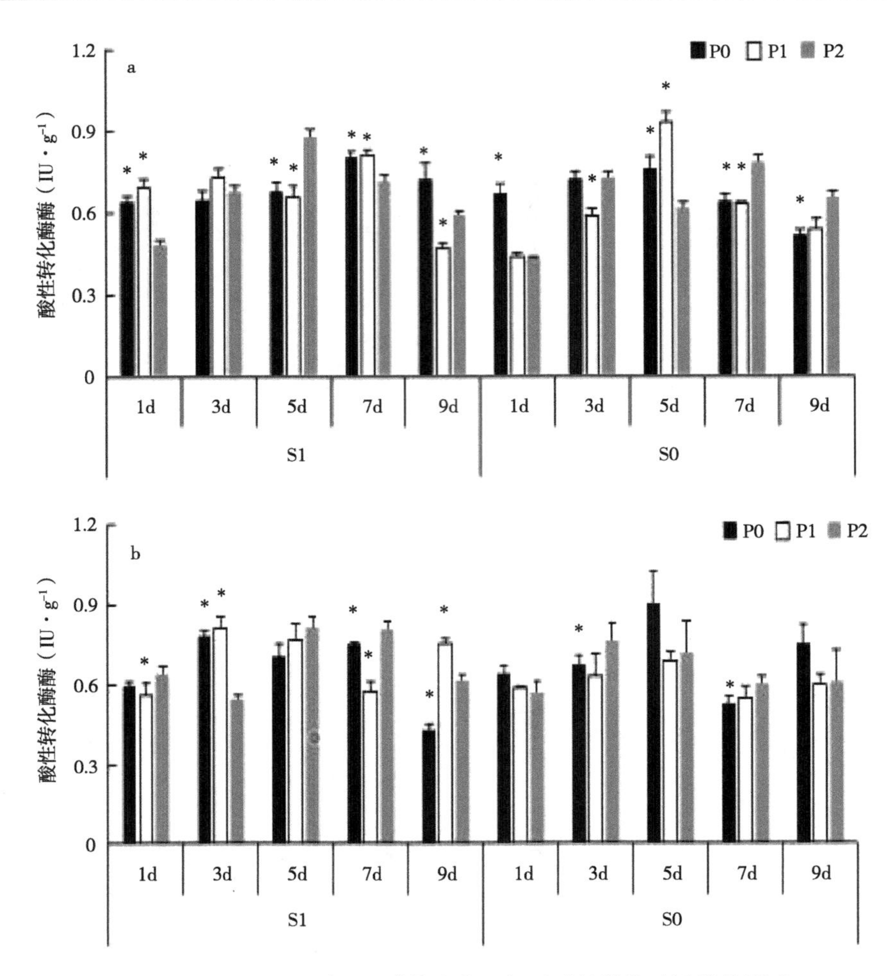

图9-12　不同处理对不同磷效率大豆根系酸性转化酶活性的影响

四、中性转化酶活性的变化

从图9-13可以看出，添加蔗糖后，促进了大豆根系中性转化酶活性的变化。与不加蔗糖相比，在增加蔗糖处理之后，主要影响了处理后期，磷高效大豆在无磷（P0）处理下的根系蔗糖合成酶活性，磷高效大豆在无磷（P0）处理后1～9d，中性转化酶活性均发生显著变化。在低磷（P1）处理后的7～9d，蔗糖促进其根系中性转化酶活性显著增加；磷低效大豆在处理后1～7d，中性转化酶活性在无磷（P0）处理下均变化显著。而在处理后5～9d，低磷（P1）处理下的根系中性转化酶活性有降低趋势而常磷（P2）处理下中性转化酶活性则表现出增加趋势。由此表明，随着处理时间的增加，磷高效大豆受到蔗糖和磷胁迫的双重调节下，会增加根系中性转化酶的活性，但是其在蔗糖和常磷处理的双重调节下则会显著抑制其活性；而磷低效大豆的中性转化酶活性，在受到蔗糖和常磷因素的双重调节后根系中性转化酶活性会有所提高。

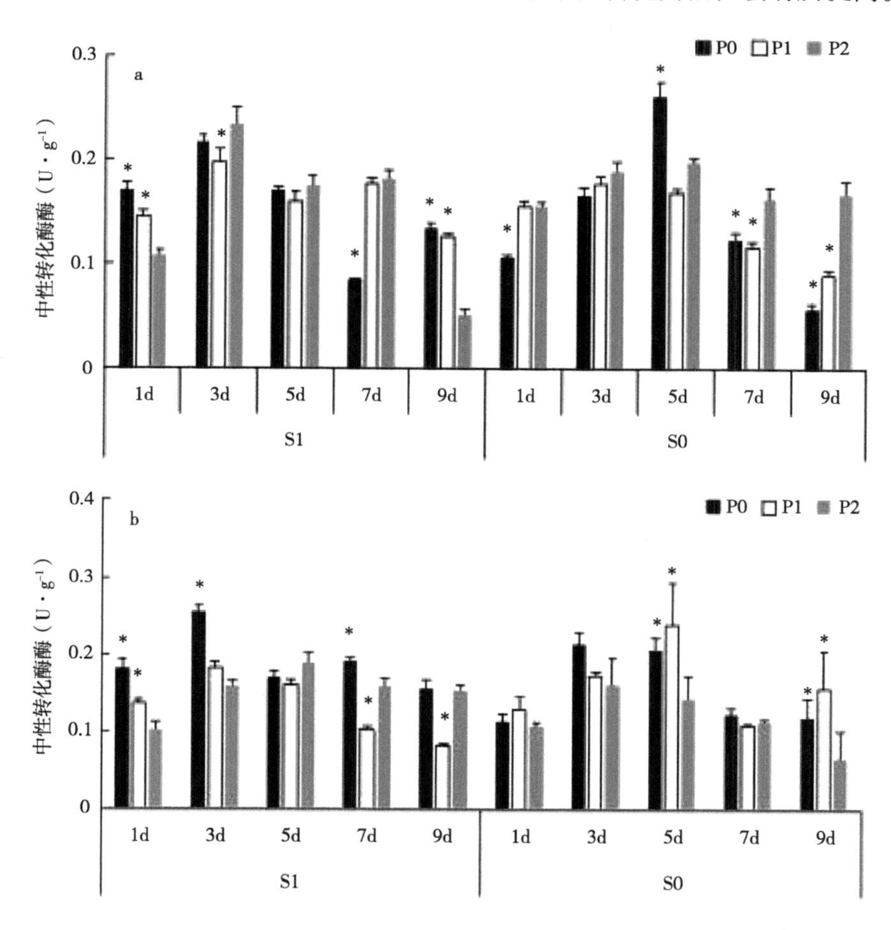

图9-13　不同处理对不同磷效率大豆根系中性转化酶活性的影响

第五节　编码蔗糖代谢相关酶的基因表达量分析

一、编码蔗糖磷酸合成酶关键基因

对两类型大豆根系蔗糖磷酸合成酶基因在不同处理下的表达进行了实时荧光定量PCR检测（图9-14）。不同磷效率大豆根系在不同处理下蔗糖磷酸合成酶基因的表达变化不同，其中磷高效大豆品种主要是无磷（P0）处理下的变化较大（图9-14a），而磷低效大豆主要是低磷（P1）和常磷（P2）处理下的变化较大

（图9-14b）。和不加糖处理相比，增加蔗糖后（图9-14c），在无磷（P0）和低磷（P1）处理后第9d，磷高效大豆的蔗糖磷酸合成酶基因表达量表现出下降趋势，而其中无磷（P0）处理下的蔗糖磷酸合成酶基因表达量下降5倍；而磷低效大豆在常磷（P2）处理后9d，蔗糖磷酸合成酶基因表达量增加的最明显。

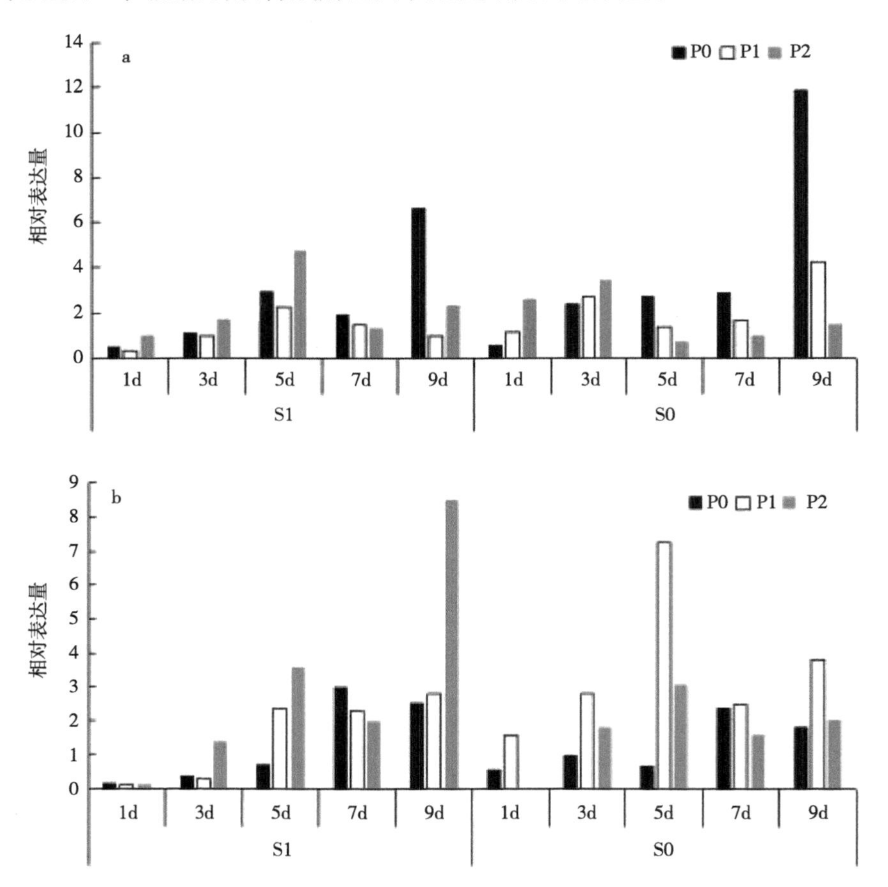

图9-14 不同处理对不同磷效率大豆蔗糖磷酸合成酶基因荧光定量PCR相对表达的影响

二、编码蔗糖合成酶关键基因

对两类型大豆根系蔗糖合成酶基因在不同处理下的表达进行了实时荧光定量PCR检测（图9-15）。不同磷效率大豆根系在不同处理下蔗糖合成酶基因的表达量变化趋势不同，其中磷高效大豆品种主要是无磷（P0）处理下的变化较大，而磷低效大豆主要是低磷（P1）和常磷（P2）处理下的变化较大。和不加糖处理相比，在无磷（P0）处理后5～9d，添加外源蔗糖，磷高效大豆根系蔗糖合成酶基因的表达量表现出下降趋势。而磷低效大豆在低磷（P1）处理后1～9d，其根系蔗糖合成酶基因的表达量均表现出下降趋势；在常磷（P2）处理后第9d，蔗糖促进其根系蔗糖合成酶基因的表达量表现出增加趋势。磷高效大豆的根系蔗糖合成酶的表达量，会受到蔗糖和低磷胁迫的调节变化更明显，会降低蔗糖合成酶基因的表达量。而磷低效大豆的蔗糖合成酶基因的表达量在加糖后趋势并不一致，无磷（P0）和低磷（P1）处理均下降，而在常磷（P2）处理下有所增加。

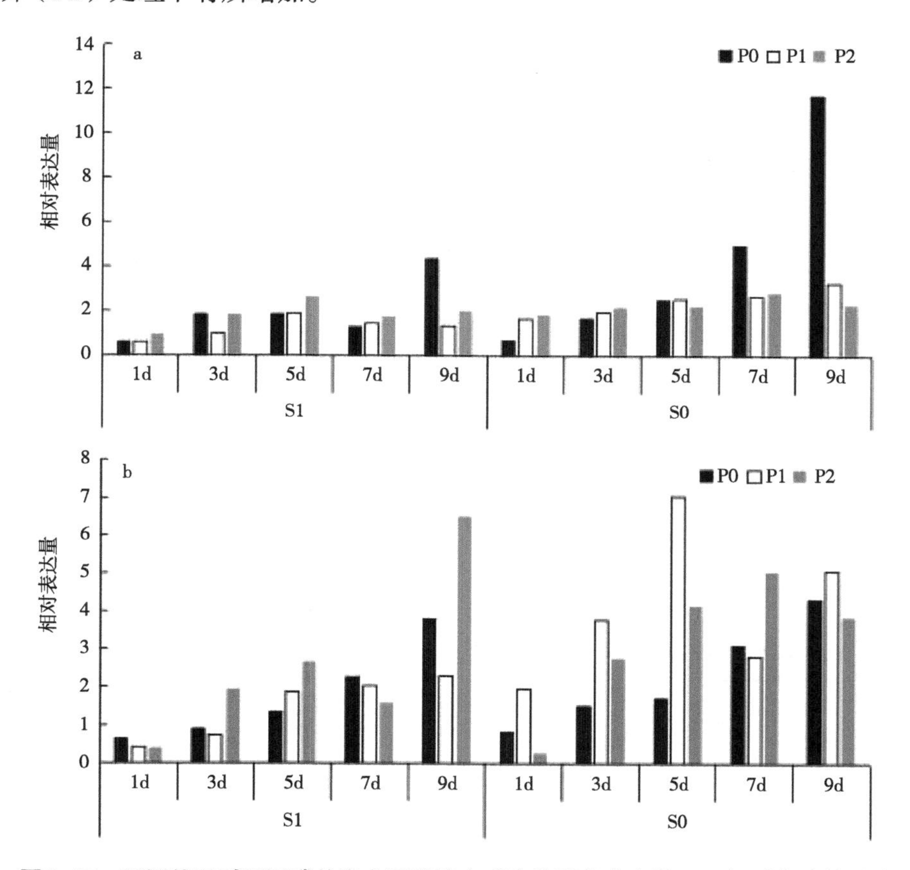

图9-15　不同处理对不同磷效率大豆蔗糖合成酶基因荧光定量PCR相对表达的影响

三、编码酸性转化酶关键基因

对两类型大豆根系酸性转化酶基因在不同处理下的表达进行了实时荧光定量PCR检测（图9-16）。和不加糖处理相比，添加蔗糖后，均降低了两类型大豆根系酸性转化酶基因的表达量，其中磷高效大豆的无磷（P0）处理下降倍数较大，尤其是在处理后第9d。由此表明，磷高效大豆的根系酸性转化酶基因的表达量，会受到蔗糖调节表现出下降趋势，而在无磷（P0）和低磷（P1）处理下的变化幅度较大。磷高效大豆的酸性转化酶基因的表达量受磷胁迫和蔗糖的影响较大；而磷低效大豆在加糖后大致表现出降低趋势，但受到不同磷水平处理间影响并不明显。

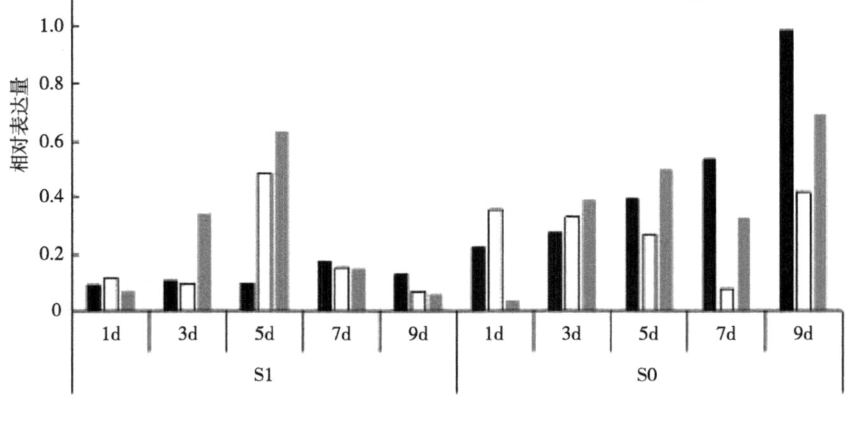

图9-16　不同处理对不同磷效率大豆酸性转化酶基因荧光定量PCR相对表达的影响

四、编码中性转化酶关键基因

对两类型大豆根系中性转化酶基因在不同处理下的表达进行了实时荧光定量PCR检测（图9-17）。和不加糖处理相比，增加蔗糖后，均降低了两类型大豆根系中性转化酶基因的表达量，其中磷高效大豆的无磷（P0）处理下降倍数较大，尤其是在处理后第9d，磷高效大豆中性转化酶基因的表达量在加糖后均表现出下降趋势，其中无磷（P0）处理下降倍数最大；而磷低效大豆根系的中性转化酶基因的表达量在低磷（P1）处理时下降倍数最大。由此表明，磷高效大豆的根系中性转化酶基因的表达量，在受到蔗糖调节下均表现出抑制，其中无磷（P0）和低磷（P1）处理下抑制更明显；而磷低效大豆在加糖后表达变化趋势并不一致，但磷胁迫下表达降低倍数更为明显。

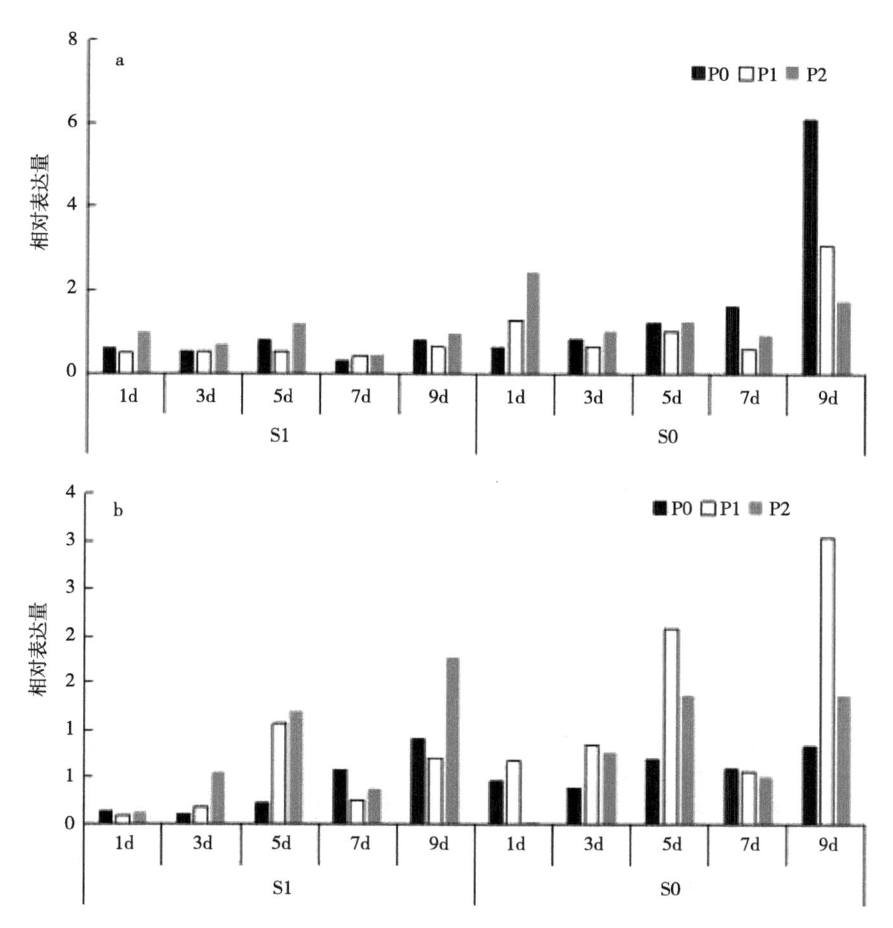

图9–17　不同处理对不同磷效率大豆中性转化酶基因荧光定量PCR相对表达的影响

关于糖代谢相关酶主要分为3类：一是糖磷酸合成酶，是植株体内关于蔗糖合成的关键酶。二是糖合成酶，通常被认为是促使蔗糖合成和分解的双向酶，但多数都作用在分解蔗糖中。三是转化酶，是一种水解酶，可促进蔗糖分解为葡萄糖和果糖。两品种在加入蔗糖后，根系蔗糖磷酸合成酶活性和根系酸性转化酶活性在低磷胁迫时，均大致表现出增加趋势，这两种分别代表着蔗糖合成和蔗糖分解的酶活均表现出增加趋势。而两类型大豆在加入蔗糖和受到低磷胁迫的条件下，其根系中性转化酶活性表现趋势并不一致，磷高效大豆会表现出增高趋势而磷低效大豆则表现出降低趋势。中性转化酶不同于酸性转化酶的作用环境，但都是起到分解蔗糖的作用，因此磷高效大豆在加入蔗糖后，酸性转化酶和中性转化酶均表现出增加趋势，而磷低效大豆则仅在酸性转化酶中表现出增加趋势。说明蔗糖的加入，促使植株根系蔗糖代谢的旺盛程度进一步提高，通过更快速地合成和分解蔗糖以增加根系的碳源物质的积累，促进根系完成快速重建，以此增加其抗逆境表现。

第六节　不同处理对大豆地上部氮、磷含量的影响

一、地上部氮含量的变化

测定了添加处理后培养不同天数的大豆地上部氮含量。添加外源蔗糖后，对磷高效大豆地上部氮含量来说，未发生显著变化（图9-18a）；而对于磷低效大豆地上部氮含量而言，处理后第3d，低磷（P1）处理下的氮含量显著低于常磷（P2）处理，低20.1%；而在处理后第5d和第9d，无磷（P0）处理下的氮含量显著高于常磷（P2）处理，分别高38.3%和56.7%（图9-18b）。

和不加蔗糖处理相比，添加蔗糖处理后，对于磷高效大豆来说，处理后第3d和第5d，其氮含量受蔗糖处理影响较大，但趋势不尽相同；磷低效大豆的氮含量在无磷（P0）处理后第9d显著增加。

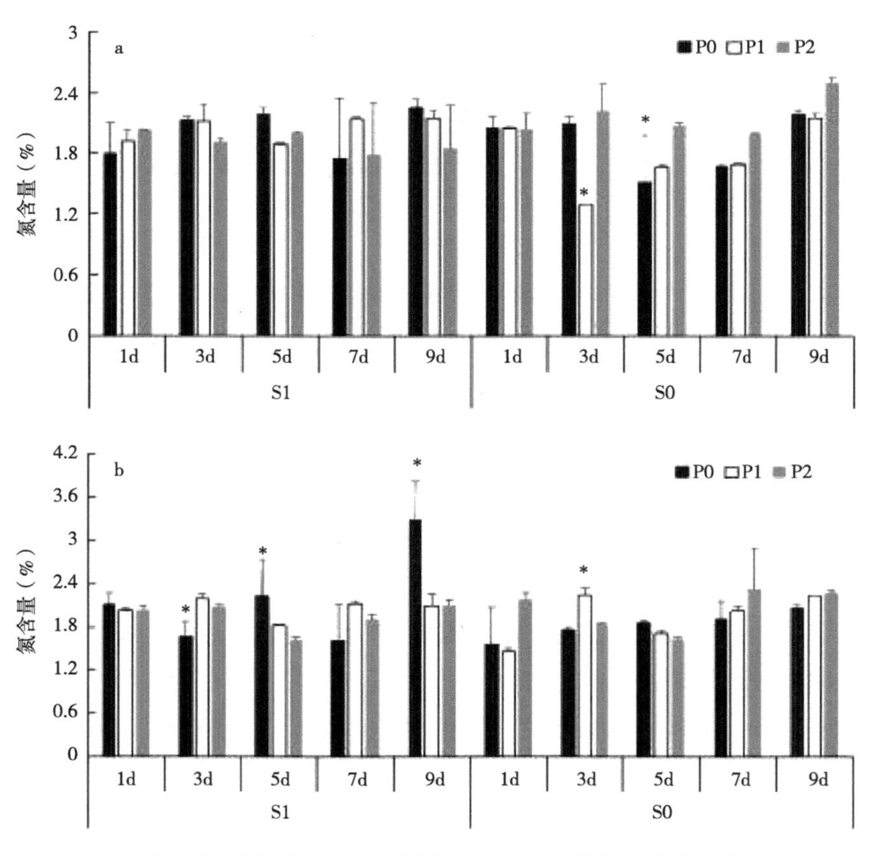

图9-18　不同处理对不同磷效率大豆地上部氮含量的影响

二、地上部磷含量的变化

两类型大豆地上部磷含量，蔗糖×品种间（P=0.039）互作效应差异达到显著差异水平。添加外源蔗糖后，对磷高效大豆地上部磷含量来说，在处理后第7d，在无磷（P0）和低磷（P1）处理下的磷含量均显著高于常磷（P2）处理，分别高出11.4%和17.2%（图9-19a）；而对于磷低效大豆而言，地上部磷含量不同处理下均差异不显著（图9-19b）。

和不加蔗糖处理相比，增加蔗糖处理后，对于磷高效大豆来说，在无磷（P0）处理后第5～7d其磷含量均显著增加，低磷（P1）处理后第7d其磷含量显著增加，在常磷（P2）处理后第9d磷含量显著下降；磷低效大豆在无磷（P0）处理后第5d磷含量显著增加。

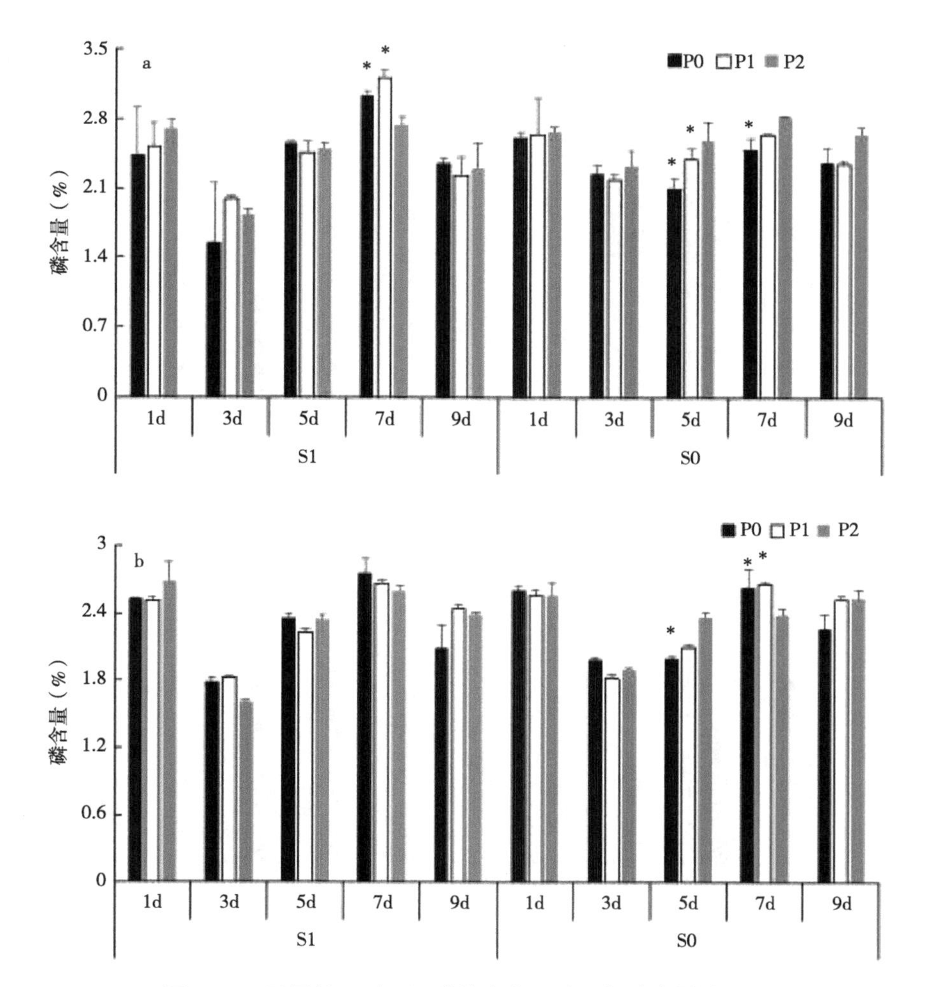

图9-19　不同处理对不同磷效率大豆地上部磷含量的影响

第七节　不同处理对大豆根系氮、磷含量的影响

一、根系氮含量的变化

测定了添加处理后培养不同天数的大豆根系氮含量。添加外源蔗糖后，对磷高效大豆的根系氮含量来说，氮含量在不同处理下均无显著差异（图9-20a）；而对于磷低效大豆的氮含量而言，在处理后第3d，低磷（P1）处理下的氮含量显著高于常磷（P2）处理，高87.1%（图9-20b）。

和不加糖处理相比，增加蔗糖处理后，磷高效大豆的根系氮含量变化不显著；而磷低效大豆在无磷（P0）和常磷（P2）处理后第3d根系氮含量显著下降。

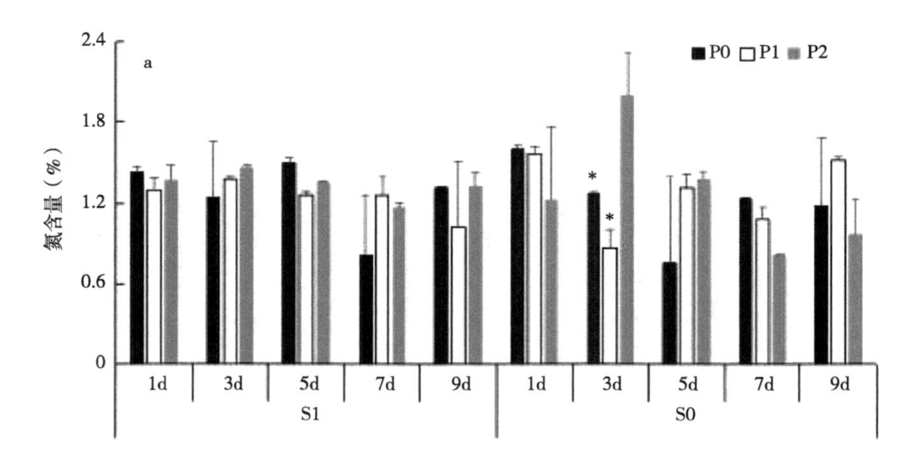

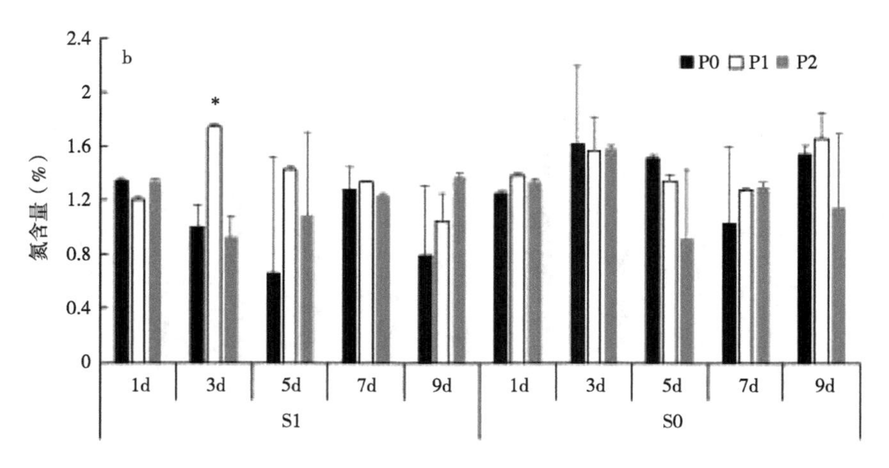

图9-20　不同处理对不同磷效率大豆根系氮含量的影响

二、根系磷含量的变化

两类型大豆根系磷含量，蔗糖×磷（P=0.033）互作效应差异达到显著差异水平。添加外源蔗糖后，对磷高效大豆根系磷含量来说（图9–21a），在处理后第7d，低磷（P1）处理下的磷含量显著低于常磷（P2）处理，低出12.7%，在处理后第9d，无磷（P0）处理和低磷（P1）处理下的磷含量均显著低于常磷（P2）处理，分别低出28%和23.4%（图9–21a）；而对于磷低效大豆根系磷含量而言，在处理后第7d和第9d，无磷（P0）处理和低磷（P1）处理下的磷含量均显著低于常磷（P2）处理，其中处理后第7d分别低27.7%和30.9%，处理后第9d分别低27.3%和21.3%（图9–21b）。

和不加糖处理相比，增加蔗糖处理后，在无磷（P0）和低磷（P1）处理后第9d磷高效大豆根系磷含量显著降低；而在无磷（P0）和低磷（P1）处理后第7d磷低效大豆根系磷含量显著降低。

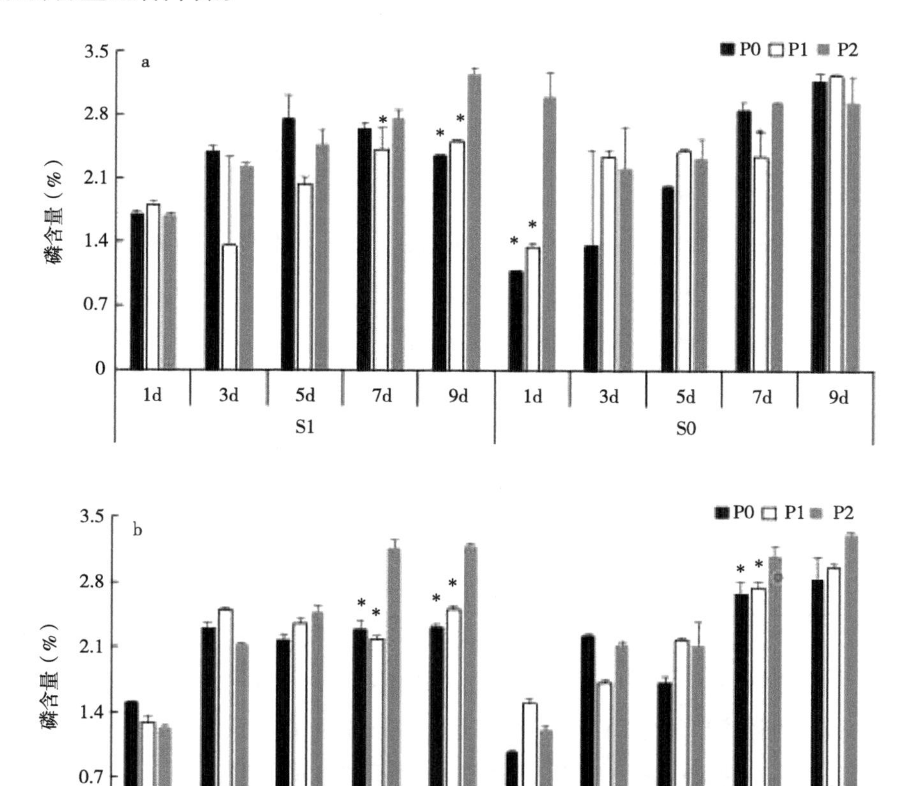

图9–21　不同处理对不同磷效率大豆根系磷含量的影响

第八节　根系氮、磷养分含量分配

一、根系氮含量占单株氮含量比例

从大豆的根系氮含量的分配比例可以看出（表9-1）。在无糖条件下。磷高效大豆在处理后3～5d，无磷（P0）处理和低磷处理（P1）下的根系氮分配比均发生显著变化，但趋势不一致。而磷低效大豆在处理后5d，无磷（P0）处理和低磷（P1）处理下的根系中氮的分配均显著高于常磷（P2）处理。

表9-1　不同处理对不同磷效率大豆根系氮含量分配的影响

品种	处理		1d	3d	5d	7d	9d
磷高效品种	S1	P0	0.17a	0.26a	0.22cd	0.28ab	0.27b
		P1	0.14a	0.19bc	0.18efg	0.18b	0.25b
		P2	0.19a	0.21b	0.18fg	0.33a	0.26b
	S0	P0	0.14a	0.16d	0.13I	0.18b	0.23b
		P1	0.17a	0.20bc	0.25ab	0.25ab	0.26b
		P2	0.16a	0.10e	0.17h	0.16b	0.25b
磷低效品种	S1	P0	0.18a	0.25a	0.23bc	0.28ab	0.44a
		P1	0.14a	0.15d	0.20de	0.20ab	0.32b
		P2	0.17a	0.20b	0.18efg	0.25ab	0.33b
	S0	P0	0.16a	0.14d	0.23bc	0.16b	0.31b
		P1	0.19a	0.17cd	0.26a	0.23ab	0.33b
		P2	0.14a	0.16d	0.20def	0.24ab	0.33b

添加外源蔗糖后（表9-1），磷高效大豆在处理后的3～5d，无磷（P0）处理下的根系氮分配比显著高于常磷（P2）处理，在处理后第7d低磷（P1）处理下的根系氮分配比显著低于常磷（P2）处理；磷低效大豆在处理后第3d、第5d和第9d，无磷（P0）处理下的根系氮分配比显著高于常磷（P2）处理，而处理后第3d低磷（P1）下的根系氮分配比显著低于常磷（P2）处理。

和不加糖处理相比，增加蔗糖处理后，对磷高效大豆来说，蔗糖主要影响了常磷（P2）处理后3～7d的根系氮分配比，在无磷（P0）处理后3～5d其根系氮分配比发生显著变化，低磷（P1）处理后5d、9d时其根系氮分配比发生显著变化；而对磷低效大豆则是主要影响了常磷（P2）处理后第3d根系氮分配比，无磷（P0）处理后第3d和9d根系氮分配比，低磷（P1）处理后第5d根系氮分配比（表9-1）。

二、根系磷含量占单株磷含量比例

测定了添加处理后培养不同天数大豆的磷含量分配比（表9-2）。在无糖条件下，磷高效大豆在处理后第3d，无磷（P0）处理下的根系磷含量的分配比例显著高于常磷（P2）处理，而在处理后的1～9d，低磷（P1）处理下的根系磷含量分配比例均显著低于常磷（P2）处理；磷低效大豆在处理后5d，无磷（P0）处理下的根系磷含量分配比例均显著低于常磷（P2）处理，而在处理后的3～9d，低磷（P1）处理下的根系磷含量分配比例均显著低于常磷（P2）处理。

表9-2　不同处理对不同磷效率大豆磷含量分配比的影响

品种	处理		1d	3d	5d	7d	9d
磷高效品种	S1	P0	0.17e	0.21de	0.29d	0.24e	0.28de
		P1	0.26bc	0.42b	0.42b	0.37b	0.39bc
		P2	0.25bc	0.27c	0.29d	0.29de	0.25de
	S0	P0	0.34a	0.44ab	0.48a	0.48a	0.47a
		P1	0.19de	0.26cd	0.26d	0.24e	0.26de
		P2	0.34a	0.49a	0.44ab	0.47a	0.43ab
磷低效品种	S1	P0	0.19de	0.20e	0.27d	0.28de	0.31de
		P1	0.31a	0.46ab	0.48a	0.44a	0.44ab
		P2	0.27b	0.28c	0.35c	0.30cde	0.36cd
	S0	P0	0.19de	0.44ab	0.35c	0.36bc	0.44ab
		P1	0.20de	0.24cde	0.26d	0.25e	0.35cd
		P2	0.22cd	0.41b	0.42b	0.32bcd	0.45ab

添加外源蔗糖后，其中磷高效大豆在处理后的1～3d，无磷（P0）处理下的根系磷含量分配比例显著低于常磷（P2）处理，第3～9d，低磷（P1）处理下的根系磷含量分配比例显著高于常磷（P2）处理；磷低效大豆在处理后1～5d，无磷（P0）处理下的根系磷含量分配比例显著低于常磷（P2）处理，1～9d低磷（P1）下的根系磷含量分配比例显著高于常磷（P2）处理（表9-2）。

和不加糖处理相比，增加蔗糖处理后，对磷高效大豆，外源蔗糖显著降低了常磷（P2）和无磷（P0）处理后第1～9d的根系磷含量配比，而显著增加了低磷（P1）处理下的根系磷含量分配比。磷低效大豆表现出与磷高效大豆大致相同的趋势。由此可见蔗糖会促进两类型大豆品种在低磷（P1）处理下根系磷含量的配比（表9-2）。

在大豆生长发育过程中，氮、磷是其中必不可少的营养物质，需要不断从土壤中吸收（郭志华和刘翠芳，2010）。氮元素是蛋白质的主要组成成分之一，在生长过程中会起到重要的作用。磷低效大豆地上部的氮含量，随着处理时间的增加会在无磷胁迫下，受到蔗糖的影响会促使其表现出增加趋势，而磷高效大豆的地上部磷含量，随着处理时间的增加，会在低磷胁迫时受到蔗糖因素的促进。而两类型大豆的地上部及根系的磷含量，随着处理时间的增加，会在加糖后大致表现出降低的趋势。而在磷的营养分配中两品种在低磷和蔗糖的双重因素下，会显著促进根系磷含量比重的增加，而在其他磷水平处理下则会表现出抑制作用。由此得出，大豆在缺磷条件下蔗糖对氮、磷含量影响并不一致，两类型品种磷含量在加入蔗糖后表现出降低趋势，但是在磷积累量的营养分配中发现，随着处理时间的增加会增大根系磷积累的分配。推测，本试验得出蔗糖因素会显著促进两品种根系生物量的积累，由于根系生物量积累的显著增加，然而部分氮、磷含量表现出有所降低的趋势时，仍旧会使植株的根系磷积累分配保持增加趋势，因而增加根系对磷吸收的比重，从而保障了植株在低磷胁迫下的生长发育。

第九节　植株生物量

一、植株干物重的变化

两类型大豆的单株，蔗糖×品种间（P=0.024）、蔗糖×品种间×磷（P=0.005），互作效应差异均达到显著水平。添加外源蔗糖后，磷高效大豆在不同处理下的单株干重在不同磷水平处理下均无显著变化（图9-22a）；而磷低效大豆在处理后第9d，无磷（P0）和低磷（P1）处理下的单株干重均显著高于常磷（P2）处理（图9-22b）。

和不加糖处理相比，增加蔗糖处理后，两类型大豆单株干重均在处理后第9d，表现出显著增加的趋势，磷高效大豆在低磷（P1）处理下增加幅度最大，磷低效大豆则在无磷（P0）处理下增加的幅度最大。

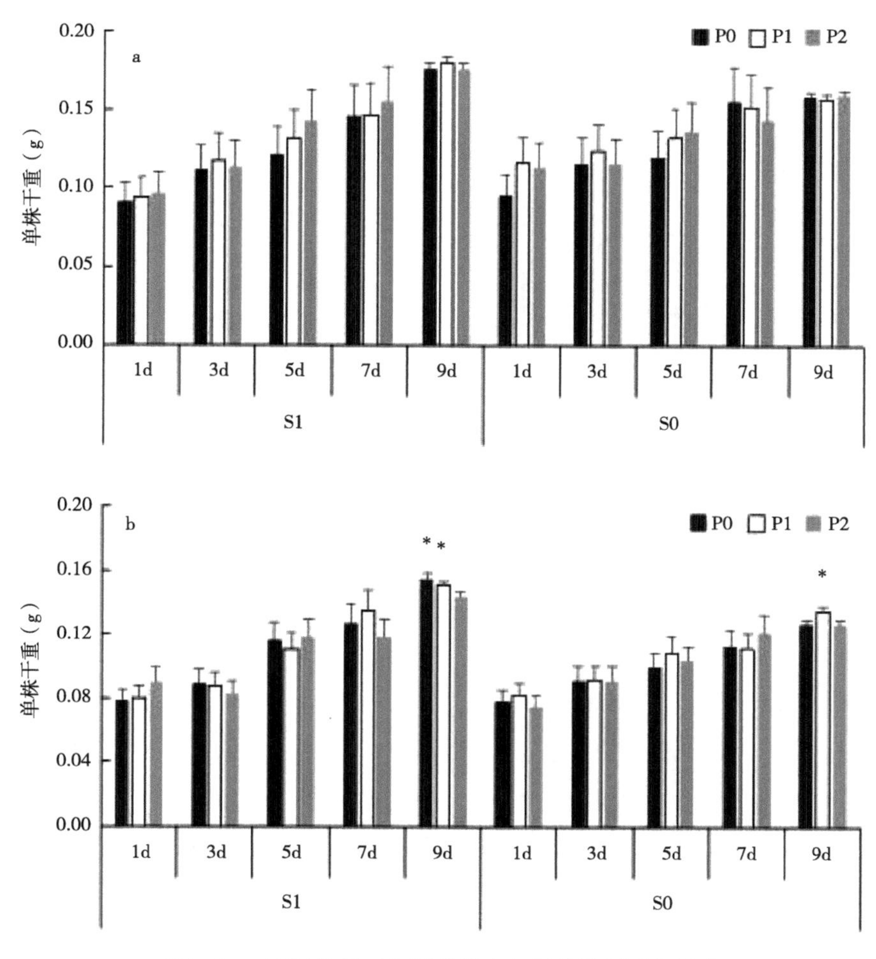

图9-22　不同处理对不同磷效率大豆单株干重的影响

二、根系干重的变化

两类型大豆根系干重，蔗糖×磷、蔗糖×品种间以及蔗糖×品种间×磷的互作效应均达到极显著差异水平（$P<0.000\ 1$）。添加外源蔗糖后，磷高效大豆根系干重在处理后第9d，无磷（P0）处理和低磷（P1）处理下的根系干重均显著高于常磷（P2）处理，分别高出14.3%和14.3%（图9-23a）；而磷低效大豆在处理后第9d，无磷（P0）处理和低磷（P1）处理下的根系干重均显著高于常磷（P2）处理，分别高出9.6%和3.8%（图9-23b）。

和不加糖处理相比，增加蔗糖处理后，两类型大豆在处理后第9d，根系干重会显著增加，其中磷高效大豆在无磷（P0）和常磷（P2）处理下的根系干重增加较大；而蔗糖处理后，对磷低效大豆在无磷（P0）处理下的根系干重增加较大。

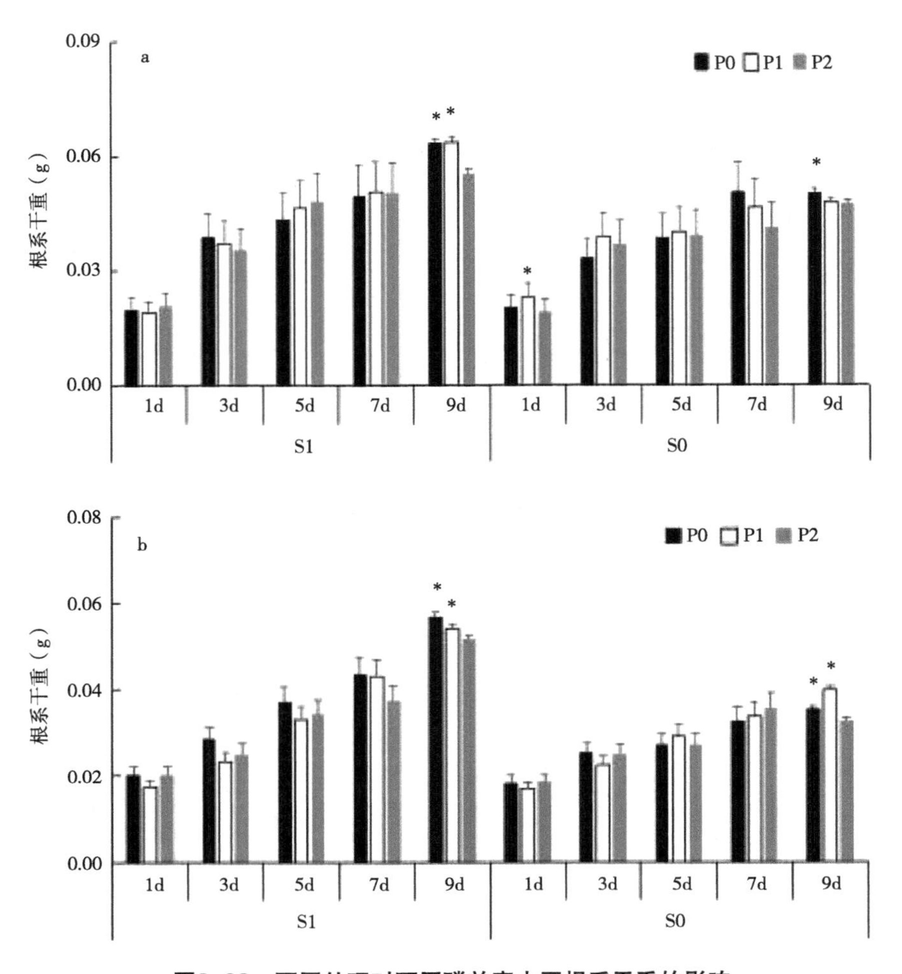

图9-23 不同处理对不同磷效率大豆根系干重的影响

三、根冠比的变化

两类型大豆的根冠比，蔗糖、磷以及品种间，三者间两两互作以及三者间互作效应的差异均达到极显著差异水平（P<0.000 1）。添加外源蔗糖后，其中磷高效大豆在处理后的3～9d，表现出无磷（P0）处理的根冠比显著高于常磷（P2）处理的趋势。而在处理后5～9d低磷（P1）处理下的根冠比显著高于常磷（P2）处理；磷低效大豆在处理后1～9d，无磷（P0）处理下的根冠比显著高于常磷（P2）处理，而在处理后第3d低磷（P1）下的根冠比显著低于常磷（P2）处理（表9-3）。

和不加糖处理相比，增加蔗糖处理后，对于磷高效大豆，蔗糖显著影响了各个磷水平处理后5～9d的根冠比；而蔗糖对磷低效大豆在不同磷水平处理后1～9d的根冠比，均有显著影响（表9-3）。

表9-3　不同处理对不同磷效率大豆根冠比的影响

品种	处理		1d	3d	5d	7d	9d
磷高效品种	S1	P0	0.276de	0.538a	0.555a	0.518a	0.565b
		P1	0.253f	0.457bc	0.542a	0.527a	0.548c
		P2	0.275de	0.452bc	0.508b	0.478b	0.460d
	S0	P0	0.273e	0.402d	0.477c	0.480b	0.465d
		P1	0.245f	0.456bc	0.432d	0.439c	0.435e
		P2	0.204g	0.470b	0.405e	0.400d	0.422f
磷低效品种	S1	P0	0.351a	0.470b	0.470c	0.521a	0.581a
		P1	0.276de	0.364f	0.424de	0.466b	0.558b
		P2	0.289d	0.441c	0.411de	0.463b	0.559b
	S0	P0	0.304c	0.387de	0.378f	0.408d	0.388g
		P1	0.258f	0.325g	0.367f	0.435c	0.415f
		P2	0.326b	0.379ef	0.359f	0.416cd	0.346h

综上所述，植物在缺磷的环境下生长时，根系生长量的变化与碳水化合物的分配变化有着必然的联系（庞欣等，2000）。而蔗糖会作为植物体内碳水化合物储存和运输的主要形式，并参与协调植物源库关系的信号分子（马春梅等，2011）。孔令剑（2018）研究表明，大豆随着处理时间的增加，生物量均会达到最大值，在单株干重和根系干重的分析中，两者均受到蔗糖因素的调节，表现出在各个磷水平处理下单株干重和根系干重的显著增加。在植物受到缺磷胁迫初期，会受缺磷信号的诱导，影响同化产物增加向根系转运量，已有研究表明多个作物在缺磷胁迫早期有更多的碳水化合物向根系运输，使根冠比增加（李锋和潘晓华，2002）。而两类型大豆的根冠比，在加糖后大致会表现出增长趋势，并且随着处理时间的增加，各个磷水平处理下根冠比的增加均达到了显著水平。由此表明，蔗糖作为重要调节因子，对两类型大豆生物量积累起到显著的促进作用。由试验得出，在加入蔗糖后，植株根系生物量积累增幅远相比于整株生物量积累更为明显，因此随着处理时间的增加，两类型大豆根冠比均有显著增加。而根冠比表现出显著增加的趋势，是由于在受到低磷胁迫初期，植株将更多的碳水化合物向根系运输，以此使根系积累更多的碳水化合物，促进根系更快速地重建，进而增大根系对营养物质的吸附面积，增强其对逆境条件的耐受性。

在缺磷条件下，生物量能反映缺磷对植株生长和产量的影响，获得较高生物量及产量是磷高效的重要特征之一（Gourley，1994），而生物量和籽粒产量中90%的物质来自光合作用。光合作用是决定作物产量的最重要因素之一，光合能力和光合产物积累量直接影响作物的产量（Bjorn，1994）。当植株培养在缺磷或少的磷溶液中时，叶片的光合速率明显降低，这在水稻、小麦和玉米等作物中均有报道（潘晓华，1997；张建恒，2006；Usuda，1991）。与低磷处理相比，增施磷肥供试品种的光合速率会明显增加。在低磷处理下，磷高效品种叶片生长期间具有较高的叶绿素含量和光合速率，说明其较强的光能捕获能力和光合同化能力可能是磷高效品种在低磷条件下具有相对较多干物质积累和较高产量的重要生理原因之一。光合作用底物CO_2向光合羧化位点的供应不仅取决于叶片外部CO_2与羧化位点处CO_2的浓度差，更决定于CO_2传递途径中的导度。叶片CO_2的扩散导度由边界层导度、气孔导度和叶肉导度等组成，后两者是影响CO_2传导的重要因素（Raven，1981）。Farguhar等（1982）将CO_2导度对光合作用的限制分为气孔限制和非气孔限制，并提出了区分二者的判别依据。前者与气孔的结构及开度有关，后者很大程度上与CO_2在液相中传输速率有关（许大全，1992）。磷高效大豆品种具有较高的气孔导度和叶肉导度，表明其即使在磷胁迫时，其CO_2传输能力也较好，光合作用的气孔和非气孔限制较低。而磷低效品种则受气孔限制程度较大。

大豆叶片可溶性蛋白中包含大量参与光合作用的关键酶类，对于光合作用具有重要影响。较高的可溶性蛋白含量是植物体内高效代谢的生理基础。磷高效品种的可溶性蛋白含量在整个生育时期均高，且在生殖生长后期下降较缓慢，可能是导致其具有较高光合速率的生理原因之一。

可溶性糖不仅是高等植物的主要光合产物，而且是碳水化合物代谢和暂时贮藏的主要形式，所以在植物代谢中占有重要位置。许多研究结果表明，可溶性糖含量变化与光合作用和产量密切相关（王晓慧，2007，James，2004）。植物体内可溶性糖含量的变化既可反映碳水化合物的合成情况，也可说明碳水化合物在植物体内的运输情况（王芳等，2004；杨卫韵，2005）。研究表明植物缺磷时，尽管光合作用下降，但其叶片中的蔗糖和淀粉会明显积累（Madhusudana，1990）。钟鹏等（2008）研究表明，当植物受到环境胁迫时会使植物体内可溶性糖含量增加。低磷处理下，磷高效品种的可溶性糖含量多低于磷低效品种，其淀粉含量在生育后期高于磷低效品种。中磷和高磷处理下，磷高效品种淀粉含量多低于磷低效品种，且磷高效和磷低效品种的可溶性糖含量和淀粉含量对中磷和高磷处理，不同生育时期响应有所不同。但在生育后期，中、高磷使磷高效品种含糖量有所下降，而磷低效品种的则有所增长，说明在长期缺磷条件下，磷高效品种能更好地自我调节，保证体内物质正常代谢与运输。

植物在正常情况下的酶促反应、叶绿体和线粒体的电子传递过程和一些低分子有机物的自动氧化反应，都会产生活性氧和H_2O_2等活性物质，但它们很快能被植物体内的超氧化物歧化酶、过氧化物酶和过氧化氢酶等保护酶所清除，保护系统中的酶类（SOD、POD和CAT）在植物体内协同发挥作用，共同清除体内过多的自由基，使自由基维持在一个较低水平，以保护植物细胞膜不受伤害（徐根娣等，2003）。植物的SOD是一种典型的诱导酶，SOD与植物抗逆性有密切的关系，许多逆境能影响植物体内活性氧代谢系统的平衡，增加活性氧的含量（王建华等，1989）。活性氧有破坏作用，可使叶片光合功能在衰老进程中由可逆衰老期进入不可逆衰老期（高忠等，1995；刘莹，2000）。超氧化物歧化酶（SOD）广泛存在于需氧代谢细胞中，在生理意义上属植物抗性系统酶，它可以清除阴离子自由基，保护细胞免受阴离子自由基的毒害。在适应逆境（高温、高氧、低CO_2、高盐等）过程中起着重要的作用（刘德立等，1994）。植物在衰老过程中，保护酶活性下降导致自由基代谢的平衡被破坏而致使自由基的过量积累，过剩自由基引发或加剧膜质过氧化作用，造成膜系统的损伤。外部环境条件的改变能影响SOD的活性水平，植物在逆境环境下受到的伤害以及植物对逆境抵抗能力往往与体内的SOD等活性水平有关。本试验结果表明，在低磷条件下，磷高效品种SOD活性整个生育时期变化都较小，并且在生育后期仍能保持较高活性。过氧化物酶（POD）是植物体内普遍存在的活性较高的一种酶，是植物体内的主要防御因子之一，是体内分解H_2O_2的关键酶类，是生物膜是否过氧化的反映。与生物的胁迫状态密切相关，过氧化氢酶和过氧化物酶一样，是植物体内保护系统中的保护酶（胡蕾等，2003）。过氧化氢酶（CAT）是植株细胞中普遍存在的过氧化氢解毒剂，它是植株体内清除活性氧的重要酶之一，其活性的增强可以提高大豆抗衰老及抵抗逆境的能力（王宏燕等，2002）。低磷条件下，磷高效品种POD和CAT活性在生殖生长阶段较高，后期仍能保持较高水平。在中、高磷条件下，磷高效品种保护酶系统变化较小，而磷低效品种的保护酶活性在生育后期增强。植物在逆境及衰老条件下遭受伤害时，往往发生脂膜的过氧化作用，丙二醛是植物细胞膜脂过氧化的产物之一，其含量的高低在一定程度上能反映脂膜的过氧化水平和膜结构的受害程度及植株的自我修复能力（陈少裕，1991）。有研究表明，酶与磷等矿质元素有着密切的联系，一些矿质元素可以作为酶的辅助因子影响酶的催化活性（宋艳波，2003；李锋等，2004；潘晓华等，2003）。低磷胁迫导致甘蔗、水稻的丙二醛含量增加，且耐性差的品种较明显和较早发生衰老（万美亮，1999；李锋，2004）。郭丽等（2008）对河北省30个小麦品种在磷胁迫条件下研究也表明，磷高效品种具有较低的MDA含量。低磷胁迫一方面会激发大豆叶片产生更多的自由基、加快膜脂过氧化、导致体内MDA含量增加。另一方面会导致叶片保护酶系统活性的增强、加快自由基的清除、减轻膜脂过氧化、降低体内MDA的含量，构成一个动态平衡系统。磷高效品种，由于其保护酶活性较高，并且即使在低磷条件下，植株的磷积累量也较高，对低磷胁迫危害反应迅速，在低磷胁迫下具有更强的自由基清除能力，膜脂过氧化程度小。而磷低效品种，由于其保护酶活性较低，在低磷胁迫下抵制膜脂过氧化能力较弱，从而导致体内MDA含量大幅增长。具有较强的植株活性氧清除能力，保持生物膜结构的稳定性，是磷高效品种抵抗低磷胁迫并保持较高的光合效率，进而获得较高产量的生理机制之一。

植物体在胁迫环境中对磷的吸收和利用体现了品种间的基因型差异。Nielsen等（1978）研究表明，在营养液培养条件下，12种玉米近交中最大吸磷速率差异达1.8～3.3倍。不同玉米品种间磷吸收率可以相差2～3倍（Bruetsch，1976）。在相同条件下，磷高效玉米品种比磷低效品种吸收和积累更多的磷（陈俊意等，2008；Clark，1982），在高磷水平下，磷低效品种干物重与磷高效品种相同或更高些，但在低磷条件下，磷高效品种干重却比磷低效品种高（Clark，1974；林海建等，2008）。张晓红等（2008）研究也表明，低磷胁迫条件下，耐低磷大豆品种单株磷吸收量较高。邱惠珍等（2004）试验证明磷高效基因型小麦植株体内积累的磷量明显高于磷低效基因型。赵营等（2006）研究表明，作物生物量的累积与养分累积有着密切的关系，养分累积是生物量累积的基础，也是作物产量形成的基础。低磷处理下，磷高效品种全株的磷积累量比磷低效品种平均高24.4%，且各器官的磷积累量也较高。磷高效品种器官的磷百分含量也均较高。在中高水平磷处理下，磷高效品种受影响相对较小。磷高效品种在低磷处理下仍能保持较高的磷积累量、平均积累速率和最大积累速率。磷高效品种整株及各器官较高的磷水平，保证了其正常的代谢，使其最终获得较高的产量水平。植物内部，矿质养分的循环和再分配对植物生长和提高养分利用效率具有重要作用，尤其是在养分胁迫条件下作用更为明显（Marschner et al，1996；1997）。磷是植物体内相对移动性较强的元素，在植物各器官间可以较容易地移动（Marschner，1995）。本研究表明，如分枝期、开花期，磷胁迫条件下，磷高效品种的磷分别有67.3%和55.6%仍主要供应叶片（而磷低效品种为62.8%和52.8%），在较高磷处理下，磷高效品种的磷分配到茎秆中的比例有所增加，而磷低效品种仍向叶片中增加供应。鼓粒末期磷高效品种向籽粒中转移磷较少，达到20.7%，而此时期磷低效品种转移较多（27.6%）。说明磷高效品种整体协调利用磷能力较强，在低磷条件下仍保持较高磷含量，并且能用相对较少的磷积累量产生较高的籽粒产量，保证了叶片光合速率和物质生产。

不同研究者在冬小麦、高粱、玉米上进行研究表明，磷高效品种体内磷素的再运输和再利用率高，并能在较低的磷浓度条件下进行生长发育，产生较多的经济产量（刘毅志等，1985；徐国郎等，1990；李继云等，1995；彭正萍等，2004；George，1985；Gstdiner，1990；Wieneke，1990）。耐低磷品种生长量受低磷胁迫的影响要小于低磷敏感品种，这与耐低磷品种在低磷胁迫下具较高的光合速率和碳同化能力有关

（张建恒，2006；曹黎明，2000）。磷高效品种具有较高的碳同化量、生长率和光合势，尤其在生育后期受低磷影响较小，仍能保持较高的生长量。表明该类型品种在单株和群体上具有较高的光合效率，是其在生长发育中具有较高的群体生长率和较高的籽粒产量的基础。磷高效大豆品种在低磷条件下净同化率、光合势和生长率相对较高，可能主要是由于植株磷吸收数量较多，保护酶功能较强，使细胞内部磷胁迫程度相对较低，从而光合机构功能相对改善。磷高效大豆品种在低磷条件下也具有较高产量，是不同生育时期较高的光合速率和碳同化量，促成较高的体内磷代谢水平、保护机制和群体内生长势态等综合协调作用的结果。

参考文献

敖雪，孔令剑，朱倩，等，2015. 磷素对不同磷效率基因型大豆根系养分吸收特性的影响[J]. 大豆科学，34（4）：653-660.

敖雪，谢甫绨，刘婧琦，等，2009. 不同磷效率大豆品种光合特性的比较[J]. 作物学报，35（3）：522-529.

敖雪，2009. 磷素对不同磷效率基因型大豆的影响[D]. 沈阳：沈阳农业大学.

柏栋阴，冯国华，张会云，等，2007. 低磷胁迫下磷高效基因型小麦的筛选[J]. 麦类作物学报，27（3）：407-410，415.

蔡柏岩，葛菁萍，金惠玉，等，2006. 磷素水平对不同大豆品种钾素吸收效率的影响[J]. 大豆科学，25（6）：42-46.

蔡柏岩，葛菁萍，祖伟，2008. 磷素水平对不同大豆品种产量和品质的影响[J]. 植物营养与肥料学报，14（1）：65-70.

蔡柏岩，祖伟，葛菁萍，2004. 磷素水平对不同基因型大豆干物质积累与分配的影响[J]. 大豆科学，23（4）：273-280.

蔡柏岩，2005. 磷素与不同基因型大豆营养关系研究[D]. 哈尔滨：东北农业大学.

曹敏建，佟占昌，韩明祺，等，2001. 磷高效利用的大豆遗传资源的筛选与评价[J]. 作物杂志（4）：22-24.

常耀中，1981. 大豆高产栽培的叶面积问题[J]. 中国农业科学（2）：22-26.

陈国兴，2017. 磷素营养水平对大豆光合作用及磷素吸收积累的影响[D]. 哈尔滨：东北农业大学.

陈怀珠，赵艳红，杨守臻，等，2008. 磷胁迫下不同基因型大豆的症状表现及耐性极限研究[J]. 大豆科学，27（1）：165-169.

陈屏昭，陈顺方，刘忠荣，等，2003. 缺磷胁迫对温州蜜柑叶片光合作用的影响[J]. 云南农业大学学报，18（2）：158-162.

陈铨荣，1963. 利用^{14}C研究大豆叶片光合产物的运转和分配[J]. 植物学报（2）：167-177.

褚天铎，1995. 作物必需营养元素的概念[J]. 土壤肥料（4）：48.

崔世友，耿雷跃，孟庆长，等，2007. 大豆苗期耐低磷性及其QTL定位[J]. 作物学报（3）：378-383.

单守明，刘国杰，李绍华，等，2008. DA-6对草莓叶绿体光化学反应和Rubisco活性的影响[J]. 中国农业大学学报，13（2）：7-10.

丁洪，郭庆元，李志玉，等，1998. 磷对大豆不同品种产量和品质的影响[J]. 中国油料作物学报，20（2）：67-71.

丁洪，李生秀，郭庆元，1997. 酸性磷酸酶活性与大豆耐低磷能力的相关研究[J]. 植物营养与肥料学报，3（2）：123-128.
丁洪，李生秀，1998. 大豆品种耐低磷和对磷肥效应的遗传差异[J]. 植物营养与肥料学报，4（3）：257-263.
丁艳等，2011. 缺磷对玉米根系形态的影响[J]. 扬州大学学报，32（3）：52-54.
丁玉川，陈明昌，程滨，等，2006. 不同磷水平对大豆植株生长发育的影响[J]. 山西农业科学，34（1）：47-49.
丁玉川，陈明昌，程滨，2006. 北方春大豆磷高效基因型的筛选[J]. 植物营养与肥料学报，12（4）：597-600.
董薇，练云，余永亮，等，2012. 大豆磷胁迫响应研究进展[J]. 大豆科学，31（1）：135-140.
董钻，宾郁泉，孙连庆，1979. 大豆品种生产力的比较研究[J]. 沈阳农学院学报（1）：37-47.
董钻，蒋工颖，张显，等，1989. 大豆产量程序设计及栽培措施优化的研究第二报大豆群体的养分吸收模式[J]. 辽宁农业科学（4）：6-11.
董钻，谢甫绨，1996. 大豆氮磷钾吸收动态及模式的研究[J]. 作物学报（1）：89-95.
董钻，2001. 大豆产量生理[M]. 北京：中国农业出版社.
董钻，1981. 大豆的器官平衡与产量[J]. 辽宁农业科学（3）：14-21.
董钻，1988. 大豆株型育种的若干生理问题[J]. 大豆科学（1）：69-74.
付国占，严美玲，蔡瑞国，2008. 磷氮配施对小麦籽粒蛋白质组分含量和面团特性的影响[J]. 中国农业科学，41（6）：1 640-1 648.
盖钧镒，2003. 发展我国大豆遗传改良事业解决国内大豆供给问题[J]. 中国工程科学，5（5）：1-6.
高聚林，刘克礼，刘景辉，等，2004. 大豆群体对氮、磷、钾的平衡吸收关系的研究[J]. 大豆科学，23（2）：106-110.
耿雷跃，崔士友，张丹，等，2007. 大豆磷效率QTL定位及互作分析[J]. 大豆科学（4）：460-466.
顾慰连，张龙步，杨守仁，1964. 水陆稻根系生长特性的研究[J]. 植物生理学通讯（6）：17-21.
郭庆元，1993. 发展我国南方大豆生产的重要意义与对策[J]. 大豆通报（Z2）：20-22.
郭志华，刘翠芳，2010. 氮磷钾和微量元素对大豆生长发育的作用[J]. 农家参谋（种业大观）（6）：31.
何天祥，郑传刚，2001. 攀西地区秋大豆干物质积累与分配规律的研究[J]. 大豆科学，20（3）：215-220.
贺振昌，1982. 高产大豆营养与施肥的探讨[J]. 中国农业科学（1）：65-70.
胡根海，章建新，唐长青，2002. 北疆春大豆生长动态及干物质积累与分配[J]. 新疆农业科学，9（5）：264-267.
胡明祥，李开明，田佩占，等，1980. 大豆高产株型育种研究[J]. 吉林农业科学（3）：1-14.
黄鑫，2018. 施磷对干旱胁迫下箭竹根系呼吸及线粒体内活性氧防除途径的影响[D]. 哈尔滨：东北林业大学.
黄亚群，刘社平，王激清，等，2000. 春小麦品种磷营养效率研究Ⅱ. 性状相关与筛选指标的确定[J]. 麦类作物学报（1）：39-43.
黄亚群，马文奇，1994. 旱作豌豆磷肥效应研究明[J]. 河北农业大学学报，17（增刊）：58-61.
贾海峰，2013. 蔗糖及茉莉酸信号在草莓果实发育中的作用及其机理分析[D]. 北京：中国农业大学.

解锋，李颖飞，2011. 土壤中磷的形态及转化的探讨[J]. 杨凌职业技术学院学报，10（1）：4-8.
金荣，2013. 糖对不同磷素水平马铃薯植株的生理调控[D]. 兰州：甘肃农业大学.
李锋，潘晓华，2002. 植物适应缺磷胁迫的根系形态及生理特征研究进展[J]. 中国农学通报，18（5）：65-69.
李继云，李振声，1995. 有效利用土壤营养元素的作物育种新技术研究[J]. 中国科学（B辑），25（1）：41-48.
李莉，2014. 磷高效基因型水稻筛选及其吸收利用磷素特性研究[D]. 雅安：四川农业大学.
李庆逵，1986. 现代磷肥研究的进展[J]. 土壤学进展（2）：1-7.
李志刚，董丽杰，宋书宏，等，2007. 磷素和干旱胁迫对大豆叶片活性氧和保护酶系统的影响[J]. 作物杂志（6）：35-37.
李志刚，谢甫绨，宋书宏，2004. 大豆高效利用磷素基因型的筛选[J]. 中国农学通报，20（5）：126-129.
李志刚，2004. 不同磷效率基因型大豆的筛选及其对磷素水平的反应机理研究[D]. 沈阳：沈阳农业大学.
李志洪，陈丹，曹国军，等，1995. 磷水平对不同基因型玉米根系形态和磷吸收动力学的影响[J]. 吉林农业大学学报（4）：40-43.
梁翠月，廖红，2015. 植物根系响应低磷胁迫的机理研究[J]. 生命科学，27（3）：389-397.
梁德印，徐美德，李舒凡，等，1986. 钾肥对大豆生长发育和形态的影响[J]. 中国农业科学（2）：61-64，98.
廖红，严小龙，2000. 菜豆根构型对低磷胁迫的适应性变化及基因型差异[J]. 植物学报，42（2）：158-163.
刘鹏，周国权，严小龙，等，2008. 低磷对大豆主根伸长生长的影响[J]. 植物生理学通讯，44（4）：726-728.
林德喜，胡锋，范晓晖，等，2006. 长期施肥对太湖地区水稻土磷素转化的影响[J]. 应用与环境生物学报，12（4）：453-456.
林志豪，2016. 大豆根部特异表达的磷转运子基因GmPT4的功能分析[D]. 广州：华南农业大学.
刘芳，2010. 水稻中OsPHR2调控磷酸盐转运子OSPT2的分子和遗传分析[D]. 武汉：华中农业大学.
刘厚诚，邝炎华，陈日远，2003. 缺磷胁迫下长豇豆幼苗膜脂过氧化及保护酶活性的变化[J]. 园艺学报，30（2）：215-217.
刘建中，李振声，李继云，1994. 利用植物自身潜力提高土壤中磷的生物有效性[J]. 生态农业研究，2（1）：16-23.
刘灵，廖红，王秀荣，等，2008. 不同根构型大豆对低磷的适应性变化及其与磷效率的关系[J]. 中国农业科学，41（4）：1 089-1 099.
刘鹏，区伟贞，王金祥，等，2006. 磷有效性与植物侧根发生发育[J]. 植物生理学通讯，42（3）：395-400.
卢坤，钟巍然，张凯，等，2009. 甘蓝型油菜苗期磷高效基因型的TOPSIS法筛选[J]. 中国生态农业学报，17（1）：120-124.
马春梅，郭海龙，龚振平，2011. 不同基因型大豆糖分积累规律的研究（Ⅱ）——蔗糖含量积累规律研究[J]. 作物杂志（1）：25-29.
马春梅，郭海龙，龚振平，等，2010. 不同基因型大豆糖分积累规律的研究（Ⅰ）——可溶性糖含量积累规律的研究[J]. 作物杂志（4）：65–69.
孟新伟，2010. 氮、磷肥料对小麦生长和产量的影响[J]. 吉林农业（12）：144–145.
苗淑杰，韩晓增，乔云发，等，2009. 不同作物对黑土中磷素形态及有效性的影响[J]. 土壤通报，40（1）：105–108.
苗淑杰，乔云发，韩晓增，等，2007. 大豆根系特征与磷素吸收利用的关系[J]. 大豆科学，26（1）：16–20.
明凤，张福锁，1999. 水稻耐低磷有关性状的分子标记[J]. 科学通报，44（23）：2 514–2 518.
年海，郭志华，余让才，等，1998. 不同来源大豆品种耐低磷能力的评价[J]. 大豆科学，17（2）：108–114.
潘晓华，李峰，2004. 低磷胁迫对不同水稻品种根系形态和养分吸收的影响[J]. 作物学报，30（5）：438–442.
潘晓华，刘水英，李锋，等，2003. 低磷胁迫对不同水稻品种叶片膜质过氧化及保护酶活性的影响[J]. 中国水稻科学，17（1）：57–60.
庞欣，李春俭，张福锁，2000. 部分根系供磷对小麦幼苗生长及同化物分配的影响[J]. 作物学报，26（6）：719–724.
彭俊楚，2016. 大豆GmWRKYs基因的克隆和功能研究[D]. 广州：华南农业大学.
彭正萍，李春俭，门明新，2004. 缺磷对不同穗型小麦光合生理特性和产量的影响[J]. 作物学报，30（8）：826–830.
邱化蛟，许秀美，冷寿慈，2004. 不同基因型小麦磷素代谢差异研究[J]. 山东农业大学学报（自然科学版），35（2）：169–172.
邱双，2017. 谷子不同磷效率品种筛选及其生理特性研究[D]. 太原：山西农业大学.
任海红，刘学义，李贵全，2008. 大豆耐低磷胁迫研究进展[J]. 分子植物育种，6（2）：316–322.
任立刚，2012. miRNAs在拟南芥蔗糖信号传导和铜代谢平衡中的研究[D]. 杨凌：西北农林科技大学.
沈浦，2014. 长期施肥下典型农田土壤有效磷的演变特征及机制[D]. 北京：中国农业科学院.
沈玉芳，李世清，邵明安，2008. 水肥不同层次组合对冬小麦（*Triticum aestivum* L.）氮磷养分有效性和产量效应的影响[J]. 生态学报，28（6）：2 698–2 706.
史端和，1989. 植物营养原理[M]. 南京：江苏科学技术出版社.
史占忠，1989. 大豆植株全氮磷钾含量变化分析[J]. 大豆科学，8（4）：369–374.
宋海娜，2013. 大豆磷效率相关基因GmACP1和GmPht1；1的克隆与功能研究[D]. 南京：南京农业大学.
苏军，张武君，杜琳，等，2014. 磷胁迫下蔗糖对水稻苗期根适应性和转运蛋白基因表达的影响[J]. 中国生态农业学报（11）：1 334–1 340.
唐梅，李伏生，张富仓，等，2006. 不同磷钾条件下苗期适度水分亏缺对大豆生长及干物质积累的影响[J]. 干旱地区农业研究，24（5）：109–113.
童学军，李惠珍，曾焕泰，等，2001. 低磷胁迫下溶液培养大豆生长和磷素营养特性及其与土培下磷效率特性的关系[J]. 植物营养与肥料学报，7（3）：298–304.
童学军，严小龙，卢永根，等，1999. 广东大豆地方种质磷效率特性研究Ⅰ. 大豆基因型磷效率特性差异及其与土壤有效磷含量的关系[J]. 土壤学报，36（3）：404–411.
童学军，2001. 低磷胁迫下溶液培养大豆生长和磷素营养特性及其与土培下磷效率特性的关系[J]. 植物营养与肥料学报，7（3）：298–304.
王保明，陈永忠，王湘南，等，2015. 植物低磷胁迫响应及其调控机制[J]. 福建农林大学学报

（自然科学版），44（6）：567-575.
王继安，王金阁，2000. 大豆叶面积垂直分布对产量及农艺性状的影响[J]. 东北农业大学学报（1）：14-19.
王建国，李兆林，2006. 肥与大豆产量及品质的关系[J]. 农业系统科学与综合研究，22（1）：55-57.
王晶，韩晓日，宫亮，等，2005. 低磷胁迫下不同番茄品种苗期根系生理适应性研究[J]. 沈阳农业大学学报，36（5）：615-618.
王立刚，刘克礼，高聚林，等，2007. 大豆对磷素吸收规律的研究[J]. 大豆科学，26（1）：30-34.
王淑敏，1990. 植物营养与施肥[M]，北京：农业出版社.
王树起，韩晓增，严君，等，2010. 缺磷胁迫对大豆根系形态和氮磷吸收积累的影响[J]. 土壤通报，41（3）：644-650.
王树起，韩晓增，乔云发，等，2009. 缺磷胁迫对大豆根瘤生长和结瘤固氮的影响[J]. 大豆科学，28（6）：1 000-1 003.
王维军，王孝奇，1963. 应用放射性同位素^{14}C研究大豆叶片同化产物的运转与分配[J]. 原子能科学技术（10）：845-849.
王艳，李晓林，张福锁，2000. 不同基因型植物低磷胁迫适应机理的研究进展[J]. 生态农业研究，8（4）：34-36.
王应祥，廖红，严小龙，2003. 大豆适应低磷胁迫的机理初探[J]. 大豆科学，22（3）：208-212.
王政，高瑞凤，李文香，等，2008. 氮磷钾肥配施对大豆干物质积累及产量的影响[J]. 大豆科学，27（4）：588-592.
王治，2011. 糖对拟南芥幼苗初生根生长影响的研究[D]. 北京：中央民族大学.
魏丹，李艳，李玉梅，等，2017. 氮磷钾元素对黑龙江不同地区大豆产量和品质的影响[J]. 大豆科学，36（1）：87-91.
吴冰，2013. 大豆耐低磷转录因子GmPTF1与GmPHR1功能分析[D]. 保定：河北农业大学.
吴俊江，马凤鸣，林浩，等，2009. 不同磷效基因型大豆在生长关键时期根系形态变化的研究[J]. 大豆科学，28（5）：820-823，832.
吴俊江，钟鹏，刘丽君，等，2008. 不同大豆基因型耐低磷能力的评价[J]. 大豆科学，27（6）：983-987.
吴明才，肖昌珍，郑普英，1999. 大豆磷素营养研究[J]. 中国农业科学，32（3）：59-65.
吴平，罗安程，倪俊建，等，1996. 植物营养分子遗传研究进展[J]. 植物营养与肥料学报，2（1）：1-6.
武维华，1998. 植物生理学[M]. 北京：科学出版社.
武兆云，赵晋铭，高瑞芳，等，2012. 大豆苗期耐低磷性状评价和低磷胁迫的分子机理初步研究[C]. 全国大豆科研生产研讨会.
武兆云，2011. 大豆苗期耐低磷性状评价和低磷胁迫的分子机理初步研究[D]. 南京：南京农业大学.
奚红光，2006. 低磷胁迫条件下甜菜根形态特征研究[D]. 北京：中国农业科学院.
夏龙飞，2015. 甘蔗磷效率的基因型差异及磷高效基因型筛选[D]. 南宁：广西大学.
邢宏燕，李滨，李继云，等，1999. 小麦品种磷营养特性的类型分析及其年度间稳定性的研究[J]. 西北植物学报，19（2）：53-62.
邢倩，谷艳芳，高志英，等，2008. 氮、磷、钾营养对冬小麦光合作用及水分利用的影响[J]. 生态学杂志，27（3）：355-360.
熊汉峰，刘武定，皮美美，1995. 硼氮及其配合对油菜苗期养分吸收的影响[J]. 土壤通报（2）：84-86.
徐国伟，杨立年，王志琴，等，2008. 麦秸还田与实地氮肥管理对水稻氮磷钾吸收利用的影响[J]. 作物学报，34（8）：1 424-1 434.
徐青萍，罗超云，廖红，等，2003. 大豆不同品种对磷胁迫反应的研究[J]. 大豆科学，22（2）：108-114.
徐志超，浦香东，宋经元，2018. 基于丹参基因组的蛋白磷酸酶2C家族的系统分析[J]. 中国现代中药，20（6）：652-657.
严小龙，1999. 植物根构型特性与磷吸收效率[J]. 植物学通报，22（3）：1-3.
严小龙，廖红，戈振扬，等，2000. 植物根构型特性与磷吸收效率[J]. 植物学通报，17（6）：511-519.
严小龙，廖红，杨茂，1999. 根构型分析在豆科作物磷效率研究中的应用[J]. 中国农业科技导报（1）：40-43.
严小龙，廖红，2000. 植物根构型特性与磷吸收效率[J]. 植物学通报，17（6）：511-519.
严小龙，1995. 热带土壤中菜豆种质耐低磷特性的评价[J]. 植物营养与肥料学报（1）：30-37.
杨春婷，张永清，马星星，等，2018. 苦荞耐低磷基因型筛选及评价指标的鉴定[J]. 应用生态学报，29（9）：2 997-3 007.
杨杰，2010. 通辽市污灌区土壤磷素的空间分布特征及迁移转化规律的研究[D]. 北京：北京交通大学.
杨孟佩，孙克用，李奇真，等，1986. 夏大豆营养生理及施肥技术研究[J]. 大豆科学（4）：317-326.
杨晴，韩金玲，李雁鸣，2006. 不同施磷量对小麦旗叶光合性能和产量性状的影响[J]. 植物营养与肥料学报，12（6）：816-821.
叶修祺，荆淑民，王滔，等，1982. 大豆的精确成熟期与最佳收获期[J]. 山东农业科学（3）：50，12.
印莉萍，孙彤，李伟，等，2004. 缺铁诱导的水稻根转录本组和蛋白质组分析与膜泡运输[J]. 自然科学进展（5）：44-49.
于新超，王晶，朱美玉，等，2015. 碳水化合物代谢参与番茄响应低磷胁迫的分子机制[J]. 分子植物育种，13（12）：2 833-2 842.
袁新民，同延安，杨学云，等，2000. 施用磷肥对土壤NO_3-N累积的影响[J]. 植物营养与肥料学报，6（4）：397-403.
张丹，宋海娜，程浩，等，2015. 大豆耐低磷相关基因的定位与克隆[J]. 遗传，37（4）：336-343.
张福锁，林翠兰，1992. 土壤与植物营养学研究新动态（第一卷）[M]. 北京：北京农业大学出版社.
张福锁，1993. 植物营养生态生理学和遗传学[M]. 北京：中国科学技术出版社.
张福锁，1993. 植物根引起的根际pH值改变的原因及效应[J]. 土壤通报（1）：43-45.
张晶，2012. 北京野鸭湖湿地土壤中磷的形态分布和转化行为研究[D]. 北京：北京林业大学.
张可炜，李坤朋，刘治刚，等，2007. 磷水平对不同基因型玉米苗期磷吸收利用的影响[J]. 植物营养与肥料学报，13（5）：795-800.
张淼，赵书岗，耿丽平，等，2013. 缺磷对不同作物根系形态及体内养分浓度的影响[J]. 植物营养与肥料科学，19（3）：577-585.
张文明，李亚娟，邱慧珍，2008. 不同基因型春小麦磷效率差异的研究[J]. 土壤通报，39（1）：106-108.
张性坦，赵存，柏惠侠，等，1996. 夏大豆诱处4号公顷产4 500kg生理指标研究[J]. 中国农业科学（6）：47-52.
张学英，侯雪琪，周淑芹，等，1994. 浅谈大豆理想株型育种[J]. 大豆通报（4）：15-16.
张彦丽，2010. 不同磷效率大豆基因型根形态构型对低磷胁迫的响应[J]. 中国农学通报，26（14）：182-185.
赵春江，2004. 数字农业信息标准研究（作物卷）[M]. 北京：中国农业出版社.
赵建琦，吴学能，曹越，等，2013. 缺磷条件下蔗糖对水稻磷素吸收利用起重要作用[J]. 中国水稻科学，27（1）：65-70.
赵静，付家兵，廖红，等，2004. 大豆磷效率应用核心种质的根构型性状评价[J]. 科学通报，49（13）：1 249-1 257.
赵丽琴，吉光明，邓永贵，等，2005. 施肥对大豆吸收氮磷钾的影响[J]. 黑龙江八一农垦大学学报报，17（3）：29-31.
赵小蓉，林启美，2001. 微生物解磷的意见进展[J]. 土壤肥力（3）：7-11.
赵仪华，吴日照，余澄安，等，1964. 利用^{32}P研究大豆磷肥施用法（Ⅰ）——过磷酸钙的种肥、基肥合理施用法[J]. 原子能科学技术（5）：580-586.
赵映琴，刘玉汇，王丽，等，2009. 低磷胁迫下马铃薯试管苗生长及生理指标变化研究[J]. 干旱地区农业研究，27（5）：183-187.
郑洪兵，王喜华，邓川，等，2008. 吉林省大豆品种遗传改良过程中叶片性状的演变[J]. 中国油料作物学报（2）：179-184.
钟鹏，朱占林，李志刚，等，2005. 干旱和低磷胁迫对大豆叶保护酶活性的影响[J]. 中国农业通报，2（21）：153-154.
周晓峰，王运华，1993. 硼对棉花叶柄解剖结构的影响[J]. 华中农业大学学报（2）：122-125.
Aluwihare Y C，Ishan M，Chamikara M D M，et al.，2016. Characterization and selection of phosphorus deficiency tolerant rice genotypes in Sri Lanka[J]. Rice Science，23（4）：184-195.
Andre B. 1995. An overview of membrane transport proteis in saccharomyces cerevisiae[J]. Yeast（11）：575-1 611.
Bariola P A，Howard C J，Taylor C B，et al.，1994. The Arabidopsis ribonuclease gene RNS1 is tightly controlled in response to phosphate limitation[J]. The Plant Journal，6（5）：13.
Bates T R，Lynch J P，2001. Root hairs confer a competitive advantage under low phosphorus availability[J]. Plant and Soil，236：243-250.
Batten G D，1992. A review of phosphorus efficiency in wheat[J]. Plant and Soil，146（1-2）：163-168.
Bhuiyan M M H，Rahman M M，Afroze F，et al.，2008. Effect of Phosphorus，Molybdenum and Rhizobium Inoculation on Growth and Nodulation of Mung bean[J]. J. Soil Nature，2（2）：25-30.
Bonser A M，Lynch J，Snapp S，1996. Effect of phosphorus deficiency on growth angle of basal roots in Phaseolus vulgaris[J]. The New Phytologist，132（2）：281-288.
Bowler C，Van Montagu M，Inze D，1992. Superoxide dismutase and stress tolerance[J]. Annual Review of Plant Molecular Biology，43：86-116.

Cakmak I, Hengeler C, Marschner H, 1994a. Partitioning of shoot and root dry matter and carbohydrates in bean pleans suffering from phosphorus, potassium and magnesium deficiency[J]. Journal of Experimental Botany, 45 (9) : 1 245−1 250.

Chasot A, Richner W, 2002. Root characteristics and phosphorus uptake of maize seedlings in a Bi-layered soil[J]. Agron. J. , 94: 118−127.

Chaudhary K D, Bernard R, Lemonde A, 2008. Effects of Starvation on the Larval Body Composition and Phosphorus Metabolism in Tribolium Confusum Duval[J]. Taylor & Francis, 72 (1) 17−31.

Clark R B, 1983. Plant genotype differences in the uptake, translocation and use of mineral elements required for plant growth[J]. Plant and Soil, 72: 175−196.

Erik J. Veneklaas, Hans Lambers, Jason Bragg, et al., 2012. Opportunities for improving phosphorus - use efficiency in crop plants[J]. New Phytologist, 195 (2) : 306−320.

Fan R C, Peng C C, Xu Y H, et al., 2009. Apple sucrose transporter SUTl and sorbitol transporter SOT6 interact with cytochrome b5 to regulate their affinity for substrate sugars[J]. Plant Physiology (150) : 1 880−1 901.

Gahoonia T S, Nielsen N E, 2004. Root traits as tools for low phosphorus tolerance on tropical soils[J]. Plant and Soil, 260: 47−57.

Gourley J P, Allan D L, Russelle M P, 1993. Defining phosphorus efficiency in plants[J]. Plant and Soil, 155/156: 289−292.

Graham R D, Gregorio G, 1984. Breeding for nutrition characteristics in cereals[J]. Adv. plant Nutr., 1: 57−102.

Gunawardena S F B N, Danso S K A, Zapata F, 1992. Phosphorus requirement and nitrogen accumulation by three mung bean cultivars[J]. Plant and Soil, 147: 267−274.

Hammond J P, White P J, 2011. Sugar signaling in root responses to low phosphorus availability[J]. Plant Physiology, 157 (3) : 1 033−1 040.

Hammond J P, White P J, 2008. Diagnosing phosphorus deficiency in crop plants[J]. The Ecophysiology of Plant-Phosphorus Interactions (7) : 225−246.

Hendrickson A H, Veihmeyer F J, 1931. Influence of Dry Soil on Root Extension[J]. Plant Physiology, 6 (3) : 567−576.

Hinsinger P, Plassard C, Tang C, et al., 2003. Origins of root-mediated pH changes in the rhizosphere and their responses to environmental constraints a review[J]. Plant and Soil, 248: 43−59.

Hocking P J, 2001. Organic acids exuded from roots in phosphorus uptake and aluminum tolereance of plants in acid soils[J]. Advances in Agornomy, 74: 63−97.

Huang J, Kim C, Xuan Y H, 2013. OsSNDP1, a Sec14-nodulin domain-containing protein, plays a critical role in root hair elongation in rice[J]. Plant Molecular Biology, 82 (1−2) : 39−50.

Hsiao T C, Allaway W G, Evans L T, 1973. Action Spectra for Guard Cell Rb^+ Uptake and Stomatal Opening in Vicia faba[J]. Plant physiology, 51 (1) : 82−88.

Jain A, Poling M D, Karthikeyan A S, et al., 2007. Differential effects of sucrose and auxin on localized phosphate deficiency−induced modulation of different traits of root system architecture in Arabidopsis[J]. Plant Physiology (144) : 232−247.

Joachim S, Glena T, Sthphen J T, et al, 2006. Nitrogen Fixation by White Lupin under

Phosphorus Deficiency[J]. Ann Bot，98（4）：731–740.

John H，1971. The philosophy of developing soil tests[J]. Communications in Soil Science and Plant Analysis，2（2）55–60.

Johnson J F，Vance A C P，1994. Phosphorus Stress-Induced Proteoid Roots Show Altered Metabolism in Lupinus albus[J]. Plant Physiology，104（2）：657–665.

Juan-Pablo H，Luz E. de-Bashan，D. Johana Rodriguez，et al.，2008. Growth promotion of the freshwater microalga Chlorella vulgaris by the nitrogen-fixing，plant growth-promoting bacterium Bacillus pumilus from arid zone soils[J]. European Journal of Soil Biology，45（1）：88–93.

Karthikeyan A S，Varadarajan D K，Jain A，et al.，2007. Phosphate starvation responses are mediated by sugar signaling in Arabidopsis[J]. Planta，225（4）：907–918.

Koch K E，1996. Carbohydrate-modulated gene expression in plants[J]. Annual Review of Plalnt Physiology and Plant Molecular Biology（47）：509–540.

Lei M G，Liu Y D，Zhang B C，et al.，2011. Genetic and genomic evidence that sucrose is a global regulator of plant responses to phosphate starvation in Arabidopsis[J]. Plant Physiology，156（3）：1 116–1 130.

Li C，Shen H，Wang T，2015. Abscisic acid regulates subcellular redistribution of OsABI-LIKE2，a negative regulator in ABA signaling，to control root architecture and drought resistance in Oryza Sativa[J]. Plant and Cell Physiology，56（12）：2 396–2 408.

Li D，Zhu H，Liu K，2002. Purple acid Phosphatases of Arabidopsis thaliana-Comparative analysis and differential regulation by phosphate deprivation[J]. Journal of Biological Chemistry，277（31）：27 772–27 781.

Li L H，Qiu X H，Li X H，et al.，2009. The expression profile of genes in rice roots under low phosphorus stress[J]. Science in China Series C：Life Sciences，52（11）：1 055–1 064.

Li L H，Qiu X H，Li X H，et al.，2010. Transcriptomic analysis of rice responses to low phosphorus stress[J]. Chinese Science Bulletin，55（3）：251–258.

Li M，Wang G X，2002. Effect of drought Stress on activities of cell defense enzymes and lipid peroxidation in glycyrrhiza eralensis seedings[J]. Acta Ecologic Sinical，22（4）：503–507.

Liang C，Wang J，Zhao J，2014. Control of phosphate homeostasis through gene regulation in crops[J]. Current Opinion in Plant Biology，21：59–66.

Liang Cuiyue，Miguel A. Piñeros，Tian Jiang，et al.，2013. Low pH，aluminum and Phosphorus Coordinately regulate malate exudation through GmALMT1 to improve soybean Adaptation to Acid Soils[J]. Plant physiology，161（3）：1 347–1 361.

Liu J，Versaw W K，Pumplin N，2008. Closely Related Members of the Medicago truncatula PHT1 Phosphate Transporter Gene Family Encode Phosphate Transporters with Distinct Biochemical Activities[J]. Journal of Biological Chemistry，283（36）：24 673–24 681.

Loughman B C，Roberts S C，Goodwin-bailey C I，1983. Varietal difference in physiological and biochemical responses to changes in the ionic environment[J]. Plant and Soil，72：245–259.

Lu L，Qiu W，Gao W，et al.，2016. OsPAP10c，a novel secreted acid phosphatase in rice，plays an important role in the utilization of external organic phosphorus[J]. Plant Cell & Environment，39（10）：2 247–2 259.

Ma Q F，Renge Z，2008. Phosphorus acquisition and wheat growth are influenced by shoot phosphorus status and soil phosphorus distribution in a split-root system[J]. Journal of Plant

Nutrition and Soil Science，171（2）：266–271.

Mackay A D，Barber S A，1984. Soil temperature effects on root growth and phosphorus uptake by corn [J]. S oil Sci. Soc. Am. J.，48：818–523.

Mollier A，Pellerin S，1999. Maize root system growth and development as influenced by phosphorus deficiency[J]. Journal of Experimental Botany，50（333）：487–497.

Mudge S R，Rae A L，Diatloff E，2010. Expression analysis suggests novel roles for members of the Pht1 family of phosphate transporters in Arabidopsis[J]. Plant Journal，31（3）：341–353.

Nagarajan V K，Satheesh V，Poling M D，2016. Arabidopsis MYB-related HHO2 Exerts Regulatory Influence on a Subset of Root Traits and Genes Governing Phosphate Homeostasis[J]. Plant & Cell Physiology，57（6）：1 142–1 152.

Peng Z H，Peng K O，2002. Research progress on accumulation of proline under osmotic stress in plants[J]. Chinese Agricultural Science Bulletin，18（4）：80–83.

Pieters A J，Paul M J，Lawlor D W，2001. Low sink demand limits photosynthesis under Pi deficiency[J]. Journal of Experimental Botany，52（358）：1 083–1 091.

Pozo J C D，Allona I，Rubio V，1999. Type 5 acid phosphatase gene from Arabidopsis thaliana is induced by phosphate starvation and by some other types of phosphate mobilising/oxidative stress conditions[J]. The Plant Journal，19（5）：579–589.

Qin L，Zhao J，Tian J，et al.，2012. The high-affinity phosphate transporter GmPT5 regulates phosphate transport to nodules and nodulation in soybean[J]. Plant Physiology，159（4）：1 634–1 643.

Raghothama K G，1999. Phosphate acquisition[J]. Ann. Rev. Plant Physiol. Mol. Biol.，50：665–693.

Ramaiah M，Jain A，Raghothama K G. 2014. Ethylene Response Factor070 regulates root development and phosphate starvation-mediated responses[J]. Plant Physiology，164（3）：1 484–1 498.

Randall P J，1994. Genotypic differences in phosphorus uptake genetic manipulation of crop plants for enhance integrated nutrient management in cropping systems 1[C]. Phosphorus：Proceeding of an FAO-ICRIST Expert Concultancy Workshop.

Rochelle T，Alex V，Aleysia K，2014. Phosphorus deficiency affects the allocation of below-ground resources to combined cluster roots and nodules in Lupinus albus[J]. Journal of Plant Physiology，171（3–4）：285–291.

Ryan H B，Lynn D，Phil B，2012. An Efficient Method for Flanking Sequence Isolation in Barley[J]. Crop Science，52（3）：991–1 467.

Saad S，Joachim S，Lam-Son P T，2014. N-feedback regulation is synchronized with nodule carbon alteration in Medicago truncatula under excessive nitrate or low phosphorus conditions[J]. Journal of Plant Physiology，171（6）：674–680.

Saad S，Lam-Son P T，2015. Phosphorus homeostasis in legume nodules as an adaptive strategy to phosphorus deficiency[J]. Plant Science，239：36–43.

Schachtman D P，Robert R J，Ayling S M，1998. Phosphorus uptake by plants：from soil to cell[J]. Plant Physiology，116（2）：447–453.

Schuize J，Adgo E，Merbach W，1999. Carbon Costs Associated with N_2 Fixation in Vicia faba L and Pisum sativum 1. over a 14-Day Period[J]. Plant Biology，1（6）：625–631.

Sigrid H，Roberto G，Rhiannon S，et al.，2017. Improving phosphorus use efficiency：a complex

trait with emerging opportunities[J]. The Plant Journal，90（5）：868–885.
Smeekens S，Ma J K，Hanson J，et al.，2010. Sugar signals and molecular networks controlling plant growth[J]. Current Opinion in Plant Biology（13）：274–279.
Smith F W，Mudge S R，Rae A L，2003. Phosphate transport in plants[J]. Plant and Soil，248（1–2）：71–83.
Smith S N，1934. Response of inbred lines and crosses in maize to variations of mitrogen and phosphorus supplied as nutricnts[J]. J. Am. Soc. Agron.，15：171–173.
Sulieman，Tran，2013. Asparagine：an amide of particular distinction in the regulation of symbiotic nitrogen fixation of legumes[J]. Critical Reviews in Biotechnology，33（3）：309–327.
Takeda S，Mano S，Ohto M，1994. Inhibitors of protein phosphatases 1 and 2A block the Sugar-inducible gene expression in plants[J]. Plant Physiology（106）：567–574.
Tara S G，Niels E N，Ole B L，1999. Phosphorus（P）acquisition of cereal cultivars in the field at three levels of P fertilization[J]. Plant and Soil，211（2）：269–281.
Tawaraya，Horie，Shinano，et al.，2014. Metabolite profiling of soybean root exudates under phosphorus deficiency[J]. Soil Science and Plant Nutrition，60（5）：679–694.
Terry N，Ulrich A，1973. Effects of Potassium Deficiency on the Photosynthesis and Respiration of Leaves of Sugar Beet under Conditions of Low Sodium Supply[J]. Plant Physiol，51（6）：1 099–1 101.
Thamir S，Al-Niemi，Michael L，et al，1998. Phosphorus uptake by bean nodules[J]. Plant and Soil，198：71–78.
Ullrich-Eberius C I，Novacky A，Van Bel A J E，1984. Phosphate uptake in Lemna gibba GI：energetics and kinetics[J]. Planta，161：46–52.
Umme A N，Imrul M A，Zeng J B，et al.，2016. Identification of the differentially accumulated proteins associated with low phosphorus tolerance in a Tibetan wild barley accession[J]. Journal of Plant Physiology，198：10–22.
Vadez V，Rodier F，Payre H，Drevon J J，1996. Nodule conductance on O_2 and nitrogenase-linked respiration in bean genotypes varying in the tolerance of N_2 fixation to P deficiency[J]. Plant Physiol. Biochem.，34：871–878.
Vance C P，Uhde–Stone C，Allan D L，2003. Phosphorus acquisition and use：critical adaptations by plants for securing a nonrenewable resource[J]. New Phytologist，157（3）：423–447.
Vance C P，Graham P H，Allan D L，2000. Biological nitrogen fixation：phosphorus critical future need. Nitrogen Fixation from Molecules to Crop Productivity[M]. Dordrecht，The Netherlands：Kluwer Academic Publishes. 509–518.
Vaughn M W，Harrington G N，Bush D R，2002. Sucrose-mediated transcriptional regulation of sucrose symporter activity in the phloem[J]. Proceeding of the National Academy of Sciences of the United States of Americas（99）：10 876–10 880.
Vitrac X，Larnrode F，Krisa S，et al.，2000. Sugar sensing and Ca^{2+}-calmodulin requirement in Vitis Vinifera cells producing anthocyanins[J]. Phytochemistry（53）：659–665.
Wang X，Wang Y，Tian J，2009. Overexpressing AtPAP15 enhances phosphorus efficiency in soybean[J]. Plant Physiology，151（1）：233–240.
Wenzler H C，Mignery G A，Fisher L M，et al.，1989. Analysis of a chimeiric class-1 patatin-GUS gene in transgenic potato plants：High level expression in tubers and sucrose-inducible expression

in cultured leaf and stem explants[J]. Plant Molecular Biology（12）：41–50.

Wilcox J R，1987. Soybeans：improvement production and uses[M]. Madison：American Society of Agronomy.

Wind J，Smeekens S，Hanson J，2010. Sucrose Metabolite and signaling molecule[J]. Photochemistry（71）：1 610–1 614.

Wissuwa M，2003. How do plants achieve tolerance to phosphorus deficiency?[J]. Small causes with big effects. Plant physiology，133：1 947–1 958.

Wissuwa M N，2001. Genotypic variation for tolerance to phosphorus deficiency in rice and the potential for its exploitation in rice improvement[J]. Plant Breeding，120（1）：43–48.

Yan X L，Lynch L P，Beebe S E，1995. Phosphorus efficiency in common bean genotypes in contrasting soil types. 1. Vegetive response[J]. Crop Sci.，35：1 086–1 093.

Yang W T，Baek D，Yun D J，et al.，2014. Overexpression of OsMYB4P，an R2R3-type MYB transcriptional activator，increases phosphate acquisition in rice[J]. Plant Physiology and Biochemistry，80：259–267.

Youngdabl J，1990. Differences in phosphorus efficiency in bean genotype[J]. J. Plant Nutr.，13（11）：1 381–1 392.

Zhang Y，Siyu G U，Fengxia L U，et al.，2014. Difference in Absorption of N，P and K among Different-Phosphorus Efficiency Soybean Genotypes at the Seedling Stage[J]. Agricultural Science & Technology，15（12）：2 145–2 149.

Zhou J，Xie J N，Liao H，et al.，2014. Overexpression of β-expansin gene GmEXPB2 improves phosphorus efficiency in soybean[J]. Physiologia Plantarum，150（2）：194–204.

Zhou K Q，Yamaqishi M，Osaki M，2008. Sugar signallingmediates cluster root formation and phosphorus starvation-induced gene expression in white lupin[J]. Journal of Experimental Botany，59（10）：2 749–2 756.

附　录

附录1　土壤全磷测定法

（GB 9837—1988）

1　主题内容与适用范围

本标准对土壤全磷测定的原理、仪器、设备、样品制备、操作步骤等做了说明和规定。

本标准适用于测定各类土壤全磷含量。

2　测定原理

土壤样品与氢氧化钠熔融，使土壤中含磷矿物及有机磷化合物全部转化为可溶性的正磷酸盐，用水和稀硫酸溶解熔块，在规定条件下样品溶液与钼锑抗显色剂反应，生成磷钼蓝，用分光光度法定量测定。

3　仪器、设备

3.1　土壤样品粉碎机。

3.2　土壤筛：孔径1mm和0.149mm。

3.3　分析天平：感量为0.000 1g。

3.4　镍（或银）坩埚：容量≥30mL。

3.5　高温电炉：温度可调（0～1 000℃）。

3.6　分光光度计：要求包括700nm波长。

3.7　容量瓶：50mL、100mL、1 000mL。

3.8　移液管：5mL、10mL、15mL、20mL。

3.9　漏斗：直径7cm。

3.10 烧杯：150mL、1 000mL。

3.11 玛瑙研钵。

4 试剂

所有试剂，除注明者外，皆为分析纯，水均指蒸馏水或去离子水。

4.1 氢氧化钠（GB 629）。

4.2 无水乙醇（GB 678）。

4.3 10%（*M*/*V*）碳酸钠溶液：10g无水碳酸钠（GB 639）溶于水后，稀释至100mL，摇匀。

4.4 5%（*V*/*V*）硫酸溶液：吸取5mL浓硫酸（GB 625，95.0%～98.0%，比重1.84）缓缓加入90mL水中，冷却后加水至100mL。

4.5 3mol/L硫酸溶液：量取168mL浓硫酸缓缓加入盛有800mL左右水的大烧杯中，不断搅拌，冷却后，再加水至1 000mL。

4.6 二硝基酚指示剂：称取0.2g 2,6-二硝基酚溶于100mL水中。

4.7 0.5%酒石酸锑钾溶液：称取化学纯酒石酸锑钾0.5g溶于100mL水中。

4.8 硫酸钼锑贮备液：量取126mL浓硫酸，缓缓加入400mL水中，不断搅拌，冷却。另称取经磨细的钼酸铵（GB 657）10g溶于温度约60℃ 300mL水中，冷却。然后将硫酸溶液缓缓倒入钼酸铵溶液中。再加入0.5%酒石酸锑钾溶液（4.7）100mL，冷却后，加水稀释至1 000mL，摇匀，贮于棕色试剂瓶中，此贮备液含钼酸铵1%，硫酸2.25mol · L^{-1}。

4.9 钼锑抗显色剂：称取1.5g抗坏血酸（左旋，旋光度+21°～22°）溶于100mL钼锑贮备液中。此溶液有效期不长，宜用时现配。

4.10 磷标准贮备液：准确称取经105℃下烘干2h的磷酸二氢钾（GB 1274，优级纯）0.439 0g，用水溶解后，加入5mL浓硫酸，然后加水定容至1 000mL。该溶液含磷100mg · L^{-1}，放入冰箱可供长期使用。

4.11 5mg · L^{-1}磷标准溶液：吸取5mL磷贮备液（4.10），放入100mL容量瓶中，加水定容。该溶液用时现配。

4.12 无磷定性滤纸。

5 土壤样品制备

取通过1mm孔径筛的风干土样在牛皮纸上铺成薄层，划分成许多小方格。用小勺在每个方格中提取出等量土样（总量不少于20g）于玛瑙研钵中进一步研磨，使其全部通过0.149mm孔径筛。混匀后装入磨口瓶中备用。

6 操作步骤

6.1 熔样

准确称取风干样品0.25g，精确到0.000 1g，小心放入镍（或银）坩埚（3.4）底部，切勿粘在壁上。加入无水乙醇（4.2）3～4滴，润湿样品，在样品上平铺2g氢氧化钠（4.1）。将坩埚（处理大批样品时，暂放入大干燥器中以防吸潮）放入高温电炉（3.5），升温。当温度升至400℃左右时，切断电源，暂停15min。然后继续升温至720℃，并保持15min，取出冷却。加入约80℃的水10mL，待熔块溶解后，将溶液无损失地转入100mL容量瓶（3.7）内，同时用3mol·L^{-1}硫酸溶液（4.5）10mL和水多次洗坩埚。洗涤液也一并移入该容量瓶。冷却，定容。用无磷定性滤纸（4.12）过滤或离心澄清。同时做空白试验。

6.2 绘制校准曲线

分别吸取5mg/L磷标准溶液（4.11）0mL、2mL、4mL、6mL、8mL、10mL于50mL容量瓶（3.7）中，同时加入与显色测定所用的样品溶液等体积的空白溶液及二硝基酚指示剂（4.6）2～3滴。并用10%碳酸钠溶液（4.3）或5%硫酸溶液（4.4）调节溶液至刚呈微黄色。准确加入钼锑抗显色剂（4.9）5mL，摇匀，加水定容，即得含磷量分别为0.0mg·L^{-1}、0.2mg·L^{-1}、0.4mg·L^{-1}、0.8mg·L^{-1}的标准溶液系列。摇匀，于15℃以上温度放置30min后。在波长700nm处，测定其吸光度。在方格坐标纸上以吸光度为纵坐标，磷浓度（mg·L^{-1}）为横坐标，绘制校准曲线。

6.3 样品溶液中磷的定量

6.3.1 显色

吸取待测样品溶液（6.1）2～10mL（含磷0.04～1.0μg）于50mL容量瓶中，用水稀释至总体积约3/5处。加入二硝基酚指示剂（4.6）2～3滴，并用10%碳酸钠溶液（4.3）或5%硫酸溶液（4.4）调节溶液至刚呈微黄色。准确加入5mL钼锑抗显色剂（4.9），摇匀，加水定容。在室温15℃以上条件下，放置30min。

6.3.2 比色

显色的样品溶液在分光光度计（3.6）上，用700nm、1cm光径比色皿，以空白试验为参比液调节仪器零点，进行比色测定，读取吸光度。从校准曲线上查得相应的含磷量。

7 分析结果的表述

7.1 土壤全磷量的百分数（按烘干土计算），由下式给出：

$$C\times\frac{V_1}{m}\times\frac{V_2}{V_3}\times10^{-4}\times\frac{100}{100-H}$$

式中：

C——从校准曲线上查得待测样品溶液中磷的含量，mg/L；

m——称样量，g；

V_1——样品熔融后的定容体积，mL；

V_2——显色时溶液定容的体积，mL；

V_3——从熔样定容后分取的体积，mL；

10^{-4}——将mg/L浓度单位换算为百分含量的换算因数；

$\frac{100}{100-H}$——将风干土变换为烘干土的转换因数；

H——风干土中水分含量百分数。

7.2 用两平行测定结果的算术平均值表示，小数点后保留3位。

7.3 允许差

平行测定结果的绝对相差，不得超过0.005%。

附录2　植株全磷含量测定　钼锑抗比色法

（NY/T 2421—2013）

1　范围

本标准规定了以钼锑抗为显色剂，用分光光度计测定植株全磷含量的方法。

本标准适用于植株中全磷的测定。

2　规范性引用文件

下列标准对于本文件的应用是必不可少的。凡是注日期的引用文件，仅注日期的版本适用于本文件。凡是不注日期的引用文件，其最新版本（包括所有的修改单）适用于本文件。

GB/T 601 化学试剂　标准滴定溶液的制备

GB/T 603 化学试剂　试验方法中所用制剂及制品的制备

GB/T 6682 分析实验室用水规格和试验方法

3　原理

植株样品用硫酸—过氧化氢消化，使各种形态的磷转变成正磷酸盐，正磷酸盐与钼锑抗显色剂反应，生成磷钼蓝，蓝色溶液的吸光度与含磷量呈正比例关系，用分光光度计测定。

4　仪器和设备

4.1　分光光度计。

4.2　消煮炉。

4.3　电子天平。

4.4　鼓风干燥箱。

5 试剂和溶液

所有试剂除注明外，均为分析纯。分析用水应符合GB/T 6682中三级及以上水的规格要求。试验中所需标准滴定溶液、制剂及制品，在没有注明其他要求时均按GB/T 601、GB/T 603的规定制备。

5.1 硫酸

ρ（H_2SO_4）1.84g · mL^{-1}。

5.2 过氧化氢

ρ（H_2O_2）≥30%（优级纯）。

5.3 抗坏血酸左旋

旋光度+21° ~22° 。

5.4 磷标准贮备液[$\boldsymbol{\rho}$（P）=100mg · L^{-1}]

准确称取经105℃烘干2h的磷酸二氢钾（优级纯）0.439 0g，用水溶解后，加入5mL硫酸（5.1），冷却后加水定容至1 000mL。

5.5 磷标准溶液[$\boldsymbol{\rho}$（P）=5mg/L]

吸取5.00mL磷标准贮备液（5.4），放入100mL容量瓶中，加水定容。此溶液不宜长期放置。

5.6 二硝基酚指示剂

称取2,6−二硝基酚或2,4−二硝基酚0.2g，溶于100mL水中。

5.7 氢氧化钠溶液[$\boldsymbol{c}$（NaOH）=6mol · L^{-1}]

称取240g氢氧化钠，溶解后定容至1L。

5.8 硫酸溶液[$\boldsymbol{\varphi}$（H_2SO_4）=5%]

吸取5mL硫酸（5.1）缓缓加入90mL水中，冷却后稀释至100mL。

5.9 钼锑贮备液

称10g钼酸铵溶于约60℃的300mL水中，冷却。量取126mL硫酸（5.1）缓慢倒入约400mL水中，不断搅拌。放置冷却后，缓慢倒入钼酸铵溶液中。搅拌均匀后，加入5g · L^{-1}酒石酸锑钾100mL，用水稀释至1 000mL，避光贮存。

5.10 钼锑抗显色剂

称取1.5g抗坏血酸（5.3）溶于100mL钼锑贮备液（5.9）中。此溶液宜现用现配。

6 分析步骤

6.1 样品制备

6.1.1 预处理

采集到的植株如需洗涤，应在刚采集的新鲜状态时用湿棉布擦净表面污染物，然后用水淋洗1～2次后，尽快擦干。

6.1.2 新鲜植株制备样品

将新鲜植株剪碎，用四分法缩分后，立即在80～90℃鼓风干燥箱中烘15～30min杀青，降温至60～70℃，烘干至易磨碎状态。样品稍冷后立即粉碎，使之全部通过0.25mm筛，密封备用。

6.1.3 风干植株制备样品

将植株剪碎，用四分法缩分后铺成薄层，在60～70℃的鼓风干燥箱中干燥约12h至易磨碎状态。样品冷却后立即粉碎，使之全部通过0.25mm筛，密封备用。

6.2 试液制备

从6.1所得样品中称取试样0.25～0.5g（精确至0.000 1g），置于消煮管底部（勿将样品黏附在管壁上）。

用水将样品浸润，10min后加入8mL硫酸（5.1），轻轻摇匀，在管口放置一弯颈小漏斗，静置2h以上。

在消煮炉内250℃条件下，加热约10min。当消煮管冒出大量白烟后，再将消煮炉升温至380℃，至消化溶液呈均匀的棕褐色时取下。稍冷却后，逐滴加约2mL过氧化氢（5.2）至消煮管底部，摇匀。再加热至微沸，持续约10min，取下冷却，再加过氧化氢（5.2），继续消煮。如此重复多次，过氧化氢滴入量逐次减少，直至溶液呈清亮，再加热30min以上，以赶尽剩余的过氧化氢。

将消煮管取下，冷却至室温后，用少量水冲洗漏斗，洗液流入消煮管。将消煮液转移至100mL容量瓶中，冷却后定容，摇匀，用无磷滤纸干过滤后备测。

6.3 试液测定

吸取6.2中所得试液2.00～5.00mL，放入50mL容量瓶中，加水至约30mL，加2滴二硝基酚指示剂（5.6），用氢氧化钠溶液（5.7）或硫酸溶液（5.8）调节溶液至刚呈微黄色，然后加入5.00mL钼锑抗显色剂（5.10），定容。在20℃以上的环境下放置30min，在分光光度计波长700nm处，采用1cm光径比色杯，以标准曲线的零点调零后进行比色测定。

6.4 空白试验

除不加试样外，其他步骤按6.2和6.3的规定操作。

6.5 标准曲线绘制

准确吸取0.00mL、1.00mL、2.00mL、4.00mL、6.00mL、8.00mL、10.00mL磷标准溶液（5.5）分别放入50mL容量瓶中，加入与试样测定同体积的空白消煮液，加水至约30mL，加2滴二硝基酚指示剂（5.6），用氢氧化钠溶液（5.7）或硫酸溶液（5.8）调节溶液至刚呈微黄色，然后加入钼锑抗显色剂（5.10）5.00mL，用水定容。该系列标准溶液浓度为0.00mg·L^{-1}、0.10mg·L^{-1}、0.20mg·L^{-1}、0.40mg·L^{-1}、0.60mg·L^{-1}、0.80mg·L^{-1}和1.00mg·L^{-1}。测定吸光值后，绘制标准曲线。

7 水分含量测定

从6.1所得样品中称取试样2g（精确至0.001g），置于已知质量的铝盒或称量瓶中，于烘箱中在（105±2）℃条件下烘2h。取出后，立即转移入干燥器中冷却至室温，称重，计算水分含量。

8 结果计算

植株中全磷（P）含量ω以质量分数（g·kg^{-1}）表示，按式（1）计算。

$$\omega=\frac{(\rho-\rho_0)\times V\times D\times 10^{-3}}{m\times(1-f)} \tag{1}$$

式中：

ρ——从标准曲线求得的显色液中磷的浓度，mg·L^{-1}；

ρ_0——从标准曲线求得的空白试样中磷的浓度，mg·L^{-1}；

V——测定体积，mL；

D——分取倍数，定容体积与分取体积之比；

10^{-3}——mL与L换算系数；

m——试样质量，g；

f——试样水分含量。

平行测定结果用算术平均值表示，保留两位小数。

9 精密度

平行测定结果允许相对相差≤15%。

附录3　土壤有效磷的测定

（NY/T 1121.7—2014）

1　范围

本部分规定了使用紫外/可见分光光度计测定土壤有效磷的方法。

本部分适用土壤有效磷含量的测定。

2　规范性引用文件

下列文件对于本文件的应用是必不可少的。凡是注日期的引用文件，仅注日期的版本适用于本文件。凡是不注日期的引用文件，其最新版本（包括所有的修改单）适用于本文件。

GB/T 601 化学试剂　标准滴定溶液的制备

GB/T 603 化学试剂　试验方法中所用制剂及制品的制备

GB/T 6682 分析实验室用水规格和试验方法

NY/T 1121.1 土壤检测　第1部分：土壤样品的采集、处理和贮存

NY/T 1121.2 土壤检测　第2部分：土壤pH值的测定

3　方法提要

利用氟化铵—盐酸溶液浸提酸性土壤中有效磷，利用碳酸氢钠溶液浸提中性和石灰性土壤中有效磷，所提取出的磷以钼锑抗比色法测定，计算得出土壤样品中的有效磷含量。

4　仪器和设备

4.1　电子天平。

4.2　酸度计。

4.3　紫外/可见分光光度计。

4.4　恒温往复式振荡器。

4.5　塑料瓶。

5　分析步骤

本标准所用试剂和水，在没有注明其他要求时均指分析纯试剂和GB/T 6682中规定的二级水；所述溶液如未指明溶剂均系水溶液。试验中所需标准滴定溶液、制剂及制品，在没有注明其他要求时均按GB/T 601、GB/T 603的规定制备。

5.1　实验室样品制备

按NY/T 1121.1规定制备实验室样品。

5.2　试样pH值的测定

按NY/T 1121.2规定进行。

5.3　酸性土壤试样（pH值<6.5）有效磷的测定

5.3.1　试剂和溶液

5.3.1.1　硫酸（ρ=1.84g・mL^{-1}）。

5.3.1.2　盐酸（ρ=1.19g・mL^{-1}）。

5.3.1.3　硫酸溶液（5%，*V/V*）：吸取5mL硫酸（5.3.1.1）缓缓加入90mL水中，冷却后用水稀释至100mL。

5.3.1.4　酒石酸锑钾溶液（ρ=5g/L）：称取酒石酸锑钾（$KSbOC_4H_4O_6$・$1/2H_2O$）0.5g溶于100mL水中。

5.3.1.5　硫酸钼锑贮备液：称取10.0g钼酸铵溶于300mL约60℃的水中，冷却。另量取126mL硫酸（5.3.1.1），缓缓倒入约400mL水中，搅拌，冷却。然后将配制好的硫酸溶液缓缓倒入钼酸铵溶液中。再加入100mL酒石酸锑钾溶液（5.3.1.4），冷却后，用水定容至1L，摇匀，贮于棕色试剂瓶中。

5.3.1.6　钼锑抗显色剂：称取1.5g抗坏血酸（左旋，旋光度+21°～22°）溶于100mL硫酸钼锑贮备液（5.3.1.5）中，此溶液现配现用。

5.3.1.7　二硝基酚指示剂：称取0.2g 2,4-二硝基酚或2,6-二硝基酚荣誉100mL水中。

5.3.1.8　氨水溶液（1+3）：按氨水、水1：3的体积比配制。

5.3.1.9　氟化铵—盐酸浸提剂：称取1.11g氟化铵溶于100mL水中，加入2.1mL盐酸（5.3.1.2），用水稀释至1L，贮存于塑料瓶中。

5.3.1.10　硼酸溶液（ρ=30g・L^{-1}）：称取30.0g硼酸，在60℃左右的热水中溶解，冷却后稀释至1L。

5.3.1.11　磷标准贮备液[ρ（P）=100mg・L^{-1}]：准确称取经105℃烘干2h的磷酸二氢钾（优级纯）0.439 4g，用水溶解后，加入5mL硫酸（5.3.1.1）定容至1L。

5.3.1.12　磷标准溶液[ρ（P）=5mg・L^{-1}]，吸取5.00mL磷标准贮备液（5.3.1.11）于100mL容量瓶中，用水定容，摇匀后待用。

5.3.2　分析步骤

5.3.2.1　有效磷的浸提，称取通过2mm筛孔风干试样5.00g置于200mL塑料瓶中。加入（25±1）℃的氟化铵—盐酸浸提剂（5.1.3.9）50.00mL，在（25±1）℃条件下，振荡30min［振荡频率（180±20）r・min^{-1}］。立即用无磷滤纸干过滤。

5.3.2.2　空白溶液的制备：除不加试样外，其他步骤同5.3.1.12。

5.3.2.3　标准曲线绘制，分别吸取磷标准浴液（5.3.1.12）0.00mL、1.00mL、2.90mL、4.00mL、6.00mL、8.00mL、10.00mL于50mL容量瓶中，加入10mL氟化铵—盐酸浸提剂（5.3.1.9），再加入10mL硼酸溶液（5.3.1.10），摇匀，加水至30mL。再加入二硝基酚指示剂（5.3.1.7）2滴，用硫酸溶液（5.3.1.3）或氨水溶液（5.3.1.8）调节溶液刚显微黄色，加入钼锑抗显色剂（5.3.1.6）5.00mL，用水定容至刻度，充分播匀，即得含磷0.00mg・L^{-1}、0.10mg・L^{-1}、0.20mg・L^{-1}、0.40mg・L^{-1}、0.60mg・L^{-1}、0.80mg・L^{-1}、1.00mg・L^{-1}的磷标准系列溶液。在室温高于20℃条件下静置30min后，用1cm光径比色皿在波长700nm处，以标准溶液的零点调零后进行比色测定，绘制标准曲线。

5.3.2.4　测定：吸取试样溶液（5.3.2.1）10.00mL于50mL容量瓶，加入10mL硼酸溶液（5.3.1.10），摇匀，加水至30mL左右，再加入二硝基酚指示剂（5.3.1.7）2滴，用硫酸溶液（5.3.1.3）和氨水溶液（5.3.1.8）调节溶液刚显微黄色，加入5.00mL钼锑抗显色剂（5.3.1.6），用水定容，在室温高于20℃条件下静置30min，用1cm光径比色皿在波长700nm处，以标准溶液的零点调零后进行比色测定。若测定的磷质量浓度超出标准曲线范围，应用浸提剂将试样溶液（5.3.2.1）稀释后重新比色测定。同时进行空白溶液的测定。

5.4　中性、石灰性土壤试样（pH值≥6.5）有效磷的测定

5.4.1　试剂和溶液

5.4.1.1　氢氧化钠溶液（ρ=100g/L）：称取10g氢氧化钠溶于100mL水中。

5.4.1.2　碳酸氢钠浸提剂：称取42.0g碳酸氢钠（$NaHCO_3$）溶于约950mL水中，用氢氧化钠溶液（5.4.1.1）调节pH值至8.5，用水稀释至1L，贮存于聚乙烯瓶或玻璃瓶中备用，如贮存期超过20d，使用时必须检查并校准pH值。

5.4.1.3　酒石酸锑钾溶液（ρ=3g/L）：称取酒石酸锑钾（$KSbOC_4H_4O_4 \cdot 1/2H_2O$）0.30g溶于100mL水中。

5.4.1.4　钼锑贮备液：称取10.0g钼酸铵溶于300mL约60℃的水中，冷却。另量取181mL硫酸（5.3.1.1），缓缓倒入约800mL水中，搅拌，冷却。然后将配制好的硫酸溶液缓缓倒入钼酸铵溶液中。再加入100mL酒石酸锑钾溶液（5.4.1.3），冷却后，用

水定容至2L，摇匀，贮于棕色试剂瓶中。

5.4.1.5　钼锑抗显色剂：称取0.5g抗坏血酸（左旋，旋光度+21°～22°）溶于100mL钼锑贮备液（5.4.1.4）中，此溶液现配现用。

5.4.2　分析步骤

5.4.2.1　有效磷的浸提：称取通过2mm筛孔风干试样2.50g，置于200mL塑料瓶中，加入（25±1）℃的碳酸氢钠浸提剂（5.4.1.2）50.00mL，其他步骤同5.3.2.1。

5.4.2.2　空白溶液的制备：除不加试样外，其他步骤同5.4.2.1.

5.4.2.3　标准曲线绘制：分别吸取磷标准溶液（5.3.1.12）0.00mL、0.50mL、1.00mL、2.00mL、3.00mL、4.00mL、5.00mL于25mL容量瓶中，加入碳酸氢钠浸提剂（5.4.1.2）10.00mL，钼锑抗显色剂（5.4.1.5）5.00mL慢慢摇动。排出CO_2后加水定容，即得含磷0.00mg·L^{-1}、0.10mg·L^{-1}、0.20mg·L^{-1}、0.40mg·L^{-1}、0.60mg·L^{-1}、0.80mg·L^{-1}、1.00mg·L^{-1}的磷标准系列溶液。在室温高于20℃条件下静置30min后，用1cm光径正色皿在波长880nm处，以标准溶液的零点调零后进行比色测定，绘制标准曲线。

5.4.2.4　测定：吸取试样溶液于50mL容量瓶或锥形瓶中，缓慢加入钼锑抗显色剂（5.4.1.5）5.00mL，慢慢摇动，排出CO_2，再加入10.00mL水，充分摇匀，逐净CO_2。在室温高于20℃条件下静置30min后，用1cm光径比色皿在波长880mm处，以标准溶液的零点调零后进行比色测定。若测定的磷质量浓度超出标准曲线范围，应用浸提剂将试样溶液（5.4.2.1）稀释后重新比色测定。同时进行空白溶液的测定。

6　结果计算

土壤样品中有效磷（P）含量，以质量分数ω计，数值以毫克每千克（mg·kg^{-1}）表示，按式（1）计算：

$$\omega=\frac{(\rho-\rho_0)\times V\times D}{m\times 1\,000}\times 1\,000 \qquad (1)$$

式中：

ρ——从标准曲线求得的显色液中磷的浓度，mg·L^{-1}；

ρ_0——从标准曲线求得的空白试样中磷的浓度，mg·L^{-1}；

V——显色液体积，mL；

D——分取倍数，试样浸提剂体积与分取体积之比；

m——试样质量，g；

1 000——将mL换算成L和将g换算成kg的系数。

平行测定结果以算术平均值表示，保留小数点后一位。

7 精密度

平行测定结果允许差：

测定值（P，mg · kg^{-1}）	允许差
<10	绝对差值≤0.5mg · kg^{-1}
10 ~ 20	绝对差值≤1.0mg · kg^{-1}
>20	相对相差≤5%